高等职业教育“十二五”规划教材
全国高等职业教育创造类专业系列规划教材

冷冲压工艺与模具设计

单春艳　主编

程立章　王国钱　张　翔　郎洪明　肖国华　副主编

科学出版社
北　京

内 容 简 介

本书根据高等职业教育机电类专业的培养目标和教学要求编写而成，内容包括冲压模具和压力机的基本知识、冲裁工艺与模具设计、弯曲模具设计、拉深工艺与模具设计、多工位级进模具的设计、成形工艺与成形模具。

本书既可作为高等职业院校机械设计制造类专业的模具专业课教材，也可以作为中等职业学院、技工学校相关专业的教材。

图书在版编目(CIP)数据

冷冲压工艺与模具设计/单春艳主编. —北京：科学出版社，2012
(高等职业教育“十二五”规划教材·全国高等职业教育制造类专业系列规划教材)
ISBN 978-7-03-034903-3

Ⅰ.①冷… Ⅱ.①单… Ⅲ.①冲压-成型-高等职业教育-教材②冲模-设计-高等职业教育-教材 Ⅳ.①TG38

中国版本图书馆 CIP 数据核字（2012）第 130099 号

责任编辑：李太铼 张振华/责任校对：刘玉靖
责任印制：吕春珉/封面设计：耕者设计工作室

科学出版社出版
北京东黄城根北街 16 号
邮政编码：100717
http://www.sciencep.com
北京虎彩文化传播有限公司 印刷
科学出版社发行 各地新华书店经销
*
2012 年 8 月第 一 版 开本：787×1092 1/16
2020 年 1 月第六次印刷 印张：13
字数：300 000

定价：34.00 元

（如有印装质量问题，我社负责调换〈虎彩〉）
销售部电话 010-62135120 编辑部电话 010-62135120-2005

前　　言

冲压技术在工业生产中应用很广泛，冲压产品在汽车、电子产品、机械产品及轻工产品中占 60～90％，模具设计与制造技术水平的高低，是衡量一个国家产品制造水平高低的重要标志之一。本书以培养学生对冲压成形工艺的制定与模具设计制造能力为核心，按照模具设计与制造的整个工作过程，以几套典型模具为载体，综合训练学生的应用能力。全书内容包括：冲压模具和压力机的基本知识、冲裁工艺与模具设计、弯曲模具设计、拉深工艺与模具设计、多工位级进模具的设计、成形工艺与成形模具。

本书可以作为高职高专机械设计制造类专业的模具专业课教材，也可作为中等职业学校、技工学校相关专业的教材。

参加本书编写的人员如下：浙江工商职业技术学院单春艳、张翔、郎洪明、王国钱、程立章、肖国华，北京信息职业技术学院何舒新。

由于编者水平有限，书中不当之处在所难免，望读者批评指正。

目　　录

单元 1

冲压模具和压力机的基本知识

✣ 知识目标

1. 掌握冷冲压工序的分类
2. 熟悉曲柄压力机的结构及组成
3. 熟悉冲压件的常用材料

✣ 能力目标

1. 能针对不同的冲压制品区分加工的工序
2. 会选用曲柄压力机及冲压件的材料

在日常生活中，人们经常用到如图 1.1 所示的金属制品，它们是如何生产出来的？是用什么材料制成的？本单元就介绍这方面的知识。

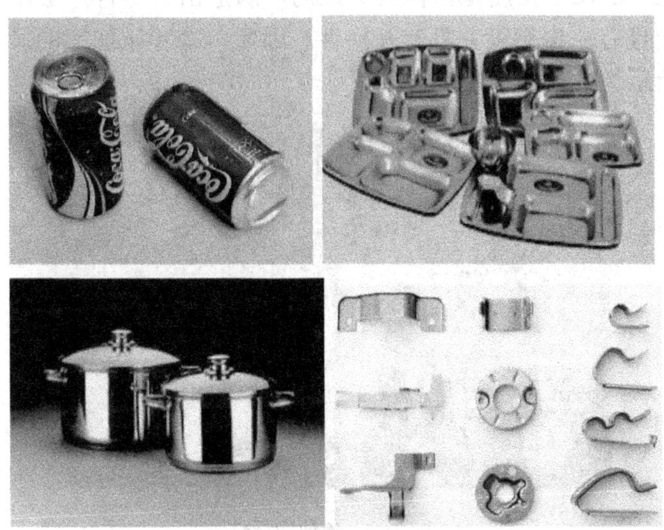

图 1.1　各种常见的金属制品

1.1 冷冲压模具概述

日常生活中人们使用的很多用具是使用冲压方法制造的，例如不锈钢饭缸就是用一块圆形金属板料在压床上利用模具对圆形板料加压而冲出来的。可以看出，冷冲压是一种在常温（冷态）下利用冲模在冲床上对各种金属（或非金属）板料施加压力使其分离或者变形而得到一定形状零件的金属压力加工方法。

1.1.1 冷冲压的特点

冷冲压加工是一种先进的金属加工方法，与其他加工方法（切削）比较，有以下特点。

(1) 采用冷冲压加工方法，在压床简单冲压下，可以得到形状复杂、用其他加工方法难以加工的工件，如汽车的前顶盖、车门等薄壳零件，如图 1.2 所示。

图 1.2　汽车零件

(2) 冷冲压件的尺寸精度是由模具保证的，制造出的零件一般不进行加工，可直接用来装配，而且有一定精度，具有互换性。因此，冷冲压加工的尺寸稳定，互换性好，如图 1.3 所示为各种冲压件。

图 1.3　各种冲压件

(3) 在耗材不多的情况下，能得到强度高、刚性好、重量轻及外表光滑美观的零件，因此，工件的成本较低。

(4) 节省材料，冷冲压属于少、无切削加工方法，材料利用率高（一般为70%～85%），如图1.4所示为钳口冲片排样图，材料的利用率很高。

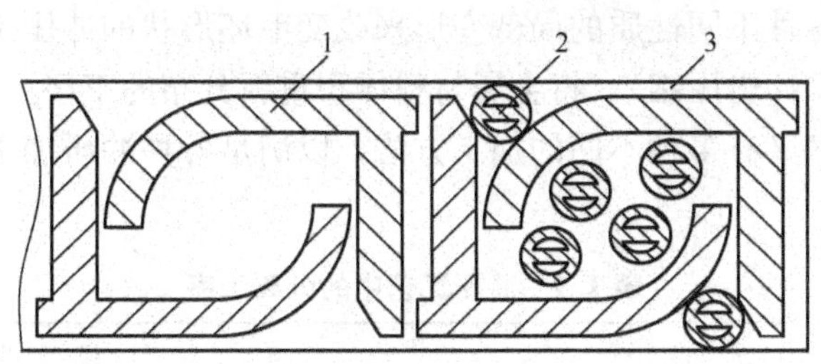

图1.4　钳口冲片排样

1. 钳口冲片；2. 转子片；3. 余料

(5) 生产率高，如图1.5所示为多工位连续精密冲模，冲床冲一次一般可得到一个零件，而如图1.6所示自动送料冲模冲床一分钟的行程少则几次，多则几百次。同时，生产出的毛坯和零件形状规则，便于实现机械化和自动化，因此产品造价成本较低。

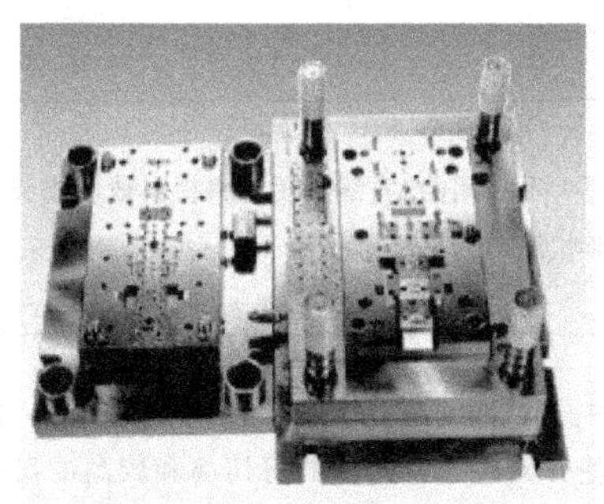

图1.5　精密冲模

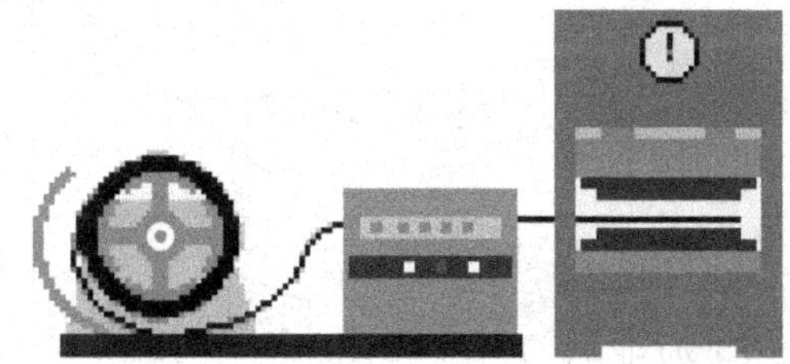

图1.6　自动送料冲模

(6) 冷冲压的缺点是对模具要求较高、制造复杂、周期长、制造费用昂贵，因而在小批量生产中受到限制。同时，冲压件的精度取决于模具精度，若零件的精度要求过高，用冷冲压生产就难以达到要求。

1.1.2　冷冲压工序的分类

由于冷冲压加工的零件形状、尺寸、精度要求、批量大小、原材料性能的不同，其冲压方法有多种，但概括起来可分为两大类：一类是分离工序，另一类是变形工序。变形工序是使板料沿一定的轮廓线分离从而制出零件。成形工序是使毛坯在不被破坏的条件下发生塑性变形而得到所需的零件。冷冲压可以分为以下5个基本工序。

(1) 冲裁。使板料实现分离的冲压工序。

(2) 弯曲。将金属材料沿弯曲线弯成一定的角度和形状的冲压工序。

(3) 拉深。将平面板料变成各种开口空心件，或者把空心件的尺寸作进一步改变的冲压工序。

(4) 成形。用各种不同性质的局部变形来改变毛坯形状的冲压工序。

(5) 立体压制（冲击压制）。将金属材料体积重新分布的工序。

每一种基本工序又有多种不同的加工方法，以满足各种冲压加工的要求，如表 1.1 和表 1.2 所示。

表 1.1 冲压工艺中的分离工序

工序名称	示意图	说明
落料	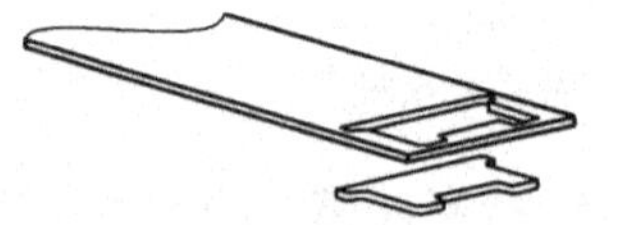	分离轮廓为封闭曲线，轮廓内为制件，轮廓外为废料，用于加工各种形状的平板形制件
冲孔	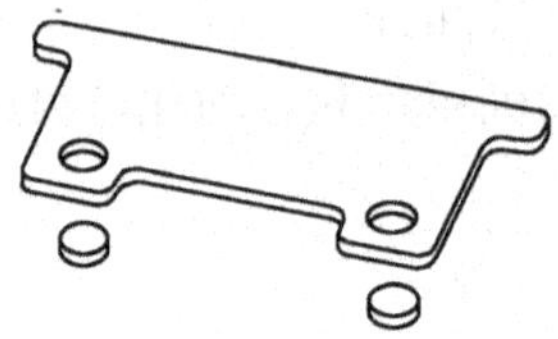	分离轮廓为封闭曲线，轮廓内为废料，轮廓外为制件，用于在制件上加工各种形状的孔，落料与冲孔合称为冲裁
切断（剪切）	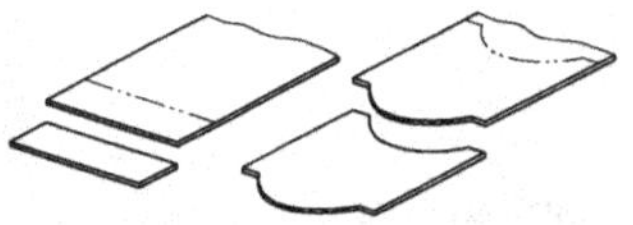	分离轮廓为不封闭曲/直线，用于将板料裁切成长条或加工成形状简单的平板形制件
修边（切边）	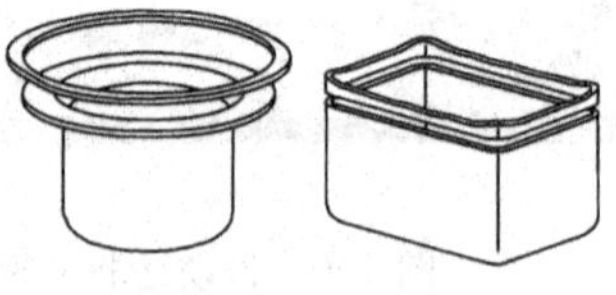	在工序件/半成品的曲/平面上沿内/外轮廓修切，以获得规则整齐的棱边、光洁的剪切面和较高的尺寸精度
剖切	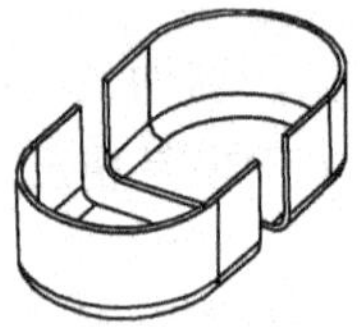	将整体成形得到的工序件/半成品切开成数个制件，多用于不对称制件成组成形之后的分离
切口	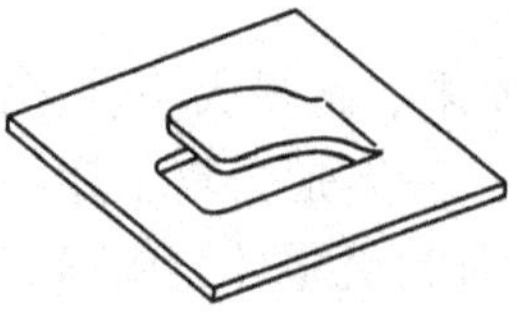	将制件沿不封闭的轮廓部分地分离，并使部分板料产生弯曲变形

表 1.2　冲压工艺中的成形工序

工序名称	示意图	说　明
弯曲（压弯）	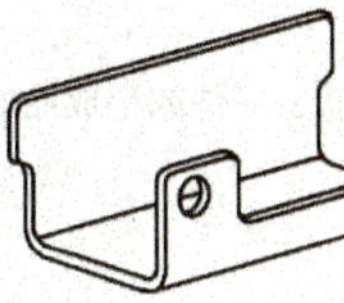	将坯料/型材/工序件/半成品沿直线压弯成具有一定曲率和角度的制件
辊弯	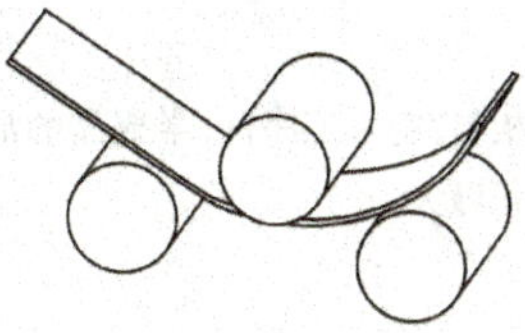	沿直线用辊子（2～4个）实现板料的逐步弯曲变形，一般用卷板机完成
卷弯	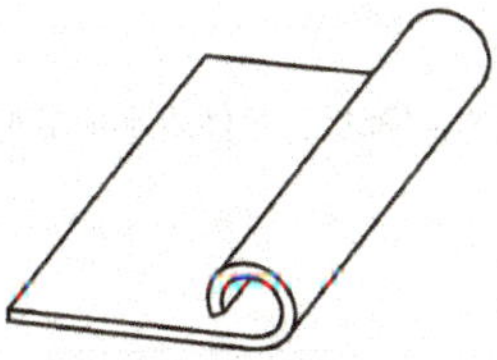	把板料端部卷成接近封闭的圆筒状
辊形（纵向辊弯）	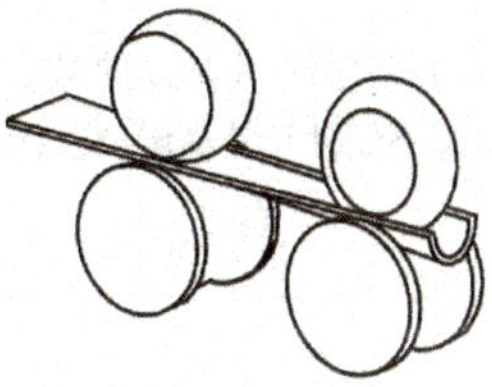	用多对成形辊，沿纵向使带料逐渐弯曲变形
拉弯	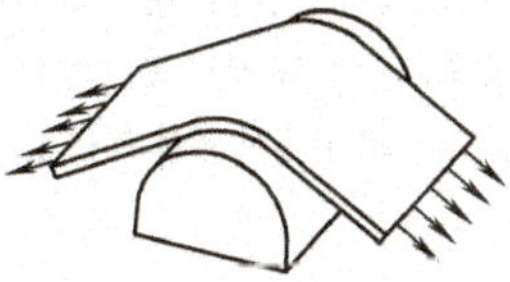	在施加拉力的条件下实现弯曲变形
扭曲		将工序件/半成品的一部分相对于另一部分在某个面上扭转一定角度
拉深	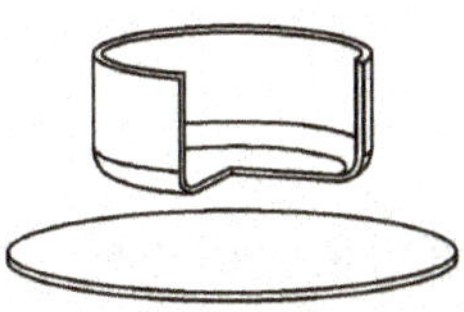	变形区在一拉一压的应力作用下，使板料/浅的空心坯成形为空心件/深的空心件，而壁厚基本不变。用于将板料外缘全部/部分转移到制件侧壁，使板料成形为皿状制件
翻边	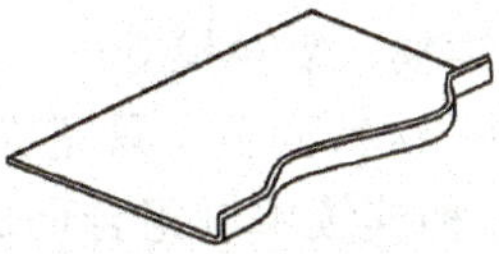	沿封闭/不封闭的轮廓曲线将板料的平面/曲面边缘部分翻成竖直边缘

续表

工序名称	示意图	说明
缩口		将空心/管状工序件或半成品的某个端部的径向尺寸减小
胀形		使板料/空心工序件/半成品的局部变薄，从而使其表面积增大
扩口		将空心/管状工序件或半成品的某个端部的径向尺寸扩大
整形		对坯料/工序件/半成品的局部/整体施加法向接触压力，以提高制件尺寸精度/获得清晰的过渡形状
旋压		在坯料旋转的同时，用一定形状的辊轮施加压力使坯料的局部变形逐步扩展到整体，达到使坯料全部成形的目的。多用于回转体制件的成形

1.2 冲压模具

冲压模具的分类如下。

（1）按冲压工序分类，可分为冲裁模（包括落料模、切边模、冲孔模等各种分离工序模具）、弯曲模、拉深模、成形模、整形模等，如图 1.7 所示。

（2）按工序组合分类，可分为单工序模、连续模、复合模等。

图 1.8（a）所示的单工序模是指在压力机的一次行程下，只完成一道工序的冲模。如图 1.8（b）所示的连续模又称为级进模，是一种连续单制组合而成的模具。在模具的工件部位，分成若干个等距离工位，条料沿各工位连续冲压后，便完成各种不同工

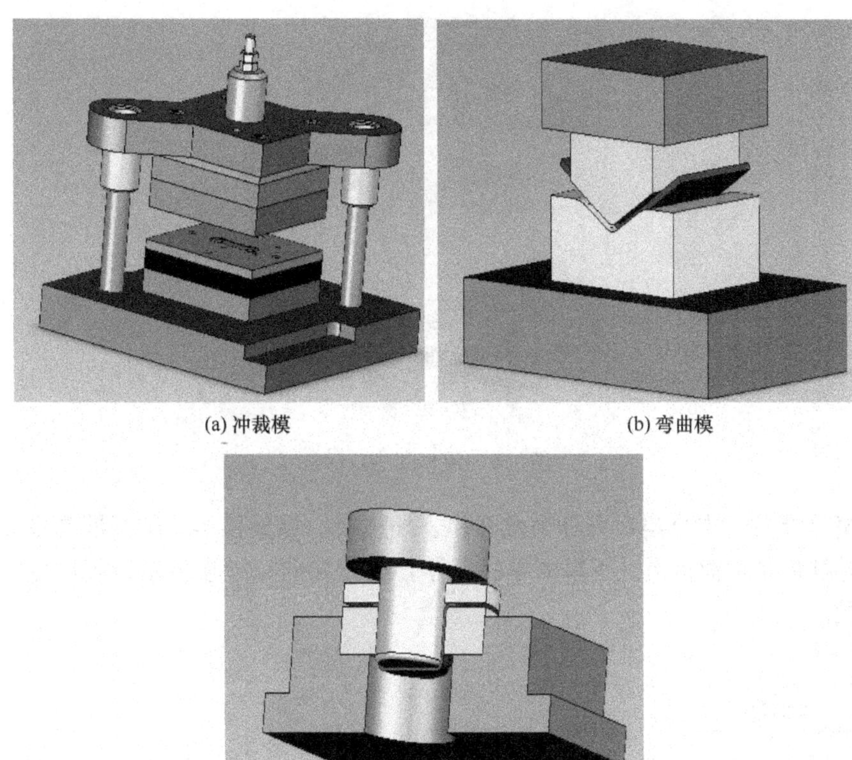

(a) 冲裁模　　(b) 弯曲模

(c) 拉深模

图 1.7　模具（一）

序的冲压。如图 1.8（c）所示的复合模是利用压力机的一次行程，在模具同一位置完成两道以上工序的冲模。

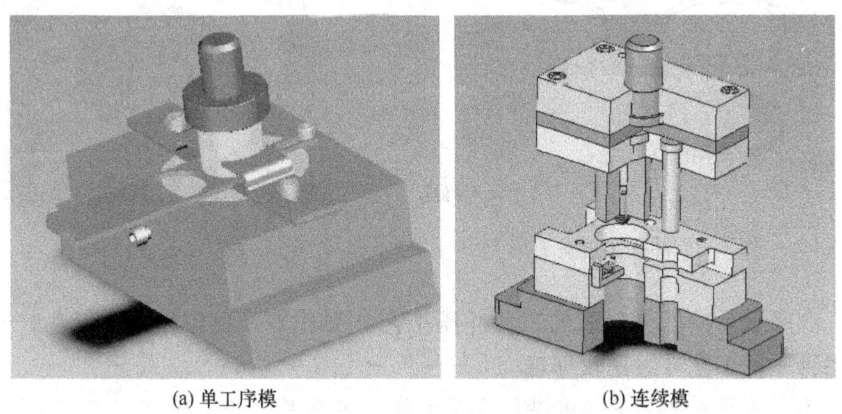

(a) 单工序模　　(b) 连续模

图 1.8　模具（二）

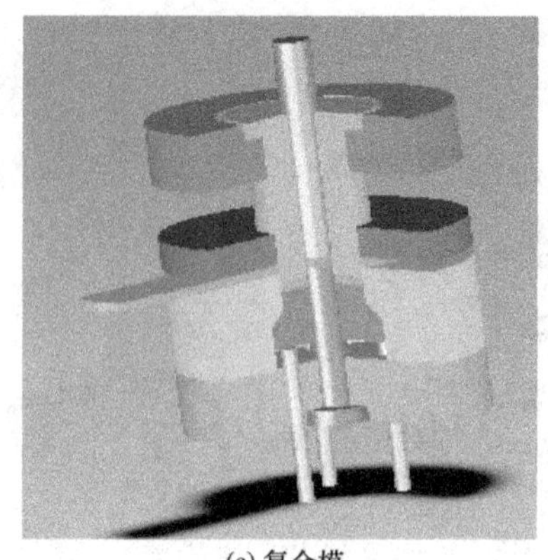

(c) 复合模

图 1.8　模具（二）（续）

按模具导向形式分类，可分为敞开模、导柱模、导板模等。敞开模是指无导向的冲模；导柱模是指模具上、下模由导柱、导套进行导向；导板模是指利用导板进行导向的冲模。

1.3　实例

(1) 学习冲压工序的分类和性质有利于制订各类工件的冲压工艺工序，并依据工艺设计模具，如图 1.9 所示为冲孔和落料工序的区别。可根据图 1.10 的零件垫圈制定工序和模具类型。

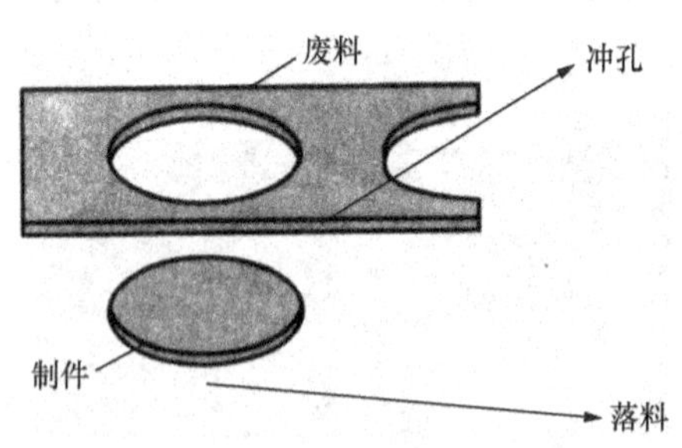

图 1.9　冲孔和落料工序

图 1.10　垫圈零件

表 1.3 所示为冲压件垫圈的三种冲压工艺方案比较，可以根据实际生产情况，来确定使用哪一种工艺方案比较理想。

(2) 表 1.4 所示为某公司的冲压工艺卡片（供参考）。

表 1.3　垫圈的三种冲压工艺方案比较

	工序名称	工序简图	工艺装备	特点及应用
方案一	落料		单工序落料模	模具结构简单，成本低，但工件精度不高，适于小批量生产
	冲孔		单工序冲孔模	
方案二	冲孔落料		冲孔落料连续模	模具结构较复杂，成本较高；但工件精度高，适用于大批量生产
方案三	落料冲孔		落料冲复合模	模具结构复杂，成本高，但工件精度极高，适于大批量生产

表 1.4　某公司的冲压工艺卡片

××公司 冲压工艺卡				施工单号	HD2-5	图纸名称	蒸笼
				产品名称	蒸笼	图纸编号	ZL-00-00
				产品编码	HD-781		工程部
序号	工序名称	设备	模具标识	技术要求		附图	
1	开料	≥80t压力机	213	无划伤，顶伤，毛刺≤0.1mm			
				材料为不锈钢304　厚度为0.4mm			
2	引伸	200t油压机	214	无拉伤，顶伤，起皱，破裂			
3	修边	≥80t压力机	215	无划伤，顶伤，毛刺≤0.1mm			
				修边尺寸：ϕ297.5mm			
4	卷圆	专机（车床）	216	无划伤，顶伤，起皱			
5	洗水	洗水机		无油，无异物			

续表

序号	工序名称	设备	模具标识	技术要求	附图
6	表面加工	专机		内砂外光	
7	滚筋	专机		无划伤，顶伤，起皱	
8	冲底孔	≥80t压力机	217	无划伤，顶伤，起皱	
9	压底筋	≥80t压力机	218	无划伤，顶伤，起皱	
10	冲耳孔	≥16t压力机	219	无划伤，顶伤，起皱	
11	表面加工	专机		外表面抛光，内部磨砂	
12	洗水	洗水机		无油，无异物	
13	包装			产品无油，无异物，清洁，按本厂或客户要求进行包装	

编制		校对	审核	标准	批准	共1页第1页

1.4 常用板料

1.4.1 对冲压用板料的基本要求

冲压用板料不仅要满足使用要求，还应能适应冲压工艺要求。

1. 冲压成形性能

对于分离工序，要求板料具有一定的塑性。对于成形工序，为了有利于加工成形和保证制件质量，板料应具有良好的抗破裂性、贴模性和定形性。

2. 表面质量

为了保证制件质量和模具的使用寿命，板料的表面应光洁平整，无损伤缺陷。

3. 厚度公差

因为一定的模具间隙适用于一定厚度的板料，板料厚度公差太大，不仅直接影响制件的质量，还可能导致废品的出现。在校正弯曲、整形等工序中，板料厚度的正偏差过大，有可能引起模具或设备过载而损坏。所以，板料的厚度公差应符合有关标准。

1.4.2　冲压板料的种类

冲压用板料主要是金属材料，有时也使用非金属材料。

常用的金属材料分为黑色金属和有色金属两种。黑色金属包括普通碳素结构钢、优质碳素结构钢、合金结构钢、弹簧钢、碳素工具钢、不锈钢、硅钢、电工纯铁等。有色金属包括纯铜、黄铜青铜、白铜、铝合金等。

钢板是冲压生产中使用量最多的原材料，一般厚板（$t>4$mm）为热轧板，薄板（$t\leqslant 4$mm）为冷轧板。冷轧板尺寸精度高、表面光亮，内部组织更致密，为了满足某些特殊需要，冲压生产中可能会用到复合金属板。

常用的非金属材料有皮革、塑料、橡胶、云母、纤维板、胶合板和纸板等。

附录 A 与附录 B 给出了部分黑色金属的力学性能，附录 C 给出了部分有色金属的力学性能。

1.4.3　冲压板料的规格

冲压用板料包括板（状）料、卷料、带料、条料和箔料等。板料的使用场合比较多，板料的尺寸规格用厚度×宽度×长度表示，如表 1.5 所示为轧制薄钢板规格。一般中小制件的冲压使用条料，可用剪板机将板料剪裁成需要的宽度和长度。

表 1.5　轧制薄钢板规格（摘自 GB/T 708—2006）　　（单位：mm）

	宽度 / 长度 / 厚度	500	600	(710)	750	800	850	900	950	1000	1100	1250	1400	1500
冷轧	0.2，0.25，0.3，0.4	1000 1500	1200 1800 2000	1420 1800 2000	1500 1800 2000	1500 1800 2000	1500 1800 2000	1500 1800		1500 2000				
	0.5，0.55，0.6	1000 1500	1200 1800 2000	1420 1800 2000	1500 1800 2000	1500 1800 2000	1500 1800 2000	1500 1800		1500 2000				
	0.7，0.75	1000 1500	1200 1800 2000	1420 1800 2000	1500 1800 2000	1500 1800 2000	1500 1800 2000	1500 1800		1500 2000				
	0.8，0.9	1000 1500	1200 1800 2000	1420 1800 2000	1500 1800 2000	1500 1800 2000	1500 1800 2000	1500 1800 2000		1500 2000	2000 2200	2000 2500		
	1.0，1.1，1.2，1.4，1.5，1.6，1.8，2.0	1000 1500 2000	1200 1800 2000	1420 1800 2000	1500 1800 2000	1500 1800 2000	1500 1800 2000	1800 2000		2000	2000 2200	2000 2500	2800 3000 3500	2800 3000 3500

续表

厚度 \ 宽度 长度		500	600	(710)	750	800	850	900	950	1000	1100	1250	1400	1500
冷轧	2.2，2.5，2.8，3.0，3.2，3.5，3.8，4.0	1000 1500 2000	500 1200 1800 2000	600 1420 1800 2000	1500 1800 2000	1500 1800 2000	1500 1800 2000	1800		2000				
热轧	0.35，0.4，0.45，0.5，0.55，0.6，0.7，0.75	1000 1500 2000	1200 1500 1800 2000	1000 1420 2000	1000 1500 1800 2000	1500 1600 2000	1700 2000	1500 1800 2000	1500 1900 2000	1500 2000				
	0.8，0.9	1000 1500	1200 1420	1420 2000	1500 1800 2000	1500 1600 2000	1500 1700 2000	1500 1800 2000	1500 1900 2000	1500 2000				
	1.0，1.1，1.2，1.25，1.4，1.5，1.6，1.8	1000 1500 2000	1200 1420 2000	1000 1420 2000	1000 1500 1800 2000	1500 1600 2000	1500 1700 2000	1000 1500 1800 2000	1500 1900 2000	1500 2000				
	2.0，2.2，2.5，2.8	500 1000 1500	600 1200 1500	1000 1420 2000	1500 1800 2000	1500 1600 2000	1500 1700 2000	1000 1500 1800 2000	1500 1900 2000	1500 2000 3000	2200 3000 4000	2500 3000 4000	2800 3000 4000	3000 4000
	3.0，3.2，3.5，3.8，4.0	500 1000	600 1200	1420 1200	1000 1500 1800 2000	1500 1600 2000	1500 1700 2000	1000 1500 1800 2000	1500 1900 2000	2000 3000 4000	2200 3000 4000	2500 3000 4000	2800 3000 3500 4000	3000 3500 4000

带料主要是薄料，宽度在300mm以下，长度可达数十米，成卷供应，用于大批量生产的自动送料，以提高生产效率。普通碳素结构钢冷轧带料的厚度范围为0.10～3.00mm，宽度范围为10～250mm，参见《碳素结构钢冷轧钢带》(GB/T 716—1991)。

1.5 模具材料

冲压模具材料属于冷作模具钢，属于用量最大、使用广泛、种类最多的模具钢种。主要性能要求有强度、韧性、耐磨性（硬度）。目前使用最多的国产模具钢种以Cr12、

Cr12MoV 为代表，国外以日本的 SKD 类，美国的 D2、D3，瑞典的 XW-41、DF-2 类为代表。

1.5.1　模具材料的选用原则

目前制造冲压模具的材料绝大多数以钢材为主。在冲压过程中，模具承受冲击负荷连续工作，使凸、凹模受到强大压力和剧烈摩擦，工作条件极其恶劣，因此选择模具材料应遵循如下原则。

（1）根据模具种类及工作条件，选用材料要满足使用要求，应具有较高的强度、硬度、耐磨性、耐冲击和耐疲劳性等。

（2）满足加工要求，应具有良好的加工工艺性，便于切削加工，淬透性好、热处理变形小。

（3）满足经济性要求。

1.5.2　模具材料的分类

冲压模具材料的种类很多，主要有碳钢、合金钢、铸铁、铸钢、硬质合金、钢结硬质合金和锌基合金、低熔点合金、环氧树脂和聚氨质橡胶等。

1. 碳素工具钢

碳素工具钢在模具中应用较多的为 T8A、T10A 等，其优点为加工性能好，价格便宜，但淬透性和淬硬性差，热处理变形大，承载能力较低。

2. 低合金工具钢

低合金工具钢是在碳素工具钢的基础上加入了适量的合金元素，与碳素工具钢相比，低合金工具钢减少了淬火变形和开裂倾向，提高了钢的淬透性，耐磨性较好。用于制造模具的低合金工具钢有 CrWMn、9Mn2V、7CrSiMnMoV、6CrNiMnMoV 等。

3. 高碳高铬工具钢

高碳高铬工具钢常用的钢种有 Cr12 和 Cr12MoV，它们具有较好的淬透性、淬硬性和耐磨性，热处理变形小。但碳化物偏析严重，必须进行反复镦拔改锻，以降低碳化物的不均匀性，提高其使用性能。

4. 高碳中铬工具钢

高碳中铬工具钢用于模具的有 Cr4W2MoV，Cr6WV、Cr5MoV 等，它们含铬少，共晶碳化物少，碳化物分布均匀，热处理变形小，具有良好的淬透性和尺寸稳定性。

5. 高速钢

高速钢具有钢中最高的硬度、耐磨性和抗压强度，常用的有 W18Cr4V 和

W6MoCr4V2。

6. 硬质合金和钢结硬质合金

硬质合金的硬度和耐磨性高于其他任何种类的模具钢，但抗弯强度和韧性差。钢结硬质合金的基体为钢，克服了硬质合金韧性差、加工困难的缺点，可以切削、焊接、锻造和热处理。钢结硬质合金含有大量的碳化物，经淬火、回火硬度可达 68～72HRC。

1.5.3 冲压模具工作部分用钢和结构部分用钢的数据

冲压模具工作部分用钢和结构部分用钢的数据如表 1.6 所示。

表 1.6 冲压模具工作部分用钢和结构部分用钢的数据

零件名称	选用材料牌号	热处理	硬度 HRC
上、下模座	HT200， HT250， ZG320-580， Q235， Q275，QT400-18	时效或回火	无
上、下垫板	1. 采用 Q275，45，皇牌，油钢或 T10A 2. 精密，高速级进模可采用 Cr12	淬火，回火	43～48 或 52～56
模柄	采用 Q275，45	不必	无
上、下卸料板	1. 可采用 Cr12（级进模），T10A 2. 可采用 Q275，45	淬火，回火 淬火或调质	45～50 43～48
凸、凹模板	可采用 Cr12、Cr2MoV，SKD11，D2，XW41 类钢或加表面离子镀钛，特殊情况下和冲弹片类用硬质合金类镶块或高速钢镶块		58～62 或>62
凸、凹模固定板	采用 Q275，45 或 Cr12，皇牌，油钢，必要时调质	淬火，回火或不必	45～50 无
推料杆，顶杆，导料板	采用 Q275，45，皇牌，油钢	淬火，回火或调质	43～48
定位板 导料销 定位销	采用 Q275，45，皇牌，油钢，T10A 采用 Cr12 或 Q275，皇牌，油钢，T10A 采用 Cr12 或 Q275，皇牌，油钢，T10A	淬火，回火 淬火，回火 淬火，回火	40～45 头部为 58～62 头部为 52～56
楔块，滑块	采用 Cr12 或 Q275，皇牌，油钢，T10A	淬火，回火	58～62
折弯刀 定距侧刀 废料切刀	1. 不锈钢或成形困难时采用 SKD11 或表面等离子镀钛 2. 采用 Cr12 或 T10A	淬火，回火 淬火，回火	58～62
弹簧	65Mn（圆或方钢丝），60SiMnA（圆或方钢丝），50CrVA（蝶形）	淬火，回火	40～48
上、下打板	弹簧，气顶等打板采用 Cr12 或 T10A	淬火，回火	45～48

续表

零件名称	选用材料牌号	热处理	硬度 HRC
螺钉，销钉	采用 Q75，45，或 T8A，T10A	淬火，回火	43～48 52～54
拉深压料圈	9Mn2V，CrWMn，Cr12，Cr12MoV，SKD11，油钢	淬火，回火	56～60

注：油钢和皇牌在外企中比较常见，它们分别是：油钢，奥地利不变形耐油钢 K460（含碳量 0.95%），瑞典的不变形油钢 S136H（含碳量 0.9%）及 DF2，德国的微变形耐油钢（皇牌），日本的 S50C（含碳 0.5%）及 SKS3。

1.6　冲压设备及技术参数

冲压设备都是压力机械，通过滑块带动上模相对下模作往复运动，克服工件变形阻力，完成冲压。常用的冲压设备有：剪板机（Q）、液压机（Y）、曲柄机械压力机（J）、弯曲机（W）。括号内字母为国家标准规定的代号。压力机的型号是按照锻压机械的类型、列和组编制的，如下所示：

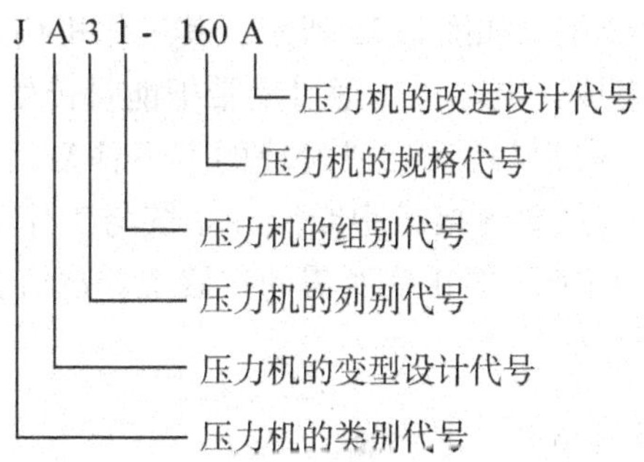

1.6.1　压力机的分类

压力机按工作原理分为曲柄压力机、螺旋压力机和液压机三种；按工艺用途分为通用压力机和专用压力机；按照压力机的机身结构，可以分为开式压力机（俗称冲床）和闭式压力机两种。

开式压力机机身前面、左面和右面 3 个方向是敞开的，如图 1.11（a）所示，操纵和安装模具都很方便。但是由于机身呈 C 字形，刚性较差。当冲压力较大时，机身易变形，影响模具寿命。因此只适用于中、小型压力机。

闭式压力机机身两侧封闭，只能前后送料，如图 1.11（b）所示，操作不如开式压力机方便，但是机床刚性好，能承受较大的压力，适用于精度要求较高和大吨位的压力机。

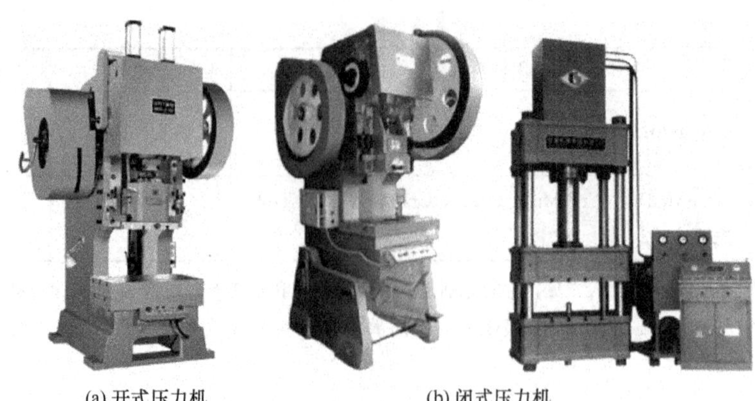

(a) 开式压力机　　　　(b) 闭式压力机

图 1.11　常用的冲压设备

1.6.2　曲柄压力机的组成及工作原理

1. 曲柄压力机的基本组成及工作原理

曲柄机械压力机又称冲床。它是一种使旋转运动变为直线往复运动的机械。可进行冲裁、拉延、弯曲、冲孔、成形、翻边及整形等各种工序的操作。

开式可倾压力机的组成结构如图 1.12 所示。其工作机构即为曲柄连杆机构，由曲轴 5、连杆 6、滑块 7 等组成。电动机 1 通过皮带把能量传给飞轮 3，通过离合器 4 传给曲轴，并经连杆把曲轴的旋转运动变成滑块的上下往复运动。上模固定在滑块上。离合器是用来根据工艺操作需要连接或中断能源系统与工作机构联系的装置。制动器 10 是在当离合器分离时，使滑块停止在所需的位置上。离合器的离、合，即压力机的开、停。

2. 压力机连杆与滑块的结构及其调整

为了使模具高度可以少量变化，压力机的装模高度应能在一定范围内调节，调节连杆长度是一种常用的方法，如图 1.13 所示是一种调整装置。由图可见，连杆一端与曲轴相连，另一端与滑块相连。将连杆设计成由连杆体 1 和调节螺杆 2 两部分，调节螺杆的下部有一个六方部分。松开锁紧螺钉 3，用扳手扳动调节螺杆，即可调节连杆的长度。较大的压力机是通过电动机、齿轮或蜗轮机构来旋转调节螺杆的。

为了从上模中卸下制件或废料，压力机的滑块中装有打料装置，如图 1.14 所示。

滑块的矩形横向孔中放有横杆 2，当滑块向上回程，横杆与机身上的止动螺钉 1 相碰时，即可通过上模 5 中的推杆 3 将制件或废料 4 从上模中推出。调节止动螺钉，可改变打料行程。

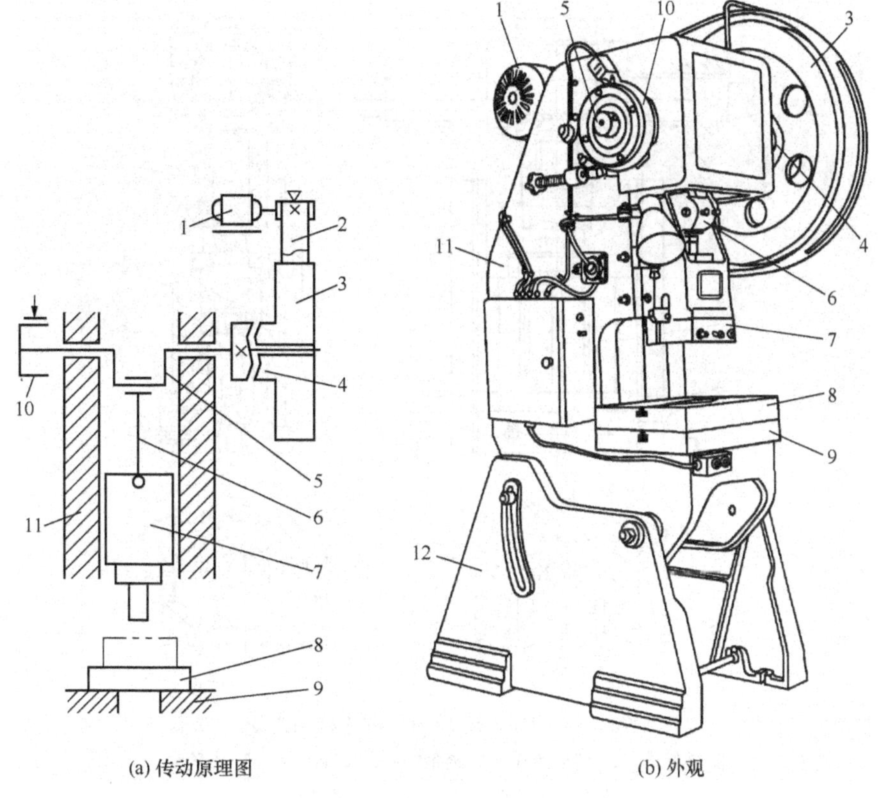

图 1.12　开式可倾压力机（J23-16）

1. 电动机；2. 皮带；3. 飞轮；4. 离合器；5. 曲轴；6. 连杆；7. 滑块；8. 工作台垫板；9. 工作台；10. 制动器；11. 机身；12. 机座

1.6.3　曲柄压力机的主要技术参数的选择

压力机的主要技术参数是反映一台压力机的工艺能力，所能加工零件的尺寸范围以及有关生产率等的指标。这些参数也是模具设计中选择冲压设备，确定模具结构的重要依据。

1. 公称压力（标称压力）的选择

由曲柄连杆机构的工作原理可知，滑块的压力在全行程中不是一个常数，而是随曲轴转角的大小而变化的，其规律可用如图 1.15 所示的许用负荷图表示，图中阴影线以下是安全区。由图 1.15 可知，曲轴旋转到离下死点还有约 30°转角之后（直至下死点位置），许用压力达到最大值 F_{max}。图 1.15 中还示出了压力角所对应的滑块位移点，为使用方便，制造厂提供的资料一般已换算为滑块行程。公称压力就是指滑块下死点前某一特定距离（此特定距离称为公称压力行程 H_a）内，滑块所容许承受的最大作用力。

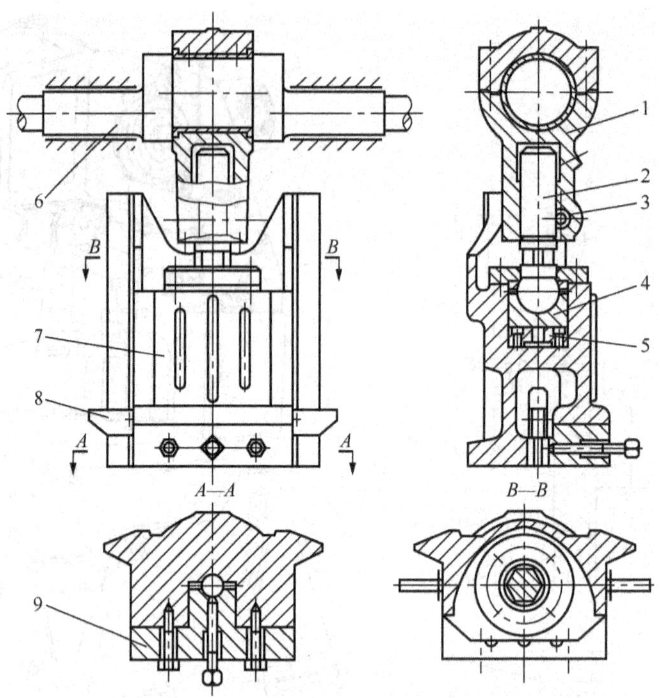

图 1.13　JB23-63 压力机的连杆与滑块

1. 连杆体；2. 调节螺杆；3. 锁紧螺钉；4. 支承座；5. 保险块；6. 曲轴；7. 滑块；8. 横杆；9. 模柄夹持块

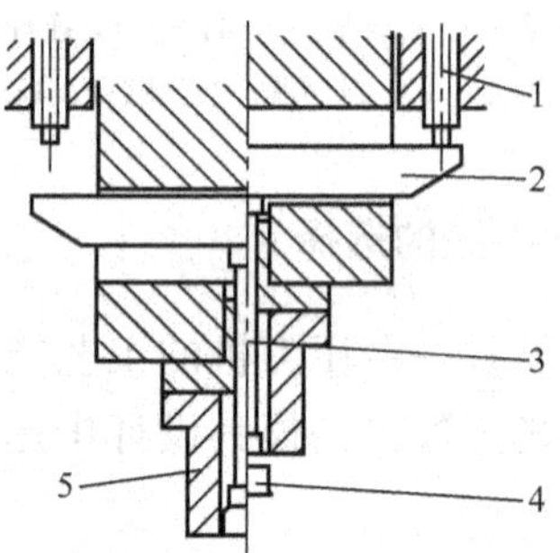

图 1.14　打料装置及其动作

1. 止动螺钉；2. 横杆；3. 推杆；4. 制件或废料；5. 上模

公称压力是表示压力机规格的主参数。我国的压力机公称压力已经系列化了。例如，63kN 的公称压力为 100kN、160kN、250kN、400kN、630kN、800kN、1000kN、1250kN、1600kN 等。

表 1.7 所示为几种开式压力机的主要技术参数。

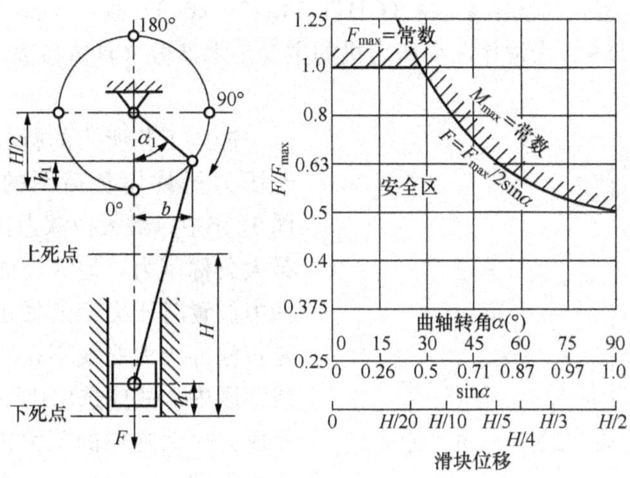

图 1.15　曲柄压力机的许用负荷图

表 1.7　几种开式压力机的主要技术参数

压力机型号		J23—3.15	J23—6.3	J23—10	J23—16F	JH2—25	JG23—40	JC23—63	J11—50	J11—100	JA1—250	JH2—80	JA2—160	J21—400A
标称压力/kN		31.5	63	100	160	250	400	630	500	1000	2500	800	1600	4000
滑块行程/mm		25	35	45	70	75	80	120	10～90	20～100	120	160	160	200
滑块行程次数/次·min^{-1}		200	170	145	120	80	55	50	90	65	37	40～75	40	25
最大封闭高度/mm		120	150	180	205	260	330	360	270	420	450	320	450	550
封闭高度调节量/mm		25	35	35	45	55	65	80	75	85	80	80	130	150
立柱间距/mm		120	150	180	220	270	340	350					530	896
喉深/mm		90	110	130	160	200	250	260	235	340	325	310	380	480
工作台尺/mm	前后	160	200	240	300	370	460	480	450	600	630	600	710	900
	左右	250	310	370	450	560	700	710	650	800	1100	950	1120	1400
垫板尺寸/mm	厚度	30	30	35	40	50	65	90	80	100	150		130	170
	孔径	φ110	φ140	φ170	φ210	φ260	φ320	φ250	φ130	φ160				φ300
模柄孔尺寸/mm	直径	φ25	φ30		φ40		φ50			φ60	φ70	φ50	φ70	φ100
	深度	40	55		60		70	80			90	60	80	120
最大倾斜角/(°)		45		35			30							
电动机功率/kW		0.55	0.75	1.1	1.5	2.2		5.5		7	18.1	7.5	11.1	32.2
备注						需压缩空气						需压缩空气		

《开式压力机型式与基本参数》(GB/T 14347—2009) 规定了开式曲柄压力机基本参数。其中附录D～E为常用曲柄压力机的主要技术参数 (具体参数以设备使用说明书为准)。

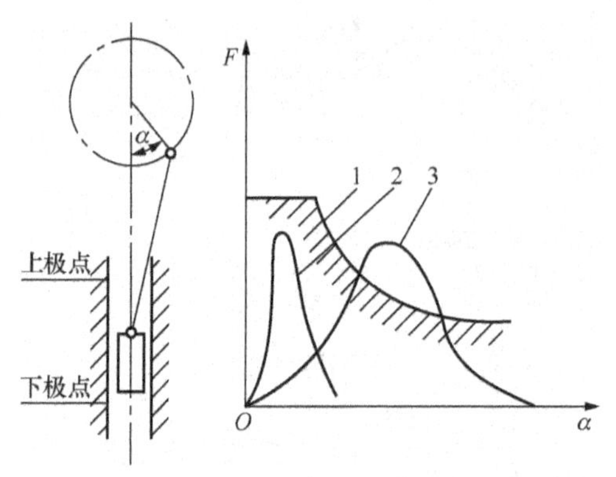

图 1.16　压力机许用压力曲线

1. 压力机许用压力曲线；2. 冲裁力实际变化曲线；3. 拉深力实际曲线

冲压工艺所需的行程—力范围必须处于压力机许用负荷图的安全区之内，在图1.16中，最大拉深力虽然小于压力机的最大公称压力，但大于曲柄旋转到最大拉深力位置时压力机所发出的冲压力，也就是拉深冲压力曲线不在压力机许用压力曲线范围内，故应选用比图1.16中曲线1所示压力更大吨位的压力机。因此为保证冲压力足够，一般冲裁、弯曲时，压力机的吨位应比计算的冲压力大30%左右。拉深时压力机吨位应比计算出的拉深力大60%～100%。

2. 滑块行程的选择

滑块行程是指滑块从上死点到下死点所经过的距离，其值为曲柄半径的2倍。除曲拐轴压力机外，一般压力机的行程是不可调的。滑块行程应能保证毛坯能顺利放入模具，制件能从模具内顺利取出。

3. 滑块行程次数的选择

滑块行程次数是指滑块每分钟所完成的上下循环次数。滑块行程次数的多少，关系到生产率的高低。一般压力机的滑块行程次数都是固定的。

4. 装模高度的选择

装模高度是指滑块在下死点时，滑块底平面到工作台上的垫板上平面的距离。压力机的闭合高度可通过调节连杆长度在一定范围内变化。当连杆调至最短 (对偏心压力机的行程应调到最小)，滑块底面到工作台上平面之间的距离，为压力机的最大闭合高度；当连杆调至最长 (对偏心压力机的行程应调到最大)，滑块处于下止点，滑块底面到工作台上平面之间的距离为压力机的最小闭合高度。

压力机的装模高度指压力机的闭合高度减去垫板厚度的差值。没有垫板的压力机，其装模高度等于压力机的闭合高度。

模具的闭合高度是指冲模在最低工作位置时，上模座上平面至下模座下平面之间的距离。

模具闭合高度与压力机装模高度的关系，如图1.17所示，公式为

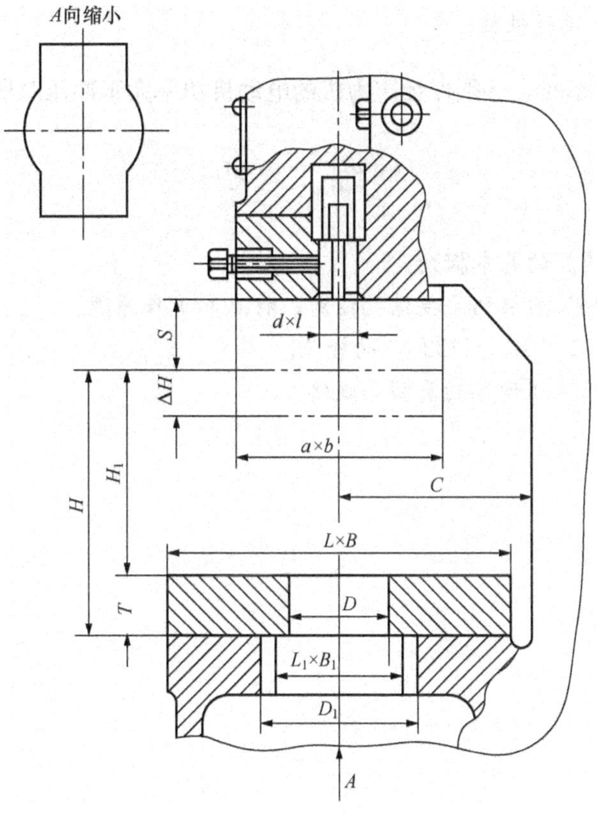

图1.17　模具安装尺寸与压力机之间的关系

$$H_{max}-5\text{mm}\geqslant H+T\geqslant H_{min}+10\text{mm} \tag{1-1}$$

式中，H——模具的闭合高度，mm；

H_{max}——模具的最大闭合高度，mm；

H_{min}——模具的最小闭合高度，mm。

冲模的闭合高度应在压力机的最大与最小装模高度之间。

5. 工作台面及滑块底面尺寸的选择

工作台面及滑块底面尺寸是指压力机装模空间的平面尺寸。为便于安装固定模具用的螺钉和压板，模具下模座的最大尺寸每边至少应比工作台面小50～70mm。

6. 漏料孔尺寸的选择

当制件或废料需要穿过工作台漏料孔下落，或模具底部需要安装弹顶装置时，下落件或弹顶装置的外形尺寸必须小于工作台中间的漏料孔尺寸。

7. 模柄孔尺寸的选择

滑块内安装模柄用孔的直径和模柄直径应一致，模柄的高度应小于模柄孔的深度。

8. 电动机的功率的选择

选择电动机功率时，必须保证压力机的电动机功率大于冲压时所需要的功率。

练　　习

1.1　简述冷冲压的基本概念。

1.2　简述曲柄压力机的主要结构组成、特点和工作原理。

1.3　解释 JC23-63A，JH23-40 的含义。

1.4　如何选择冲压设备的类型和规格?

单元 2

冲裁工艺与模具设计

❖ 知识目标

1. 了解冲裁件的断面特征
2. 能够正确选择冲裁合理间隙
3. 掌握凸、凹模刃口尺寸的计算方法
4. 熟悉降低冲裁力的方法和措施
5. 能够合理地进行冲裁排样
6. 掌握冲裁模的典型结构
7. 掌握冲裁模主要零部件的设计

❖ 能力目标

1. 能针对不同的冲压制品区分加工的工序
2. 会选用曲柄压力机及冲压件的材料
3. 能够根据具体的冲压产品进行凸、凹模尺寸计算
4. 能够进行一般复杂程度冲裁模的设计

2.1 冲裁概述

冲裁是利用模具使板料沿一定轮廓线产生分离的冲压工序。冲裁通常可分为落料、冲孔、切边、切口、抛切、切断等多种工序。通过冲裁工序既可以直接制成零件，也可以为弯曲、拉深、成形、冷挤等工序准备毛坯。因此，冲裁各工序在冲压生产中应用广泛。

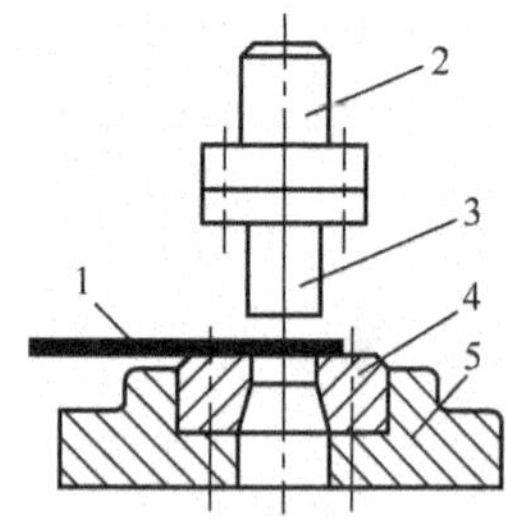

图 2.1 简单冲裁模
1. 板料；2. 模柄；3. 凸模；4. 凹模；5. 下模座

冲裁时所使用的模具称为冲裁模。如图 2.1 所示为简单冲裁模。模具分上、下两部分，上模部分由模柄和凸模组成，通过模柄安装在冲床的滑块上，随滑块上下运动；下模部分由凹模和下模座组成，通过下模座固定在工作台上。模具的工作部分为具有锋利刃口的凸模和凹模，且凸模的直径比凹模的直径略小，两者之间存在一定的间隙。工作时板料放在凹模上，凸模随滑块向下运动，穿过板料进入凹模，使板料相互分离而完成冲裁工作。当压力机滑块把凸模推下时，板料就受到凸—凹模的剪切作用而沿一定的轮廓互相分离。

2.2 冲裁变形的过程

2.2.1 冲裁变形的 3 个阶段

板料的分离是瞬间完成的，冲裁变形过程大致可分成 3 个阶段，如图 2.2 所示。

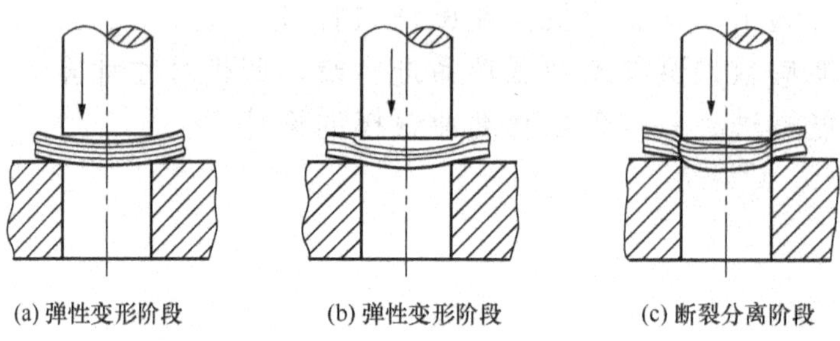

(a) 弹性变形阶段 (b) 弹性变形阶段 (c) 断裂分离阶段

图 2.2 冲裁时板料的变形过程

(1) 弹性变形阶段，如图 2.2 (a) 所示。凸模对板料施压，板料在弯矩 M 的作用下产生弹性压缩和弯曲，并略微挤入凹模型孔。板料与凸、凹模接触处形成很小的圆角。这时板料内应力尚未超过材料的屈服极限。此时，以凹模刃口轮廓为界，轮廓内的板料向下弯拱，轮廓外的板料则上翘。凸—凹模间隙越大，弯拱和上翘越严重。

(2) 塑性变形阶段，如图 2.2 (b) 所示。当板料的应力达到屈服点，板料进入塑性变形阶段。凸模切入板料，板料被挤入凹模洞口。在剪切面的边缘，由于凸—凹模间隙存在而引起的弯曲和拉深作用，形成塌角面，同时由于剪切变形，在切断面上形成光亮且与板面垂直的断面。随着凸模的继续下压，应力不断加大，直到应力达到板料抗剪强度，塑性变形阶段结束。

(3) 当板料的应力达到抗剪强度后，凸模继续下压，凸、凹模刃口附近产生微裂纹不断向板料内部扩展。当上下裂纹重合时，板料便被剪切分离，如图 2.2 (c) 所示。由于拉断结果，断面上形成一个粗糙的区域。凸模继续下行，已分离的材料克服摩擦阻力，从板料中推出，完成整个冲裁过程。

2.2.2　冲裁断面的 4 个特征区

由于冲裁变形的特点，冲裁断面可明显分成 4 个特征区，即塌角带、光亮带、断裂带和毛刺，如图 2.3 所示。

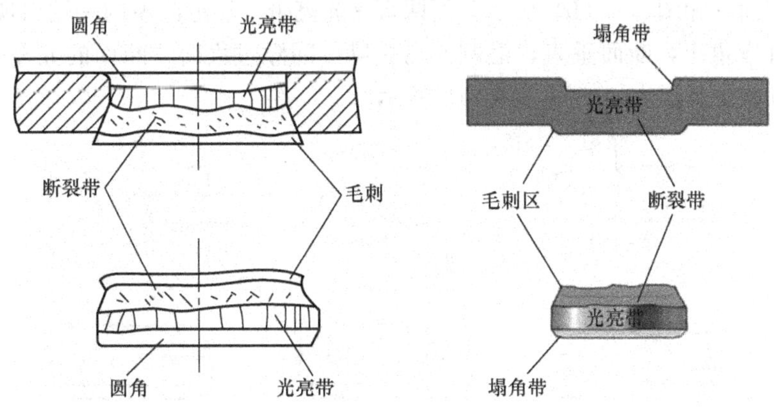

图 2.3　冲裁件的断面状况

塌角带产生在板料不与凸模或凹模相接触的一面，是由于板料受弯曲、拉深作用而形成的。材料塑性愈好、凸-凹模之间的间隙愈大，形成的塌角也愈大。

光亮带是由于板料塑性剪切变形所形成的。光亮带表面光洁且垂直于板平面。凸—凹模之间的间隙愈小、材料塑性愈好，所形成的光亮带高度愈高。

断裂带是由冲裁时所产生的裂纹扩张形成的。断裂带表面粗糙，并带有 3°～6°的斜度。材料塑性愈差、凸-凹模之间间隙愈大，则断裂带高度愈高，斜度愈大。

毛刺的形成是由于板料塑性变形阶段后期在凸模和凹模刃口附近产生裂纹，普通冲裁产生毛刺是不可避免的。

综上所述，冲裁件的断面不是很整齐的，仅孔的光亮带柱体尺寸约等于凸模尺寸，而落料件光亮带的柱体尺寸约等于凹模尺寸，由此可得出以下重要的关系式为

落料尺寸＝凹模尺寸

冲孔尺寸＝凸模尺寸

这两个公式是计算凸、凹模刃口尺寸的重要依据。

2.3 冲裁件的质量分析及控制

衡量冲裁件的质量主要有 4 个方面，即断面质量、尺寸精度、形状误差和毛刺高度。

1. 断面质量

对于同一种材料，对断面质量起决定作用的是冲裁间隙。在冲裁过程中，当间隙合理时，则冲裁的上、下刀口处所产生的裂纹就能重合。此时冲出的制件，断面虽有一定斜度，但比较平直、光洁，毛刺很小，如图 2.4（c）所示；间隙过小或过大时，就会使上、下裂纹不能重合。间隙过小时，凸模挤入凹模腔内，从而使制件断面的中部留下撕裂面，如图 2.4（b）所示，而两端呈光亮带，靠近凸模的一端出现挤长毛刺。但这时制件弯角小，断面垂直，毛刺亦易去除。间隙过大时，断面的光亮带减小，毛刺、弯角和锥度都增大，如图 2.4（a）所示。

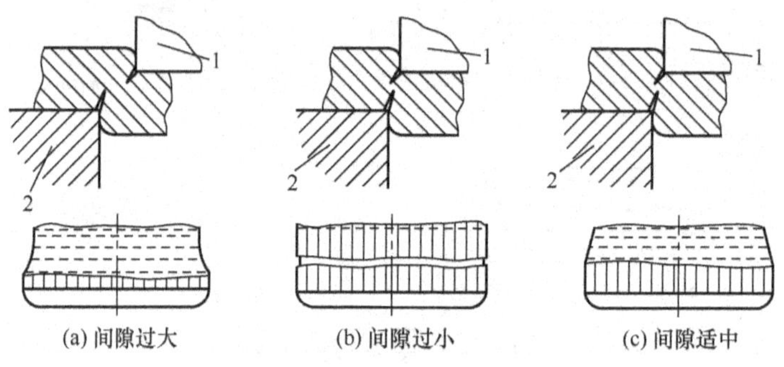

图 2.4 间隙大小对制件断面质量的影响

1. 凸模；2. 凹模

提高断面质量的主要措施是将模具的凹、凸模之间的间隙控制在合理范围内，并使间隙均匀分布。同时，对硬质材料，冲裁加工前要进行退火处理，以提高材料的塑性。还可以通过增加整修工序来提高断面质量。

2. 尺寸精度

冲裁件的尺寸精度是指冲裁件的实际尺寸与公称尺寸的差值，差值越小，则精度越高。这个差值是由两方面引起的，一是模具本身的制造偏差，二是冲裁件相对于凸模或凹模尺寸的偏差。

可以说冲裁件的尺寸精度是直接由冲模的制造精度决定的。冲模精度愈高冲裁件尺寸精度愈高。一般情况下，冲裁件所能达到的精度比冲模精度低 1～3 级。冲模制造精度与冲裁件精度的关系见表 2.1。

表 2.1　冲裁件的精度

冲模制造精度	板料厚度 t/mm									
	0.5	0.8	1.0	1.5	2	3	4	5	6	8
IT6～IT7	IT8	IT8	IT9	IT10	IT10	—	—	—	—	—
IT7～IT8	—	IT9	IT10	IT10	IT12	IT12	IT12	—	—	—
IT9	—	—	—	IT12	IT12	IT12	IT12	IT12	IT14	IT14

冲裁件相对于凸、凹模尺寸的偏差是由工件的弹性恢复所造成的。如落料时工件从凹模内推出，冲孔时工件从凸模上卸下，此时工件尺寸就会受到挤压、拉深或弯角所产生的弹性恢复影响。偏差值可能是正或负，其影响因素有凸模与凹模的间隙、材料性质和工件形状与尺寸等。其中主要因素是凸模和凹模的间隙。

此外，冲裁件尺寸变化量的大小还与材料性质、厚度、轧制方向等因素有关。

3. 形状误差

材料在冲裁过程中会受到弯曲力偶的作用，因此冲裁件会出现弯拱现象。

图 2.5 所示为材料支承的几种方法。如图 2.5 (a)和图 2.5 (b) 所示是固定卸料冲裁模的工作部分。其中图 2.5 (a) 为自由支承，冲裁时凹模面上的材料上翘，凹模内的材料拱弯，材料内部的拉应力和弯矩大，零件质量差。如图 2.5 (b) 所示为反向压紧自由支承，冲裁情况有所好转，凹模内的材料受到约束，拱弯不严重，落料件的质量有所提高。如图 2.5 (c) 和图 2.5 (d) 所示是弹压卸料冲裁模的工作部分。其中如图 2.5 (c) 所示为固定支承，凹模面上的材料受到约束，材料不能上翘，情况较前两种略有好转，冲孔件的质员有所提高；如图 2.5 (d) 所示为反向压紧固定支承，凹模面上的材料被压紧而不能上翘，凹模内的材料被反向压紧而不能拱弯，约束力较强，拉应力和弯矩较小，所以零件质量较高，常在零件公差要求较严时使用。

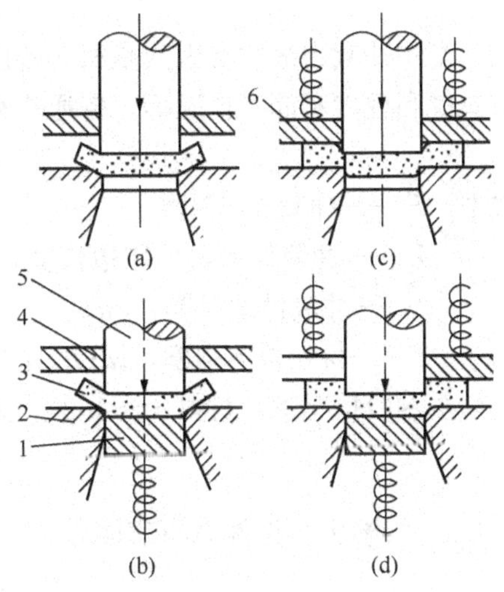

图 2.5　材料的支承方法

1. 顶板；2. 凹模；3. 材料；4. 固定卸料板；5. 凸模；6. 弹压卸料板

4. 毛刺高度

毛刺的形成原因在 2.2.2 小节中已作分析，由分析可知，冲裁件产生微小毛刺是不可避免的。正常冲裁件允许的毛刺高度见表 2.2。

表 2.2　毛刺的允许高度　　(单位：mm)

板料厚度 t	生产时	试模时	板料厚度 t	生产时	试模时
≤0.3	≤0.04	≤0.015	>1.0～1.5	≤0.12	≤0.05
>0.3～0.5	≤0.05	≤0.02	>1.5～2.0	≤0.15	≤0.08
>0.5～1.0	≤0.08	≤0.03	>2.0	≤0.15	≤0.10

一般情况下，毛刺高度超过表 2.2 的规定时，即被认为是出现了不正常毛刺。不正常毛刺可分为两类——间隙毛刺和刃口磨损毛刺。

2.4　冲裁力

冲裁力是指冲裁时，材料对凸模的最大抵抗力，它是选用冲压设备和检验模具强度的重要依据。

2.4.1　冲裁力的计算

影响冲裁力的主要因素是材料厚度与机械性能、冲裁件周边长度、冲裁间隙大小、刃口锐利程度和润滑情况等。普通平刃冲裁模，冲裁力的计算式为

$$P = 1.3Lt\tau \tag{2-1}$$

式中，P——冲裁力，N；

L——冲裁件受剪切周边长度，mm；

t——冲裁件的料厚，mm；

τ——材料抗剪强度，MPa，τ 值可在设计资料及有关手册中查到。

在一般情况下，材料 $\sigma_1 \approx 1.3\tau$。为计算方便冲裁力的计算式为

$$P = L \cdot t\sigma_1 \tag{2-2}$$

2.4.2　卸料力、推件力和顶件力

一般情况下，冲裁后的弹性恢复使落料件/冲孔废料梗塞在凹模内，而板料/冲孔件则紧箍在凸模上。为了使冲裁工作继续进行，必须及时将箍在凸模上的板料/冲孔件卸下，将梗塞在凹模内的落料件/冲孔废料向下推出或向上顶出。

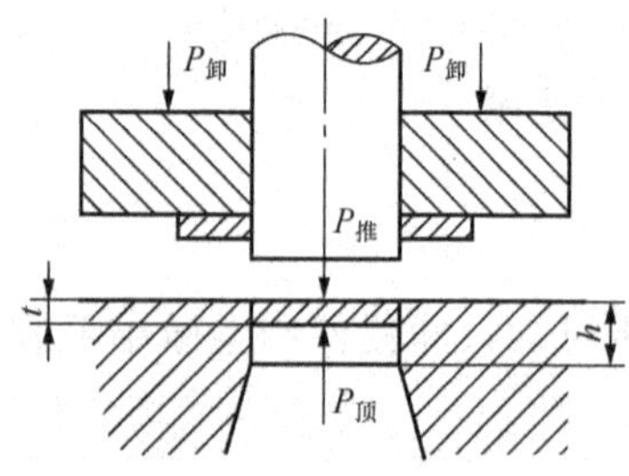

图 2.6　卸件力、推件力和顶件力

从凸模上卸下板料/冲孔件所需的力称为卸件力 $P_{卸}$；从凹模内向下推出落料件/冲孔废料所需的力称为推件力 $P_{推}$；从凸模内向上顶出落料件/冲孔废料所需的力称为顶件力 $P_{顶}$，如图 2.6 所示。

在生产实践中，$P_{卸}$、$P_{推}$ 和 $P_{顶}$ 常用以下经验公

式计算。

卸料力为

$$P_{卸} = K_{卸} \cdot P \quad (2\text{-}3)$$

推料力为

$$P_{推} = nK_{推} \cdot P \quad (2\text{-}4)$$

顶料力为

$$P_{顶} = K_{顶} \cdot P \quad (2\text{-}5)$$

式中，P——冲裁力，N；

$K_{卸}$——卸料力系数；

$K_{推}$——推件力系数；

$K_{顶}$——顶件力系数；

n——梗塞在凹模内的冲件数（$n=h/t$）；

h——凹模直壁洞口的高度，mm。

$K_{卸}$、$K_{推}$ 和 $K_{顶}$ 可分别由表2.3查取。当冲裁件形状复杂、冲裁间隙较小、润滑较差、材料强度高时，应取较大值；反之则应取较小值。

表2.3　卸件力、推件力和顶件力系数

板料厚度 t/mm		$K_{卸}$	$K_{推}$	$K_{顶}$
钢	≤0.1	0.06～0.09	0.1	0.14
	>0.1～0.5	0.04～0.07	0.065	0.08
	>0.5～2.5	0.025～0.06	0.05	0.06
	>2.5～6.5	0.02～0.05	0.045	0.05
	>6.5	0.015～0.04	0.025	0.03
铝、铝合金		0.03～0.08	0.03～0.07	0.03～0.07
纯铜、黄铜		0.02～0.06	0.03～0.09	0.03～0.09

2.4.3　总冲压力

冲裁时，所需总冲压力为冲裁力、卸件力、推件力和顶件力之和。这些力在选择压力机时是否要考虑进去，应根据不同的模具结构区别对待。

采用刚性卸料装置和下出料方式的总冲压力为

$$P_{总} = P + P_{推} \quad (2\text{-}6)$$

采用弹性卸料装置和下出料方式的总冲压力为

$$P_{总} = P + P_{卸} + P_{推} \quad (2\text{-}7)$$

采用弹性卸料装置和上出料方式的总冲压力为

$$P_{总} = P + P_{卸} + P_{顶} \quad (2\text{-}8)$$

2.5 冲裁间隙

冲裁间隙是指冲裁模的凸模和凹模之间的双面间隙，如图 2.7 所示。

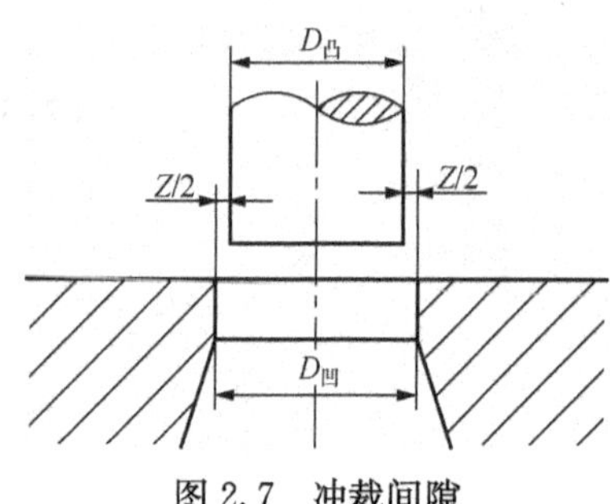

图 2.7 冲裁间隙

凸、凹模之间的间隙对冲裁件质量、冲裁力、模具寿命的影响很大，是模具设计中的一个极其重要的问题。

设计模具时应选择一个合理的间隙，以保证冲裁件的断面质量好、冲裁力小、模具寿命长。但分别从质量、精度、冲裁力的要求确定各自的合理间隙时却不是同一个数值，只是彼此较接近而已。考虑到模具制造中的偏差和使用中的磨损，常选择一个适当的范围作为合理间隙，在此范围内冲出的制件质量较好。这个范围的最小值称为最小合理间隙（Z_{min}），最大值称为最大合理间隙（Z_{max}）。因为使用中模具的磨损使间隙增大，故设计制造新模具时应采用最小合理间隙值。确定合理间隙的方法有两种，即理论确定法和经验确定法。

设计模具时，选择一个合理的冲裁间隙，可获得冲裁件断面质量好、尺寸精度高、模具寿命长、冲裁力小的综合效果。生产实际中，一般是以观察冲裁件断面状况来判定冲裁间隙是否合理，即塌角带和断裂带小、光亮带能占整个断面的 1/3 左右，不出现二次光亮带，毛刺高度合理，得到这种断面状况的冲裁间隙就是在合理的范围内。

确定合理冲裁间隙主要有理论计算法、查表法、经验记忆法。

1. 理论计算法

理论计算法确定冲裁间隙的依据是：在合理间隙情况下，冲裁时板料在凸、凹模刃口处产生的裂纹成直线会合，从如图 2.8 所示的几何关系中，可得出计算合理间隙的公式

$$Z = 2t(1 - b/t)\tan\beta \tag{2-9}$$

由式（2-9）可知，合理间隙取决于板料厚度 t、相对切入深度 b/t、裂纹方向角 β 三个因素。β 是一个与板料的塑性或硬度有关的值，但其变化不大，所以影响合理间隙值大小主要取决于前两个因素。由 2.3 节的分析已知，材料塑性愈好或硬度愈低，则光亮带所占的相对宽度 b/t 就愈大；反之，材料塑性愈差或硬度愈高，则 b/t 就愈小。

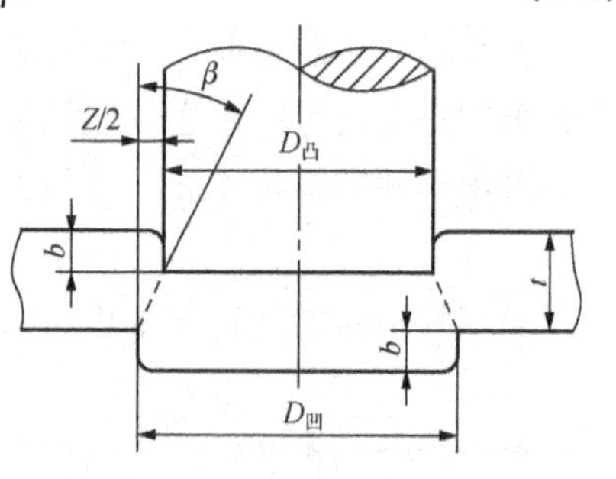

图 2.8 合理间隙的理论值

综上所述，板料愈厚、塑性愈差或硬度愈高，

则合理冲裁间隙就愈大；板料愈薄、塑性愈好或硬度愈低，则合理冲裁间隙愈小。迄今为止，理论计算法尚不能在实际工作中发挥实用价值，但对影响合理间隙值的各因素作定性分析还是很有意义的。

2. 间隙值的确定

生产中使用的经验数表，在一般的资料中均可查到，但各资料推荐的间隙值并不一样，有的差别甚大，所以在选用间隙值时除考虑材料性能和厚度外，还应根据工件的具体要求选用不同的间隙表。

对冲裁件质量要求较高的，应采用较小的间隙。例如，电子、仪表、精密机械等产品中，对断面质量、尺寸公差、平面度等要求较高的零件，可选用如表2.4、2.5所示的间隙值。此时，模具寿命作出一定的牺牲是必要的。

表2.4　冲裁模初始双面间隙值 Z（电器仪表行业用）　　（单位：mm）

材料名称		45、T7、T8（退火） 65Mn（退火） 磷青铜（硬） 铍青铜（硬）		10、15、20、30钢、 硅钢 H62、H65（硬） LY12		Q215、Q235钢 08、10、15钢 纯铜（硬） 磷青铜、铍青铜 H62、H68		H62、H68（软） 纯铜（软） L21～LF2防锈铝 硬铝LY12（退火） 铜母线、铝母线	
力学性能	HBS	≥190		140～190		70～140		≤70	
	σ_b	≥500MPa		400～600MPa		300～400MPa		≤300MPa	
板料厚度 t		始用间隙 Z							
		Z_{min}	Z_{max}	Z_{min}	Z_{max}	Z_{min}	Z_{max}	Z_{min}	Z_{max}
0.3		0.04	0.06	0.03	0.05	0.02	0.04	0.01	0.03
0.5		0.08	0.10	0.06	0.08	0.04	0.06	0.025	0.045
0.8		0.12	0.16	0.10	0.13	0.07	0.10	0.045	0.075
1.0		0.17	0.20	0.13	0.16	0.10	0.13	0.065	0.095
1.2		0.21	0.24	0.16	0.19	0.13	0.16	0.075	0.105
1.5		0.27	0.31	0.21	0.25	0.15	0.19	0.10	0.14
1.8		0.34	0.38	0.27	0.31	0.20	0.24	0.13	0.17
2.0		0.38	0.42	0.30	0.34	0.22	0.26	0.14	0.18
2.5		0.49	0.55	0.39	0.45	0.29	0.35	0.18	0.24
3.0		0.62	0.65	0.49	0.55	0.36	0.42	0.23	0.29
3.5		0.73	0.81	0.58	0.66	0.43	0.51	0.27	0.35
4.0		0.86	0.94	0.68	0.76	0.50	0.58	0.32	0.40
4.5		1.00	1.08	0.78	0.86	0.58	0.66	0.36	0.45
5.0		1.13	1.23	0.90	1.00	0.65	0.75	0.42	0.52
6.0		1.40	1.50	1.00	1.20	0.82	0.92	0.53	0.63
8.0		2.00	2.12	1.60	1.72	1.17	1.29	0.76	0.88

注：1）Z_{min}应视为公称间隙。

2）一般情况下，其Z_{max}可适当放大。

表 2.5 冲裁模初始双面间隙值 Z（汽车、拖拉机行业用） （单位：mm）

板料厚度 t	08、10、35 09Mn、Q235		16Mn		40、50		65Mn	
	Z_{min}	Z_{max}	Z_{min}	Z_{max}	Z_{min}	Z_{max}	Z_{min}	Z_{max}
<0.5	极小间隙							
0.5	0.040	0.060	0.040	0.060	0.040	0.060	0.040	0.060
0.6	0.048	0.072	0.048	0.072	0.048	0.072	0.048	0.072
0.7	0.064	0.092	0.064	0.092	0.064	0.092	0.064	0.092
0.8	0.072	0.104	0.072	0.104	0.072	0.104	0.064	0.092
0.9	0.090	0.120	0.090	0.126	0.090	0.126	0.090	0.126
1.0	0.100	0.140	0.100	0.140	0.100	0.140	0.090	0.126
1.2	0.126	0.180	0.132	0.180	0.132	0.180		
1.5	0.132	0.240	0.170	0.240	0.170	0.230		
1.75	0.220	0.320	0.220	0.320	0.220	0.320		
2.0	0.246	0.360	0.260	0.380	0.260	0.380		
2.1	0.260	0.380	0.280	0.400	0.280	0.400		
2.5	0.360	0.500	0.380	0.540	0.380	0.540		
2.75	0.400	0.560	0.420	0.600	0.420	0.600		
3.0	0.460	0.640	0.480	0.660	0.480	0.660		
3.5	0.540	0.740	0.580	0.780	0.580	0.780		
4.0	0.640	0.880	0.680	0.920	0.680	0.920		
4.5	0.720	1.000	0.680	0.960	0.780	1.040		
5.5	0.940	1.280	0.780	1.100	0.980	1.320		
6.0	1.080	1.440	0.840	1.200	1.140	1.500		
6.5			0.940	1.300				
8.0			1.200	1.680				

注：1）冲裁皮革、石棉和纸板时，间隙取 08 钢的 25%。

2）Z_{min}相当于公称间隙。

2.6 冲裁模工作部分尺寸的计算

冲裁模凸模和凹模工作部分的尺寸直接决定冲裁件的尺寸和凸—凹模间隙的大小，是冲裁模上的最重要尺寸。

2.6.1　凸、凹模刀口尺寸的计算的原则

从生产实践中发现：由于凸、凹模之间存在间隙，使落料件和冲孔件都带有锥度，而且落料件的大端尺寸等于凹模尺寸，冲孔件的小端尺寸等于凸模尺寸．故计算刃口尺寸及其制造公差时，需考虑以下原则。

(1) 落料时，因制件尺寸由凹模尺寸决定，应先确定凹模尺寸，即以凹模尺寸为基准。又因落料件尺寸会随凹模刃口尺寸磨损而增大，落料凹模基本尺寸应取工件尺寸公差范围内的较小尺寸。而落料凸模基本尺寸则按凹模基本尺寸减最小初始间隙确定。

(2) 冲孔时，因孔的尺寸由凸模决定，应先确定凸模尺寸，即以凸模尺寸为基准。又因冲孔的尺寸会随凸模的磨损而减小，冲孔凸模基本尺寸应取工件孔的尺寸公差范围内的较大尺寸。而冲孔凹模基本尺寸则按凸模基本尺寸加最小初始间隙确定。

(3) 确定冲模刃口制造公差时，应根据冲裁件的精度要求。一般比制件的精度高 2～3 级，并且必须按入体方向标注单向公差。

2.6.2　凸、凹模刀口尺寸的计算方法

由于模具的加工方法不同，凸、凹模刀口尺寸的计算方法也不同，基本上可以分为两类。

1. 分别加工法

落料时
$$D_{凹} = (D_{max} - X\Delta)^{+\delta_{凹}}_{0} \tag{2-10}$$
$$D_{凸} = (D_{凹} - Z_{min})^{-\delta_{凸}}_{0} \tag{2-11}$$
冲孔时
$$d_{凸} = (d_{min} + X\Delta)^{-\delta_{凸}}_{0} \tag{2-12}$$
$$d_{凹} = (d_{凸} + Z_{min})^{+\delta_{凹}}_{0} \tag{2-13}$$
中心距
$$L_{凹} = L_{中} + \Delta/8 \tag{2-14}$$

在式 (2-10)～(2-14) 中：$D_{凹}$，$D_{凸}$——落料凹模和凸模的基本尺寸，mm；
$d_{凸}$，$d_{凹}$——冲孔凸模和凹模的基本尺寸，mm；
D_{max}——落料件最大极限尺寸，mm；
d_{min}——冲孔件最小极限尺寸，mm；
Δ——冲裁件的公差，mm；
X——磨损系数，查表 2.6 或直接按 1 选取；
$\delta_{凹}$，$\delta_{凸}$——凹模和凸模的制造公差，可按冲裁件公差的 1/4～1/5 选取，也可查表 2.7；
$L_{凹}$——凹模中心距的基本尺寸，mm；
$L_{中}$——冲裁件中心距的中间尺寸，mm。

表 2.6 磨损系数 X

板料厚度 t/mm	制件公差 Δ/mm				
<1	≤0.16	0.17～0.35	≥0.36	<0.16	≥0.16
1～2	≤0.20	0.21～0.41	≥0.42	<0.20	≥0.20
2～4	≤0.24	0.25～0.49	≥0.50	<0.24	≥0.24
>4	≤0.30	0.31～0.59	≥0.60	<0.30	≥0.30
磨损系数	非圆形 X 值			圆形 X 值	
	1.0	0.75	0.5	0.75	0.5

表 2.7 规则形状冲裁模凸、凹模制造公差 （单位：mm）

基本尺寸	$\delta_凸$	$\delta_凹$	基本尺寸	$\delta_凸$	$\delta_凹$
≤18	−0.020	+0.020	>180～260	−0.030	+0.045
>18～30	−0.020	+0.025	>260～360	−0.035	+0.050
>30～80	−0.020	+0.030	>360～500	−0.040	+0.060
>80～120	−0.025	+0.035	>500	−0.050	+0.070
>120～180	−0.030	+0.040			

2. 凸、凹模配作加工法

凸、凹模配作法只需设计尺寸计算一个基准件（冲孔时为凸模，落料时为凹模）基本尺寸及公差，另一件不需标注尺寸，仅注明“相应尺寸按凸模（或凹模）配作，保证双面间隙在 Z_{min}～Z_{max}之间”即可。与分别加工法相比较，单配作加工法基准件的制造公差不再受间隙大小的限制，同时配合件的制造公差≤$Z_{max}-Z_{min}$，就可保证获得合理间隙，所以模具制造更容易。

在制件上，会同时存在三类不同性质的尺寸，需要区别对待，如图 2.9 所示。

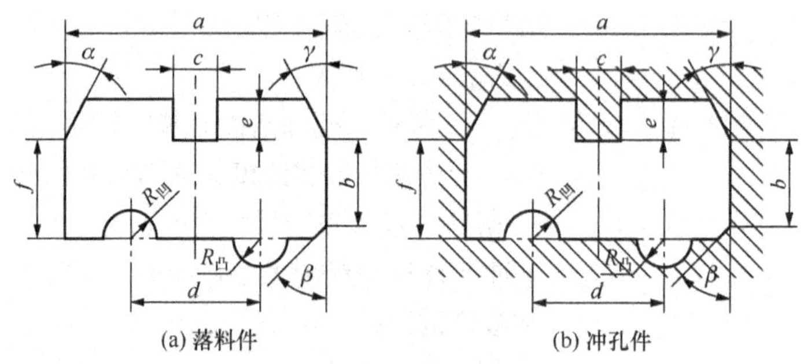

图 2.9 冲裁件的尺寸分类

第一类：凸模（冲孔件）或凹模（落料件）磨损后增大的尺寸。

第二类：凸模（冲孔件）或凹模（落料件）磨损后减小的尺寸。

第三类：凸模（冲孔件）或凹模（落料件）磨损后基本不变的尺寸。

在如图 2.9（a）所示的落料件中，a、b、f、$R_{凹}$ 尺寸随凹模磨损增大；c、$R_{凸}$ 尺寸随凹模磨损减小；d、e、α、β、γ 尺寸不受凹模磨损影响。

在如图 2.9（b）所示的冲孔件中，a、b、f、$R_{凹}$ 尺寸随凸模磨损减小；c、$R_{凸}$ 尺寸随凸模磨损增大；d、e、α、β、γ 尺寸不受凸模磨损影响。

下面分别讨论这 3 类尺寸的不同计算方法。

第一类尺寸相当于简单形状的落料凹模尺寸，所以它的基准件（冲孔时为凸模，落料时为凹模）的计算公式为

$$第一类基准件尺寸 = (冲裁件上该尺寸的最大极限 - X\Delta)^{+\Delta/4}_{0} \tag{2-15}$$

第二类尺寸相当于简单形状的冲孔凸模尺寸，所以它的基准件（冲孔时为凸模，落料时为凹模）的计算公式为

$$第二类基准件尺寸 = (冲裁件上该尺寸的最小极限 + X\Delta)^{0}_{-\Delta/4} \tag{2-16}$$

第三类尺寸不受磨损的影响，基准件与配合件的基本尺寸取冲裁件上该尺寸的中间值，其公差取正负对称分布，即

$$第三类基准件尺寸 = 冲裁件上该尺寸的中间值 \pm \Delta/8 \tag{2-17}$$

无论形状复杂与否，凸、凹模配作法都能很准确地保证模具的合理初始间隙，因此单配作加工法适用于形状复杂、间隙小（薄料）的冲裁件模具的工作部分尺寸计算。

以下分别就分开加工法、单配作加工法和单配作加工法基准件和配合件的尺寸换算进行举例。

例 2.1　如图 2.10 所示垫圈，材料为 Q235 钢，分别计算落料和冲孔的凸模和凹模工作部分尺寸。该制件由两副模具完成，第 1 副用于落料，第 2 副用于冲孔。

解　由表 2.4 查得

$$Z_{min} = 0.46\text{mm},\quad Z_{max} = 0.64\text{mm};$$

$$Z_{max} - Z_{min} = 0.64\text{mm} - 0.46\text{mm} = 0.18\text{mm}$$

（1）落料模：由表 2.7 查得为

$$\delta_{凹} = +0.03\text{mm} \qquad \delta_{凸} = -0.02\text{mm}$$

因为

$$|\delta_{凹}| + |\delta_{凸}| = 0.05\text{mm} < 0.18\text{mm}$$

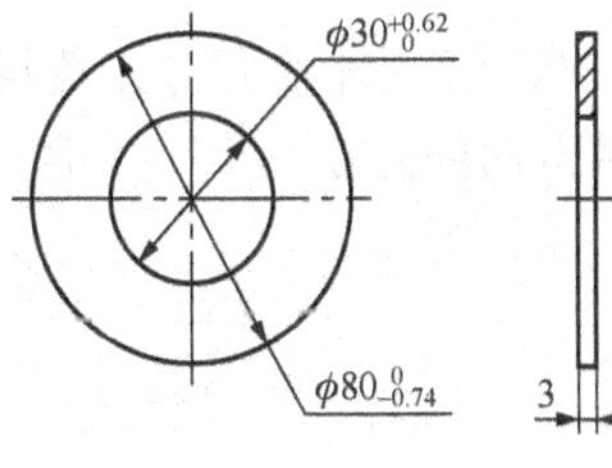

图 2.10　垫圈

故能满足分别加工法的要求。由表 2.6 查得 $X=0.5$，有

$$D_{落凹} = (D_{max} - X\Delta)^{+\delta_{凹}}_{0} = (80 - 0.5\times 0.74)^{+0.03}_{0}\text{mm} = 79.63^{+0.03}_{0}\text{mm}$$

$$D_{落凸} = (D_{凹} - Z_{min})^{0}_{-\delta_{凸}} = (79.63 - 0.46)^{0}_{-0.02}\text{mm} = 79.17^{0}_{-0.02}\text{mm}$$

（2）冲孔模：由表 2.7 查得

$$\delta_{凹} = +0.025\text{mm} \quad \delta_{凸} = -0.02\text{mm}$$

因为

$$|\delta_{凹}| + |\delta_{凸}| = 0.045\text{mm} < 0.18\text{mm}$$

故能满足分别加工法的要求。由表 2.6 查得 $X=0.5$。

$$d_{凸} = (d_{min} + X\Delta)^{0}_{-\delta_{凸}} = (30 + 0.5\times 0.62)^{0}_{-0.02}\text{mm} = 30.31^{0}_{-0.02}\text{mm}$$

$$d_{凹} = (d_{凸} + Z_{min})^{+\delta_{凹}}_{0} = (30.31 + 0.46)^{+0.025}_{0}\text{mm} = 30.77^{+0.025}_{0}\text{mm}$$

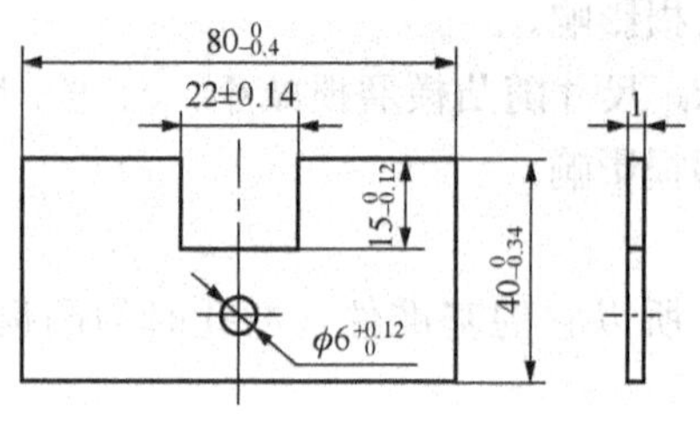

图 2.11　开口垫片

例 2.2　如图 2.11 所示开口垫片，材料为 10 号钢，采用复合模冲裁，用单配作加工法计算冲孔凸模、落料凹模工作部分尺寸，并画出凸模、凹模及凸凹模工作部分简图。

解　令 $a=80^{\ 0}_{-0.40}$，$b=40^{\ 0}_{-0.34}$，$c=22\pm0.14$，$d=\phi 6^{+0.12}_{\ 0}$，$e=15^{\ 0}_{-0.2}$。

由表 2.4 查得

$$Z_{min}=0.10\text{mm}，Z_{max}=0.14\text{mm}$$

由表 2.6 查得：

对于尺寸 a，$X=0.5$；对其他尺寸，$X=0.75$。该制件 D 尺寸为冲孔，其余尺寸均为落料。冲孔凸模，由于 d 尺寸随凸模磨损变小，故有

$$d_{凸} = (D_{min} + X\Delta)^{\ 0}_{-\delta_{凸}}\text{mm} = (6 + 0.75 \times 0.12)^{\ 0}_{-\frac{1}{4}\times 0.12}\text{mm} = 6.09^{\ 0}_{-0.03}\text{mm}$$

对落料凹模，由于 a、b 尺寸随凹模磨损变大，c 尺寸随凹模磨损变小，e 尺寸不随凹模磨损变化，故有

$$a_{凹} = (a_{max} - X\Delta)^{+\delta_{凹}}_{0} = (80 - 0.5 \times 0.4)^{+\frac{1}{4}\times 0.4}_{0}\text{mm} = 79.8^{+0.1}_{0}\text{mm}$$

$$b_{凹} = (b_{max} - X\Delta)^{+\delta_{凹}}_{0} = (40 - 0.75 \times 0.34)^{+\frac{1}{4}\times 0.34}_{0}\text{mm} = 39.75^{+0.085}_{0}\text{mm}$$

$$c_{凹} = (c_{min} + X\Delta)^{\ 0}_{-\delta_{凸}} = (22 - 0.14 + 0.75 \times 0.28)^{-\frac{1}{4}\times 0.28}\text{mm} = 22.07^{\ 0}_{-0.07}\text{mm}$$

$$e_{凹} = e_{中间} \pm \frac{1}{8}\Delta = (15 - 0.1) \pm \frac{1}{8} \times 0.2\text{mm} = 14.9 \pm 0.025\text{mm}$$

凸凹模外形各尺寸按落料凹模相应尺寸配作，圆孔尺寸按冲孔凸模相应尺寸配作，保证双面间隙在 0.10～0.14mm。凸模、凹模及凸凹模工作部分简图见图 2.12。

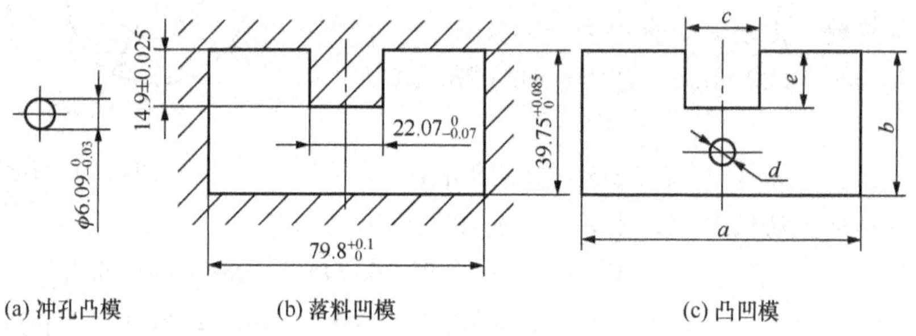

图 2.12　冲孔凸模、落料凹模和凸凹模工作部分简图

2.7　冲裁件的排样

冲裁件在条料上的布置方法称为排样。排样设计工作的主要内容包括选择排样方

法、确定搭边数值、计算条料宽度及步距、画出排样图。

2.7.1　排样的意义

在冲裁件制造成本中，材料费用一般占 60％以上，因此材料的经济利用是一个重要问题。

冲裁件在条料、带料或板料上的布置方法称为排样。排样是否合理直接影响到材料的合理利用、冲裁质量、生产率、模具结构与寿命、生产操作方式与安全性等。

排样的意义在于保证用最低的材料消耗和最高的劳动生产率得到合格的工件。

衡量排样经济性的标准是材料利用率。材料利用率 η 是指工件的实际面积 A_0 与所用板料面积 A 的比值，即

$$\eta = \frac{A_0}{A_1} \times 100\%$$

式中，η——材料利用率；

A_0——工件的实际面积，mm^2；

A_1——所用材料面积，包括工件面积和废料面积，mm^2。

准确的材料利用率，应考虑到料头与料尾的材料消耗情况，此时可用板料（或带料、条料）的总利用率 η_0 来表式为

$$\eta_0 = \frac{nF_1}{L \cdot B} \times 100\%$$

式中，n——板料（或带料条料）上，实际冲裁的零件数量；

F_1——一个零件的实际面积，mm^2；

L——板科（或带料、条料）长度，mm；

B——板科（或带料、条料）宽度，mm。

2.7.2　排样的方法

1. 有废料排样法

有废料排样法，如图 2.13（a）所示，是冲裁件与冲裁件之间以及冲裁件与条料侧边之间都有工艺余料（称为搭边）存在，冲裁件分离轮廓封闭，冲裁件质量较好、模具寿命较长，但材料利用率较低。

2. 少、无废料排样法

少废料排样法，如图 2.13（b）所示，是只有在冲裁件与冲裁件之间或冲裁件与条料之间留有搭边，这种排样方法的冲裁只沿着冲裁件的部分轮廓进行，材料的利用率可达 70％～90％。

无废料排样法，如图 2.13（c）所示，是冲裁件与冲裁件之间以及冲裁件与条料之间均无搭边存在，这种排样方法的冲裁件实际上是由直接切断获得，所以材料的利用

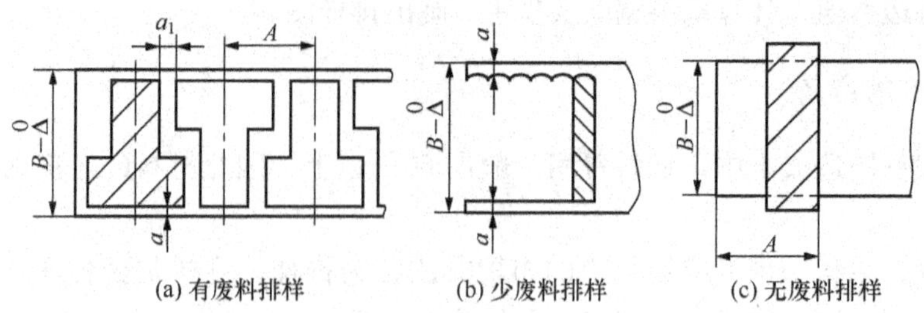

(a) 有废料排样　(b) 少废料排样　(c) 无废料排样

图 2.13　排样方法

率可达到 85%～95%。

少、无废料排样法材料利用率很高，且模具结构简单，所需冲裁力小，但其应用范围有很大的局限性，不但受到制件形状、结构限制，而且由于条料宽度误差及送料误差均会影响制件尺寸而使尺寸精度下降，同时模具刃口是单面受力，所以磨损加快，断面质量下降，此外制件的外轮廓毛刺方向也不一致，所以选择少、无废料排样时必须全面权衡利弊。

无论采用何种排样法，根据冲裁件在条料上的不同布置，排样方法又有直排、斜排、对排、混合排、多排和裁搭边等多种形式。表 2.8 列出了有废料排样法的布排形式，表 2.9 列出了少、无废料排样法的布排形式。

表 2.8　有废料排样形式

形　式	简　图	用　途
直排		几何形状简单的制件（如圆形、矩形等）
斜排		T 形或其他复杂外形制件，这些制件直排时废料较多
对排		T、U、E 形制件，这些制件直排或斜排时废料较多
混合排		材料及厚度均相同的不同制件，适于大批量生产

续表

形　式	简　图	用　途
多排	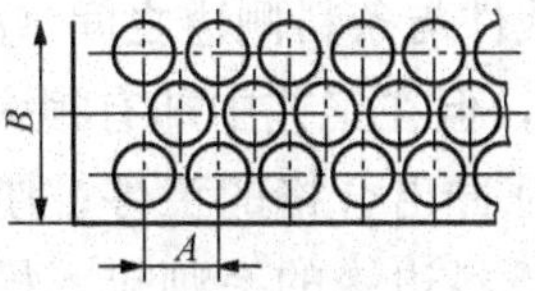 B A	大批量生产中轮廓尺寸较小的制件
裁搭边	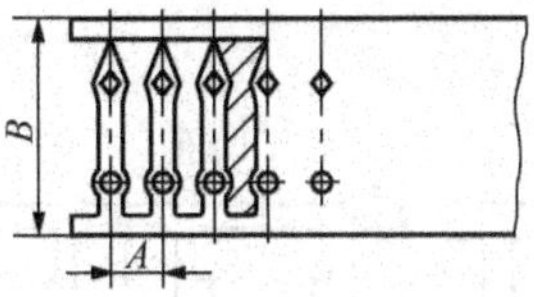 B A	大批量生产中小而窄的制件

表 2.9　无废料排样形式

形　式	简　图	用　途
直排	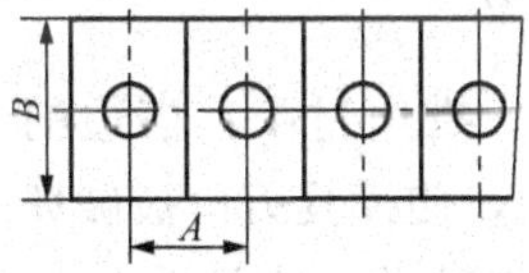 B A	矩形制件
斜排	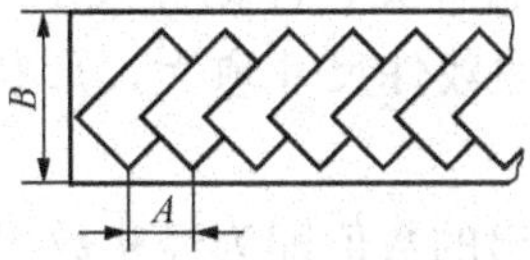 B A	T形、Γ形或其他形状制件，在外形上允许有不大的缺陷
对排	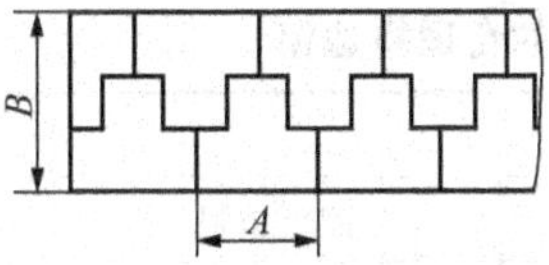 B A	梯形、三角形、T形制件
混合排	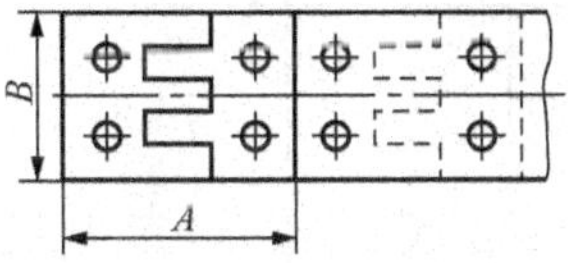 B A	两外形互相嵌入的制件（铰链或U形和E形等）
多排	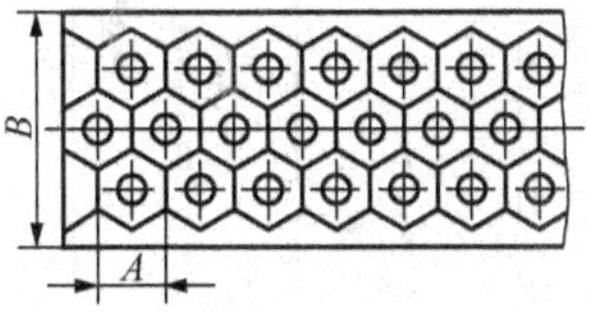 B A	大批量生产中尺寸较小的矩形、方形及六角形制件
裁搭边	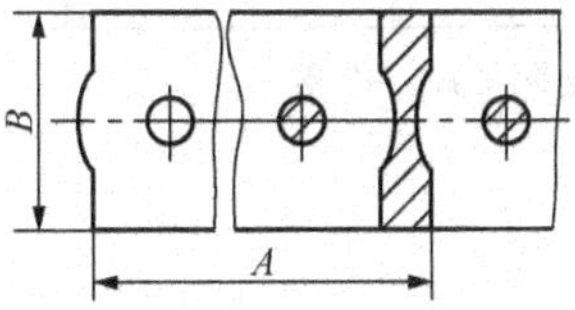 B A	用宽度均匀的条料或卷料制造的长形件

2.7.3 搭边

排样时冲裁件与冲裁件之间（a_1）以及冲裁件与条料侧边之间（a）留下的工艺余料称为搭边。如图 2.14 所示。搭边虽然是废料，但在工艺中却有很大的作用：补偿条料的剪裁误差，送料步距误差，剪板误差，保征冲出合格的工件；使条料有一定的刚度，便于送进，提高劳动生产率；避免冲裁时条料边缘的毛刺拉入模具间隙，从而提高模具寿命。

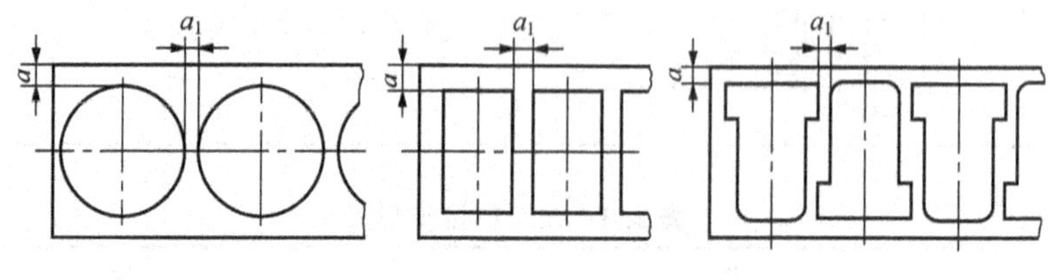

图 2.14 搭边

搭边值要合理确定。搭边过大，浪费材料。搭边过小，搭边的强度、刚度不够。过小的搭边还可能被拉入凸、凹模之间的缝隙中，使模具刃口被破坏。

搭边的合理数值主要决定于板料厚度 t、材料种类、冲裁件大小及冲裁件的轮廓形状等。一般来说，板料愈厚，材料硬度愈低，冲裁件尺寸愈大，形状愈复杂，则合理搭边数值也应愈大。

搭边值通常是由经验确定的，由表 2.10 列出的数值即为经验数据。

表 2.10 板料冲裁时的合理搭边值 （单位：mm）

板料厚度 t	手送料						自动送料	
	圆形		非圆形		往复送料			
	a	a_1	a	a_1	a	a_1	a	a_1
≤1	1.5	1.5	2	1.5	3	2	2.5	2
>1~2	2	1.5	2.5	2	3.5	2.5	3	2
>2~3	2.5	2	3	2.5	4	3.5	3.5	3
>3~4	3	2.5	3.5	3	5	4	4	3
>4~5	4	3	5	4	6	5	5	4
>5~6	5	4	6	5	7	6	6	5
>6~8	6	5	7	6	8	7	7	6
>8	7	6	8	7	9	8	8	7

注：非金属材料（皮革、纸板、石棉等）的搭边值应比金属大 1.5~2 倍。

2.7.4 送料步距与条料宽度

选定排样方法与确定搭边值之后，就要计算送料步距和条料宽度，这样才能画出排样图。

1. 送料步距 A

条料在模具上每次送进的距离称为送料步距（简称步距或进距）。每个步距可以冲出一个制件，也可以冲出几个制件。送料步距的大小应为条料上两个对应冲裁件的对应点之间的距离。每次只冲一个制件的步距 A 的计算式为

$$A = D + a_1 \tag{2-18}$$

式中，a_1——冲裁件之间的搭边值，mm。

2. 条料宽度 B

条料是由板料（或带料）剪裁下料而得，为保证送料顺利，规定条料宽度 B 的上偏差为零，下偏差为负值（$-\Delta$）。模具的导料板之间有侧压装置时，条料宽度的计算式为

$$B = (D + 2a + \Delta)_{-\Delta}^{\ 0} \tag{2-19}$$

式中，D——冲裁件与送料方向垂直的最大尺寸，mm；

a——冲裁件与条料侧边之间的搭边，mm；

Δ——板料剪裁时的下偏差（见表2.11），mm。

当条料在无侧压装置的导料板之间送料时，条料宽度的计算式为

$$B = (D + 2a + 2\Delta + b)_{-\Delta}^{\ 0} \tag{2-20}$$

式中，b——条料与导料板之间的间隙（见表2.12），mm。

表2.11　剪板机下料精度　　（单位：mm）

板料厚度 t	宽度				
	<50	50～100	100～150	150～220	220～300
<1	−0.3	−0.4	−0.5	−0.6	−0.6
1～2	−0.4	−0.5	−0.6	−0.6	−0.7
2～3	−0.6	−0.6	−0.7	−0.7	−0.8
3～5	−0.7	−0.7	−0.8	−0.8	−0.9

表2.12　条料与导料板之间的间隙 b　　（单位：mm）

板料厚度 t	条料宽度				
	无侧压装置			有侧压装置	
	≤100	>100～200	>200～300	≤100	>100
≤1	0.5	0.5	1	5	8
>1～5	0.8	1	1	5	8

2.7.5 排样图

排样图是排样设计的最终表达形式，也是编制冲压工艺与设计的重要依据。

一张完整的排样图应反映出条料（带料）宽度及公差、送料步距及搭边 a 及 a_1 值、冲裁时各工步先后顺序与位置、条料在送料时定位元件的位置以及条料（带料）的轧制方向，如图 2.15 所示。

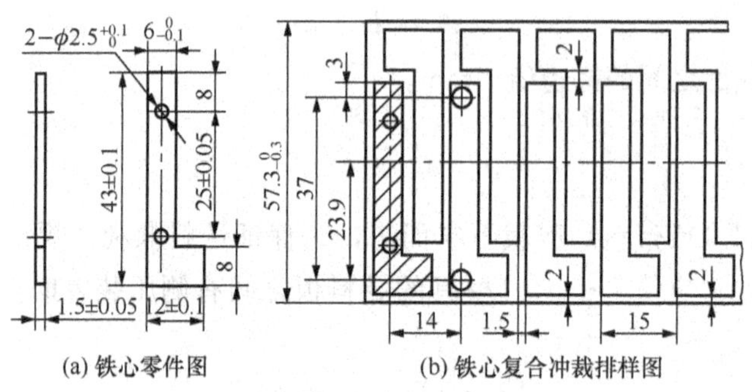

(a) 铁心零件图　(b) 铁心复合冲裁排样图

图 2.15　铁心冲孔落料复合排样图

2.8　冲裁工艺设计

冲裁工艺设计主要包括冲裁件工艺性分析和冲裁工艺方案确定两个方面的内容。

冲裁件的工艺性是指冲裁件对冲裁工艺的适应性。冲裁件工艺性分析就是判断冲裁件能否冲裁、冲裁的难易程度及可能出现的问题。而分析判断冲裁件工艺性合理与否主要是从冲裁件结构（形状）工艺性及尺寸精度要求两方面入手。

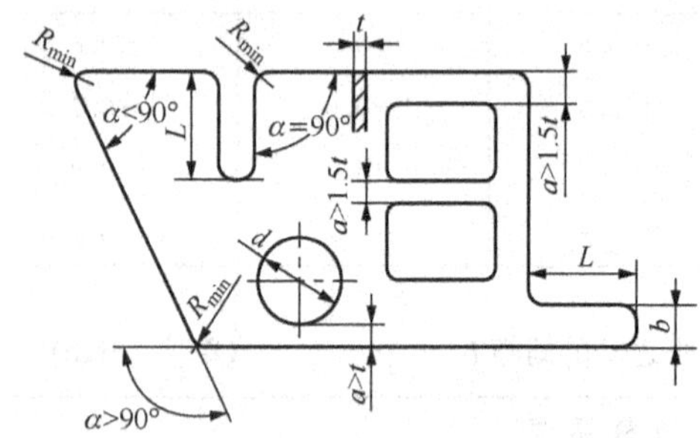

图 2.16　冲裁件有关尺寸的限制

1. 冲裁件的结构工艺性

以实现经济加工为前提，普通冲裁件应满足以下几个方面的结构工艺性要求。

（1）应尽量避免应力集中的结构。冲裁件各直线或曲线连接处应尽可能避免出现尖锐的交角。除少废料排样、无废料排样、裁搭边排样或凹模使用镶拼模结构外，都应有适当的圆角相连，如图 2.16 所示。

圆角半径 R 的最小值可参考表 2.13 选取。

（2）冲裁件应避免有过长的悬臂和窄槽，如图 2.20 所示。这样能有利于凸、凹模的加工，提高凸、凹模的强度，防止崩刃。一般材料取 $b \geqslant 1.5t$；高碳钢应同时满足 $b \geqslant 2t$，$L \leqslant 5b$；但 $b \leqslant 0.25$mm 时模具制造难度已相当大，所以 $t \leqslant 0.5$mm 时，前述要

求按 $t=0.5$mm 判断。

表 2.13　冲裁件的最小圆角半径

工　序	角度/(°)	最小圆角半径 R_{min}		
		黄铜、纯铜、铝	低碳钢	高碳钢
落　料	$\alpha \geqslant 90$ $\alpha < 90$	$0.18t$ $0.35t$	$0.25t$ $0.50t$	$0.35t$ $0.70t$
冲　孔	$\alpha \geqslant 90$ $\alpha < 90$	$0.20t$ $0.40t$	$0.30t$ $0.60t$	$0.45t$ $0.90t$

(3) 因受凸模刚度的限止，冲裁件的孔径不宜太小。冲孔最小尺寸取决于冲压材料的力学性能与凸模强度和模具结构。各种形状孔的最小尺寸可参考表 2.14。

表 2.14　无导向凸模冲孔的最小尺寸

材　料	示意图及尺寸要求			
	(圆孔 d，板厚 t)	(方孔 b，板厚 t)	(长圆孔 b，板厚 t)	(矩形孔 b，板厚 t)
硬钢	$D \geqslant 1.3t$	$b \geqslant 1.2t$	$b \geqslant 0.9t$	$b \geqslant 1.0t$
软钢、黄铜	$D \geqslant 1.0t$	$b \geqslant 0.9t$	$b \geqslant 0.7t$	$b \geqslant 0.8t$
铝、锌	$D \geqslant 0.8t$	$b \geqslant 0.7t$	$b \geqslant 0.5t$	$b \geqslant 0.6t$

冲裁件上孔与孔、孔与边之间的距离不宜过小，以避免制件变形或因材料易拉入凹模而影响模具寿命（当 $t<0.5$ 时，按 $t=0.5$ 计算）。如果用倒装复合模冲裁，模壁不宜过薄。此时冲裁件上孔与孔、孔与边之间的距离应参考表 2.15。

表 2.15　采用凸模护套冲孔的最小尺寸

材　料	D（圆形孔）	a（方形孔）
硬钢	$0.50t$	$0.40t$
软钢、黄铜	$0.35t$	$0.30t$
铝、锌	$0.30t$	$0.28t$

(4) 在弯曲件或拉深件上冲孔时，为避免凸模受水平推力而折断，孔壁与制件直壁之间应保持一定距离，使 $L \geqslant R+0.5t$，如图 2.17 所示。

2. 冲裁件的尺寸精度

冲裁件的尺寸精度要求，应在经济性精度范围以内，对于普通冲裁件一般可达

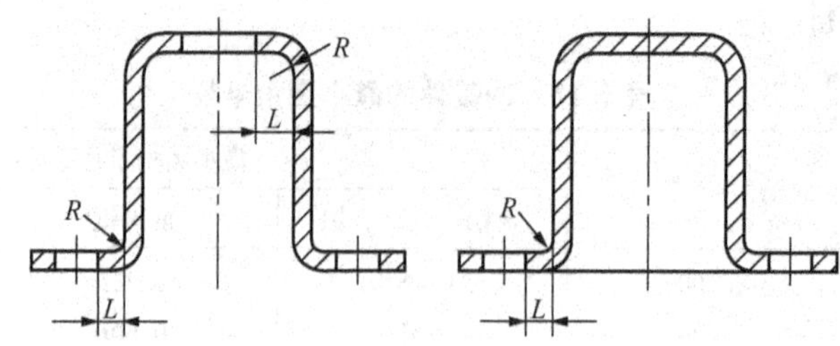

图 2.17　弯曲件和拉深件冲孔位置

IT11 级，较高精度可达 IT8 级。

2.9　冲裁压力中心的计算

模具的压力中心就是冲压力合力的作用点。模具的压力中心必须通过模柄轴线与压力机滑块的中心线相重合。否则，冲压时滑块就会承受偏心载荷，导致滑块导轨和模具导向部分不正常的磨损，还会使合理间隙得不到保证，从而影响制件质量和降低模具寿命，甚至损坏模具。

1. 简单几何图形压力中心的确定

(1) 直线段的压力中心位于直线段的中心。

(2) 对称冲裁件的压力中心，位于冲裁件轮廓图形的几何中心上。

(3) 冲裁圆弧线段时，其压力中心的位置的计算式为

$$x_0 = 180R\sin\alpha = Rb/l \tag{2-21}$$

式中，l——弧长，其他符号意义见图 2.18。

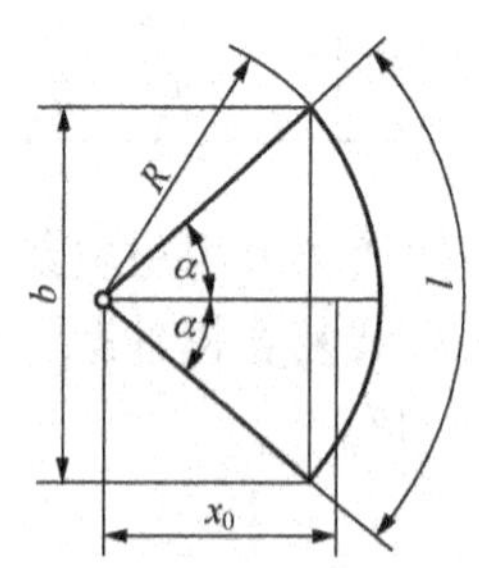

图 2.18　圆弧线段压力中心

2. 多凸模模具压力中心的确定

确定多凸模模具的压力中心，是将各凸模的压力中心确定后，再计算模具的压力中心，如图 2.19 所示为冲裁多个型孔的凸模位置分布情况。计算其压力中心的步骤如下。

(1) 按比例画出每一个凸模刃口轮廓的位置。

(2) 在任意位置画出坐标轴线 x，y。在选择坐标轴位置时，应尽量把坐标原点取在某一刃口轮廓的压力中心，或使坐标轴线尽量多的通过凸模刃口轮廓的压力中心，坐标原点最好是几个凸刃口轮廓压力中心的对称中心，这样可使问题简化。

(3) 分别计算凸模刃口轮廓的压力中心及坐标位置 x_1，x_2，…，x_n，y_1，y_2，…，y_n。

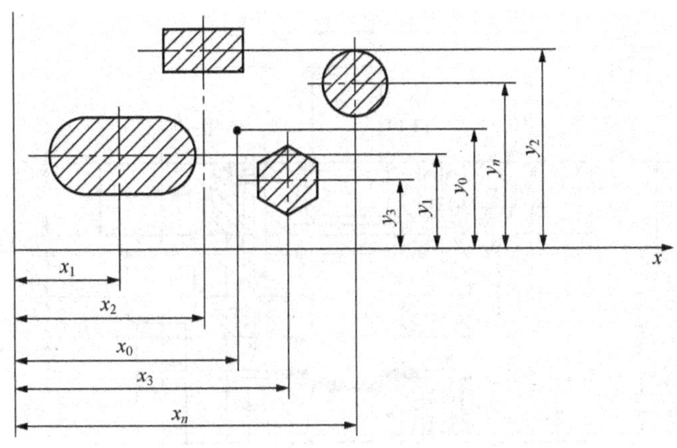

图 2.19　多凸模模具压力中心

(4) 分别计算凸模刃口轮廓的冲裁力 F_1，F_2，…，F_n，和每一个凸模刃口轮廓的周长 L_1，L_2，…，L_n。

(5) 对于平行力系，冲裁力的合力等于各力的代数和，即 $F=F_1+F_2+\cdots F_n$，将 F_1、F_2，…，F_n分别带入上式，这时压力中心坐标变为

$$X_0=\frac{l_1x_1+l_2x_2+\cdots+l_nx_n}{l_1+l_2+\cdots+l_n} \tag{2-22}$$

$$Y_0=\frac{l_1y_1+l_2y_2+\cdots+l_nx_n}{l_1+l_2+\cdots+l_n} \tag{2-23}$$

2.10　冲裁模具的结构

图 2.20 所示的模具是冲压一板状零件的冲裁模的典型结构及其各个部分的相互尺寸关系。

冲裁是冲压最基本的工艺方法之一，其模具的种类有很多。按照不同的工序组合方式，冲裁模可分为单工序冲裁模、级进冲裁模和复合冲裁模。

为了研究方便，对冲裁模可按不同的特征进行分类。

(1) 按工序种类可分为落料模、冲孔模、切断模、切口模、切边模、剖切模等。

(2) 按工序组合程度可分为单工序模、复合模和连续模。

(3) 按有无导向装置和导向方式可分为无导向的开式模和有导向的导板模、导柱模。

(4) 按自动化程度可分为手工操作模、半自动模、自动模。

2.10.1　冲裁模具的结构组成

根据各个零部件在模具中的作用，冲裁模具结构一般由以下几部分组成，如

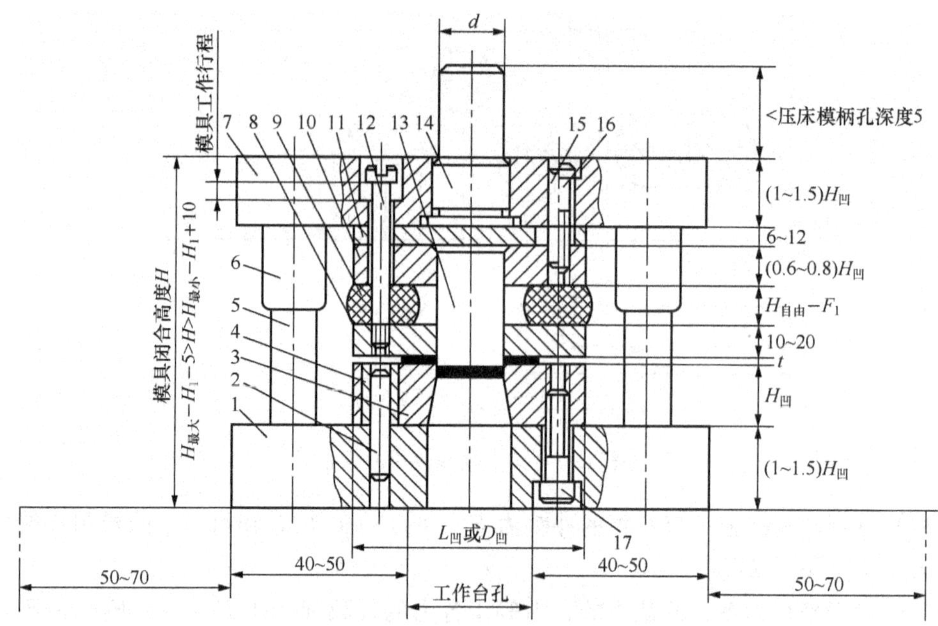

图 2.20　冲裁模典型结构与模具总体设计尺寸关系图

1. 下模座；2、15. 销钉；3. 凹模；4. 套；5. 导柱；6. 导套；7. 上模座；8. 卸料板；9. 橡胶；10. 凸模固定板；11. 垫板；12. 卸料螺钉；13. 凸模；14. 模柄；16、17. 螺钉

图 2.22所示。

1. 工作零件

工作零件是指实现冲裁变形，使材料正确分离，保证冲裁件形状的零件。工作零件包括凸模、凹模等（图 2.22 中的 10、12）。工作零件直接影响冲裁件的质量，并且影响冲裁力、卸料力和模具寿命。

2. 定位零件

定位零件是指保证条料或毛坯在模具中的位置正确的零件。包括导料板（或导料销）、挡料销等（图 2.22 中的 21）。导料板对条料送进起导向作用，挡料销限制条料送进的位置。

3. 卸料及推件零件

卸料及推件零件是指将冲裁后由于弹性恢复而卡在凹模孔内或箍在凸模上的工件或废料脱卸下来的零件。卡在凹模孔内的工件，是利用凸模在冲裁时一个接一个地从凹模孔推落或由顶件装置顶出凹模（图 2.22 中的 13、15、16、17、18、19）。箍在凸模上的废料或工件，由卸料板卸下（图 2.22 中的 11、2、3）。

2.10.2　冲裁模的典型结构

1. 单工序冲裁模

单工序冲裁模是指在压力机的一次行程中，只完成一道工序的冲裁模，如落料模、冲孔模、切边模、切口模等。根据模具导向装置的不同，常用的单工序冲裁模又可分为导板模与导柱模两种。

1）导板式单工序冲裁模

图 2.21 所示为导板式落料模。其中导板 9 与凸模 5 为滑动配合，冲裁时对上模起导向作用，保证凸、凹模间隙均匀，同时导板 9 还起卸料作用。导板与凸模的配合间隙必须小于凸、凹模间隙。一般来说，对于薄料（$t<0.8$mm），导板与凸模的配合为

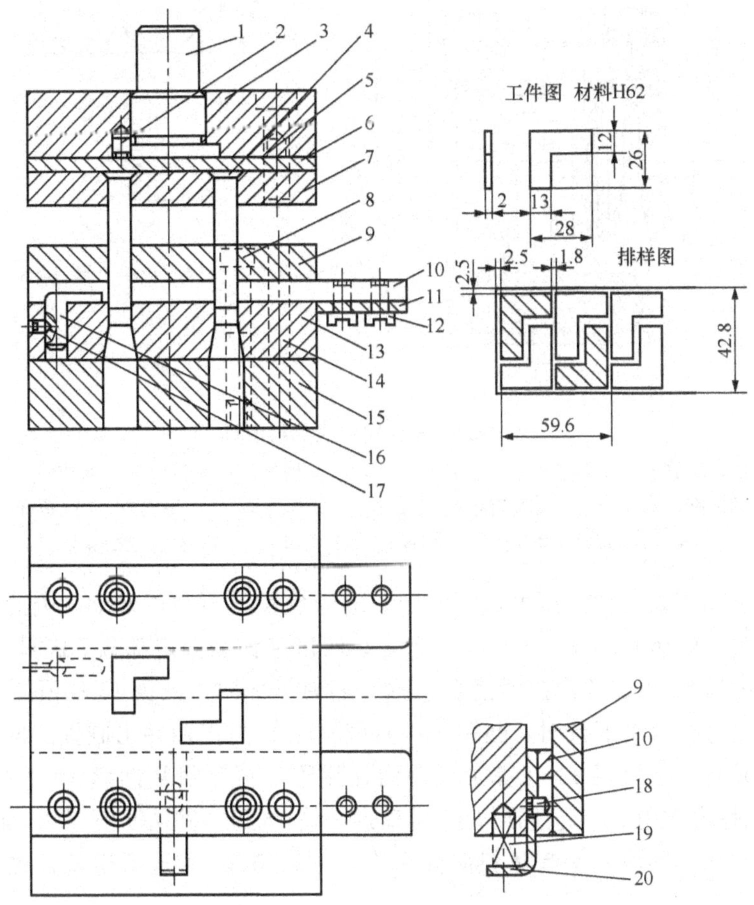

图 2.21　导板式单工序落料模

1. 模柄；2. 止动销；3. 上模座；4、8. 内六角螺钉；5. 凸模；6. 垫板；7. 凸模固定板；9. 导板；10. 导料板；11. 承料板；12. 螺钉；13. 凹模；14. 圆柱销；15. 下模座；16. 固定挡料销；17. 止动销；18. 限位销；19. 弹簧；20. 始用挡料销

$H6/h5$；对于厚料（$t>3$mm），其配合为 $H8/h7$。

这种模具的特点是模具上、下两部分依靠凸模与导板的间隙配合（$H6/h5$）导向。为了不影响导板的导向质量和使用寿命，在工作时不允许凸模离开导板，因此要求压力机的行程较小。由于卸料是固定导板完成的，所以本结构只适用于材料厚度大于 0.5mm 的落料工序。

2）导柱式单工序冲裁模

图 2.22 所示导柱式弹顶落料模具的典型结构。

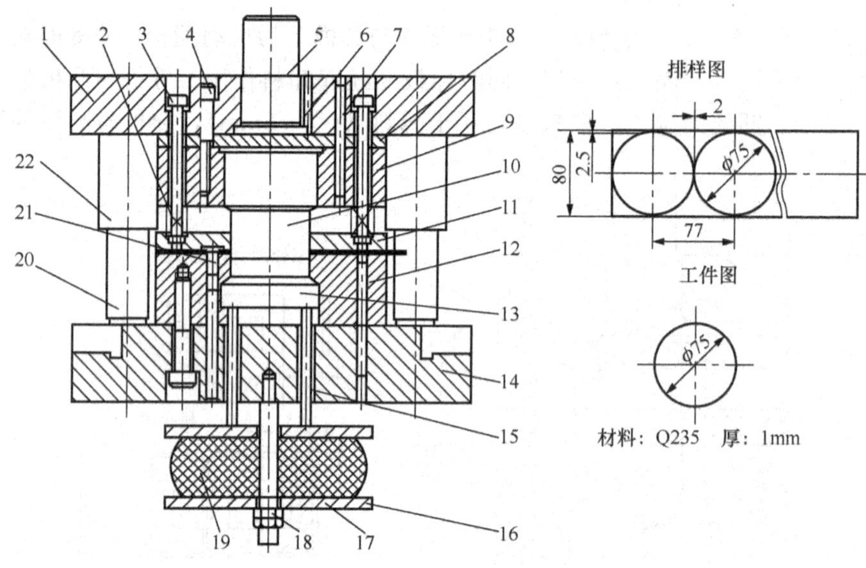

图 2.22　导柱式弹顶落料模具

1. 上模座；2. 弹簧；3. 卸料螺钉；4. 内六角螺钉；5. 模柄；6. 止转销；7. 圆柱销；8. 垫板；9. 凸模固定板；10. 凸模；11. 卸料板；12. 凹模；13. 顶件块；14. 下模座；15. 顶杆；16. 托板；17. 螺栓；18. 螺母；19. 橡胶；20. 导柱；21. 挡料销；22. 导套

上模通过模柄 5 安装在压力机滑块上，随滑块作上下往复运动，因此称为活动部分。下模通过下模座固定在压力机工作台上，所以又称为固定部分。模具开始工作时，将条料放在凹模 12 上，并由挡料销 21 定位。冲裁开始时，凸模 10 和顶件块 13 首先接触条料。当压力机滑块下行时，凸模 10 与凹模 12 共同作用冲出制件。冲裁变形完成后，滑块回升时，卸料板 11 在弹簧反弹力作用下，将条料从凸模 10 上刮下，同时，在橡胶 19 反弹力作用下，通过顶杆 15 推动顶件块 13 将制件从凹模 12 中顶出，从而完成冲裁全部过程。然后，抬起条料向前送进，由挡料销 21 进行定位，进行下一次的冲裁

该模具有两个导柱，模具工作时，导柱 20 首先进入导套 22，从而导正凸模 10 进入凹模 12，保证凸、凹模间隙均匀。冲裁结束后，上模回复，凸模随之回复，装于上模部分的卸料板 11 将箍紧于凸模 10 上的条料卸下，工件则由装于下模部分的顶件块

13 顶出。

导柱模导向精度高，凸模与凹模的间隙容易保证，模具磨损小，安装方便。因此，大多数冲裁模都采用这种形式。

2. 复合冲裁模

在压力机的一次行程中，在模具的同一位置完成两道以上工序的模具称为复合模，复合冲裁模则是指在一个位置上同时完成落料与冲孔等多个冲裁工序的模具。复合冲裁模在结构上有一个既为落料凸模又为冲孔凹模的凸凹模。按照凹模位置的不同，复合冲裁模有倒装式与正装式两种。如图 2.23 所示为倒装式复合模。

图 2.23 所示，冲模开始工作时，将条料放在卸料板 19 上，并由三个定位销 22 定位。冲裁开始时，落料凹模 7 和推件块 8 首先接触条料。当压力机滑块下行时，凸凹模 18 的外形与落料凹模 7 共同作用冲出制件外形。与此同时，冲孔凸模 17 与凸凹模 18 的内孔共同作用冲出制件内孔。冲裁变形完成后，滑块回升时，在打杆 15 作用下，打下推件块 8，将制件排除凹模 7 外。而卸料板 19 在橡胶反弹力作用下，将条料刮出凸凹模，从而完成冲裁全部过程。

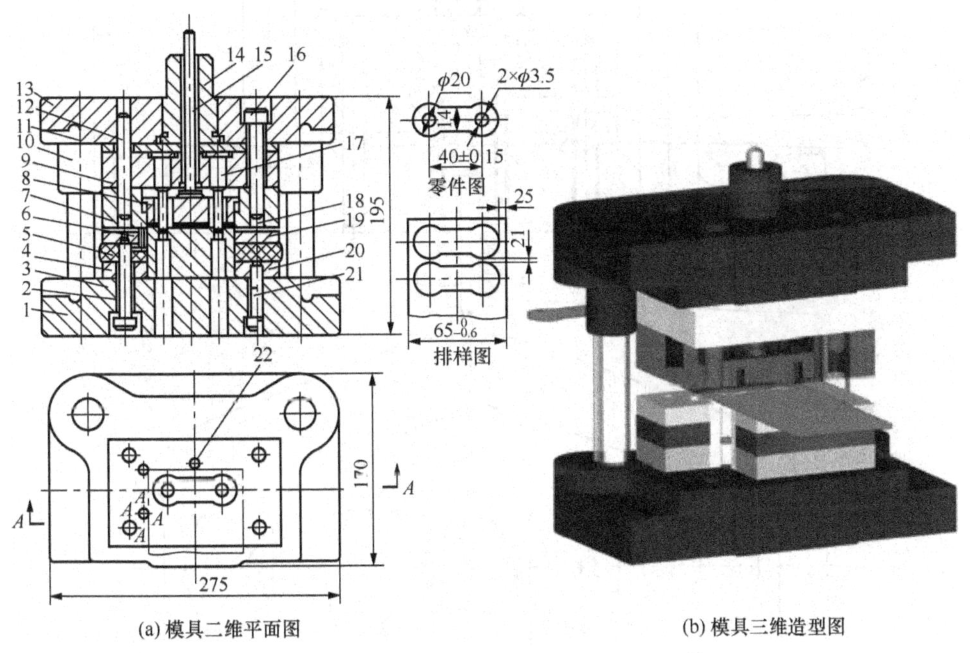

图 2.23 落料冲孔复合模

1. 下模板；2. 卸料螺钉；3. 导柱；4. 固定板；5. 橡胶；6. 导料销；7. 落料凹模；8. 推件块；9. 固定板；10. 导套；11. 垫板；12、20. 销钉；13. 上模板；14. 模柄；15. 打杆；16、21. 螺钉；17. 冲孔凸模；18. 凸凹模；19. 卸料板；22. 定位销

倒装复合模的凸凹模型孔内积存冲孔废料，对孔壁形成较大的胀力。因此倒装复

合模的凸凹模最小壁厚 b 值不能太小，其值与板料厚度 t 有关，对于常见的金属材料由表 2.17确定。

正装式复合冲裁模如图 2.24 所示，落料凹模续在下模的模具称顺装复合模。

在图 2.24 中，落料凹模 11 和冲孔凸模 15 装于下模，。在下模中有顶杆 8、利顶板 13 组成的顶件器，可将冲下的零件顶出模面。弹压卸料板 10、凸凹模 9 装于上模。在上模内有打杆 8、打板 7、推杆 5 和 6 组成的刚性推件装置，可把冲孔废料从凸凹模中推出，使型孔内不积聚废料，使凸凹模模涨裂力减小，故壁厚可比倒装复合模的最小壁厚小。

对有色金属等软材料，冲裁时冲孔的废料落在下模或条料上，不易清除。从正装式

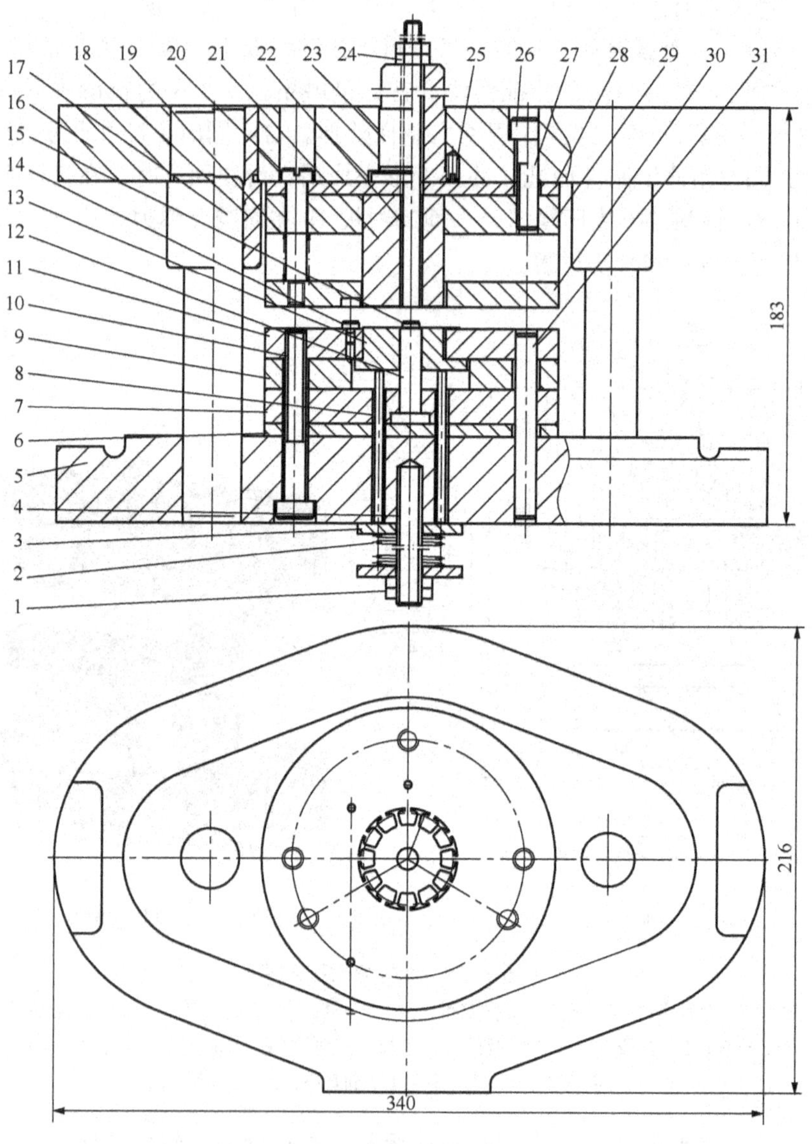

图 2.24　正装式复合冲裁模具

和倒装式复合模结构中可以看出，两者各有优缺点。正装式较适用于冲制材质较软的或板料较薄的平直度要求较高的冲裁件，还可以冲制孔边距离较小的冲裁件。而倒装式不宜冲制孔边距离较小的冲裁件，但倒装式复合模结构简单，又可以直接利用压力机的打杆装置进行推件，卸件可靠，冲孔废料由冲孔凸模推出，便于操作，故应用十分广泛。

复合模的特点是生产率高，冲裁件的内孔与外缘的相对位置精度高，板料的定位精度要求比级进模低，冲模的轮廓尺寸较小。但复合模结构复杂，制造精度要求高，成本高。复合模主要用于生产批量大、精度要求高的冲裁件。

2.11　冲裁模零部件设计

2.11.1　模具零件的分类

按模具零件的不同作用，可将其分为工艺零件和结构零件两大类。

工艺零件——在完成工序时，与材料或制件直接发生接触的零件。

结构零件——在模具的制造和使用中起装配、安装作用的零化以及制造和使用中起导向作用的零件。

冷冲压模具零件的详细分类如图2.25所示。

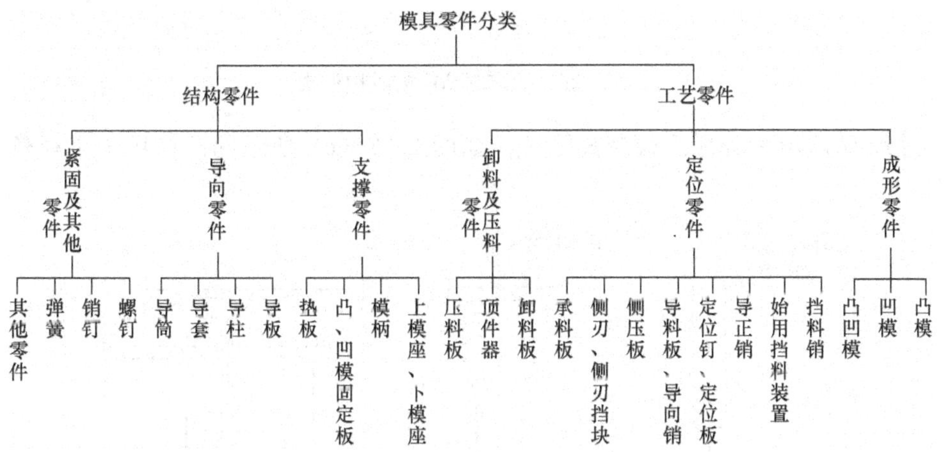

图2.25　冷冲压模具零件的详细分类

2.11.2　工作零部件设计

1. 凸模

1）圆形凸模的结构形式

圆形凸模的结构如图2.26所示。国家标准的圆形凸模形式分别为快换圆凸模B型和A型凸模，如图2.26所示。其中，如图2.26（c）所示的凸模用于冲制直径尺寸范

围 d=1.1～30.2mm。B 型圆凸模结构形式与 A 型稍有不同，没有中间过渡段，直径尺寸范围 d=3.0～30.2mm。

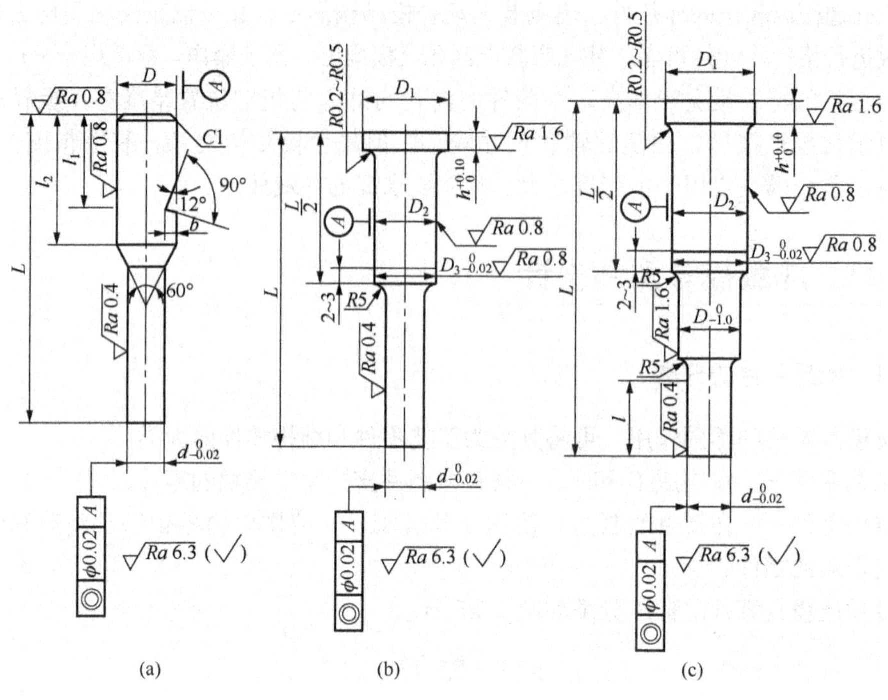

图 2.26　标准圆凸模的机构形式

图 2.27 所示为圆形凸模装配形式。如图 2.27（c）所示的凸模用于直径较大的工件。

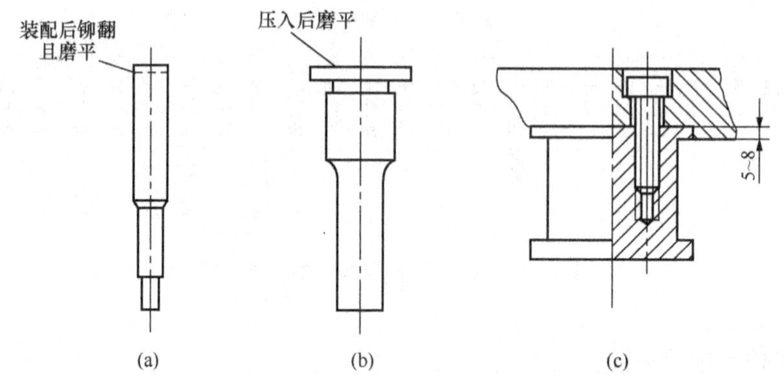

图 2.27　圆形凸模装配形式

2）非圆形凸模的结构形式

冲裁非圆形孔及非圆形落料工件时，其凸模结构形式如图 2.28 所示。如图 2.28（a）所示为整体式，如图 2.28（b）所示为组合式，如图 2.28（c）所示为镶拼式。为节约优质材料，降低模具成本，组合式及镶拼式凸模的基体部分可采用普通钢，如 45 号钢，仅在工作刃口部分采用模具钢，如 Cr12、T10A 等进行制造。

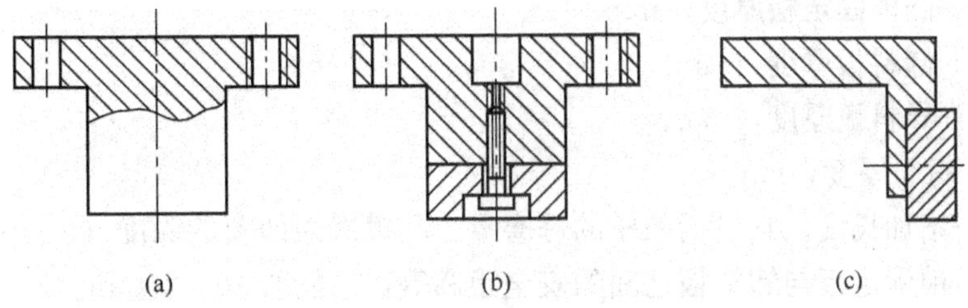

图 2.28　非圆形凸模结构

3）凸模的固定

凸模结构可以分为工作部分与安装部分。凸模的安装部分多数是通过与固定板结合后，安装于模座上，其主要安装形式如图 2.29 所示。

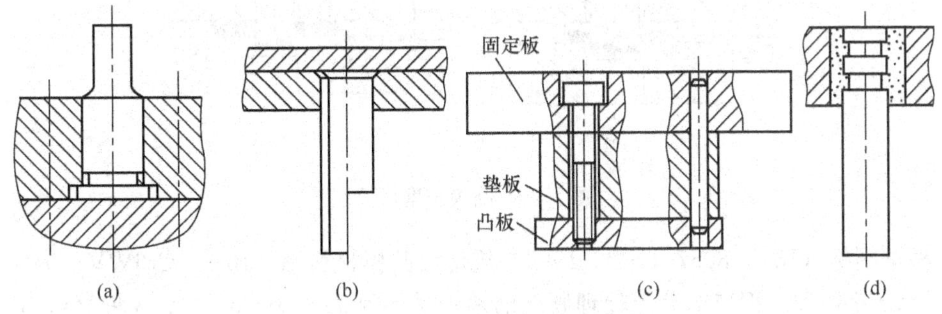

图 2.29　凸模的安装形式

图 2.29（a）所示是应用较普遍的台阶式固定法，多用于圆形及规则形状凸模的场合，凸模安装部分设有大于安装尺寸的台阶，以防止凸模从固定板中脱落，凸模与固定板多采用 $H7/m6$ 配合，装配稳定性好。如图 2.29（b）所示是铆接式固定法，凸模装入固定板后，将凸模上端铆出（1.5～6.5）mm×45°的斜面，以防止凸模脱落，多用于不规则形状断面的小凸模安装。如图 2.29（c）所示是螺钉及销钉固定法，适用于大型或中型凸模，用螺钉及销钉将凸模直接固定在凸模固定板上，这种固定方法，安装与拆卸简便、稳定性好。如图 2.29（d）所示是浇注粘接固定法，适用于冲裁件厚度小于 2mm 的冲裁模，采用低熔点合金、环氧树脂、无机粘结剂浇注粘接固定，其固定板与凸模间有明显的间隙，固定板只需粗略加工，在凸模安装部位，不需精密加工，从而可以简化装配。

4）凸模长度的确定

当采用固定卸料板和导料板时，如图 2.30（a）所示，其凸模长度的计算式为

$$L = h_1 + h_2 + h_3 + h \tag{2-24}$$

当采用弹压卸料板时，如图 2.30（b）所示，其凸模长度的计算式为

$$L = h_1 + h_2 + t + h \tag{2-25}$$

式中，L——凸模长度，mm；

h_1——凸模固定板厚度，mm；

h_2——卸料板厚度，mm；

h_3——导料板厚度，mm；

t——材料厚度，mm；

h——增加长度。它包括凸模的修磨量、凸模进入凹模的深度（0.5～1mm）、凸模固定板与卸料板之间的安全距离等，一般取 10～20mm。

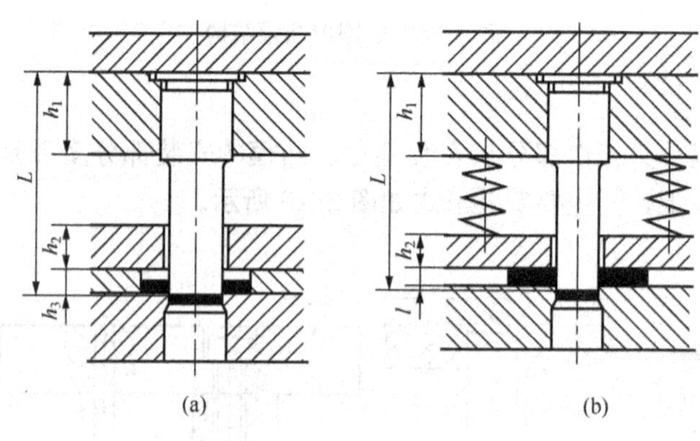

图 2.30　凸模长度尺寸

根据国标（JB/T 8057.1～2—1995）规定，凸模材料用 T10A、Cr6WV、9Mn2V、Cr12、Cr12MoV。刃口部分热处理硬度前两种材料为 58～60HRC，后 3 种材料为 58～62HRC，尾部回火至 40～50HRC。

2. 凹模

1）凹模的结构形式

图 2.31 所示为冲裁模常用凹模的主要结构形式。如图 2.31（a）所示为整体式凹模，模具结构简单，强度好，适用于中小型冲压件及尺寸精度要求比较高的模具。在使用中，凹模刃口局部磨损、损坏就必须整体更换，同时由于凹模的非工作部分也采用模具钢材，制造成本较高。如图 2.31（b）所示为组合式凹模，其工作部分和非工作部分是分别制造的。工作部分采用模具钢制造，非工作部分则由普通材料制造，模具制造成本低，维修方便，适合于大、中型精度要求不

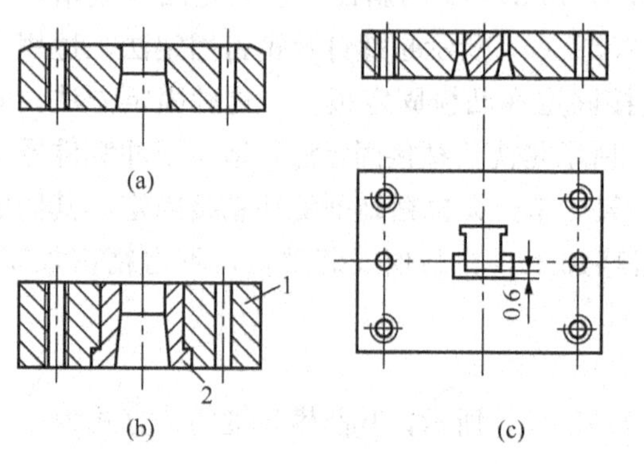

图 2.31　凹模的结构形式

太高的冲压件使用。如图 2.31（c）所示为镶拼式凹模，其优点是加工方便，易损部分更换容易，降低了复杂模具的加工难度。适于冲制窄臂、形状复杂的冲压件。

2）凹模刃口形式确定

图 2.32 所示为冲裁模凹模直筒式刃口的主要形式。该种形式的模具刃口强度高，加工方便，并且刃磨后刃口的尺寸和间隙不会变化，冲压件的质量稳定。其缺点是冲裁件或冲裁废料不易排除。主要应用在冲裁形状复杂或精度较高，直径小于 5mm 的工件。如图 2.32（b）、图 2.32（c）所示的凹模刃口常用于带有顶出装置的复合模。如图 2.32（a）所示的凹模刃口常用于单工序冲模及连续模中，凹模下部锥度主要为了便于卸件，在设计时，一般 β 可取 2°～3°。如图 2.32（d）所示为冲裁模凹模的锥形刃口形式。这种凹模强度较差，使用中由于刃口磨损会使间隙增大，但由于刃口成锥形，故工件或废料易于排出，并且凸模对孔壁的摩擦及压力也较小，从而可以使凹模寿命增加。这种凹模刃口多用于冲裁形状简单、精度要求不高的零件，刃口斜度 α 与材料厚度有关。

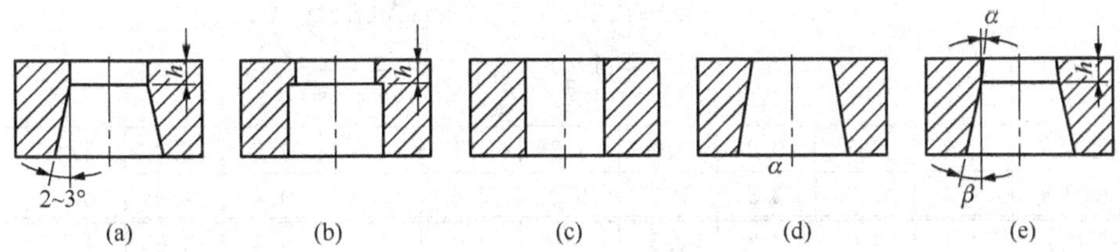

图 2.32　凹模的刃口形式

3）凹模外形尺寸（图 2.33）

凹模厚度为

$$H = Kb \tag{2-26}$$

小凹模的凹模壁厚为

$$C = (1.5 \sim 2)H \tag{2-27}$$

大凹模的凹模壁厚为

$$C = (2 \sim 3)H \tag{2-28}$$

式中，b——凹模孔的最大宽度，mm；

K——系数，见表 2.16；

H——凹模厚度，其值为 15～20mm；

C——凹模壁厚，其值为 26～40mm。

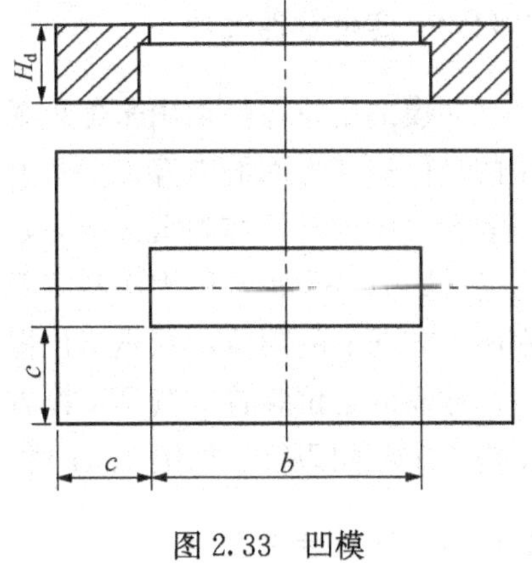

图 2.33　凹模

4）凸凹模的最小壁厚

凸凹模的内、外缘均为刃口，内、外缘之间的壁厚取决于冲裁件的尺寸，为保证凸凹模的强度，凸凹模应具有一定的壁厚。凸凹模的最小壁厚 C 一般按表 2.17 确定。

冲裁硬材料时，不积聚废料的凸凹模最小壁厚值为 $m=1.5t$。

冲裁软材料时，不积聚废料的凸凹模最小壁厚值为 $m \approx t$。

表 2.16 凹模的修正系数 K

料厚 t/mm 孔口尺寸 b/mm	0.5	1.0	6.0	3.0	>3.0
<50	0.30	0.35	0.42	0.50	0.60
50～100	0.20	0.22	0.28	0.35	0.42
100～200	0.15	0.18	0.20	0.24	0.30
>200	0.10	0.12	0.15	0.18	0.22

积聚废料的凸凹模，由于胀力大，故最小壁厚只需要比上述数据适当加大，即可。

表 2.17 倒装式复合模凸、凹模的最小壁厚 （单位：mm）

简 图	δ									
材料厚度 t	0.4	0.6	0.8	1.0	1.2	1.4	1.6	1.8	2.0	2.2	2.5
最小壁厚 δ	1.4	1.8	2.3	2.7	3.2	3.6	4.0	4.4	4.9	5.2	5.8
材料厚度 t	2.8	3.0	3.2	3.5	3.8	4.0	4.2	4.4	4.6	4.8	5.0
最小壁厚 δ	6.4	6.7	7.1	7.6	8.1	8.5	8.8	9.1	9.4	9.7	10

2.11.3 定位零件设计

冲模的定位零件是用来保证条料的正确送进及在模具中的正确位置。条料在模具中的定位有两方面的内容：一是在与条料送料方向垂直的方向上的限位，保证条料沿正确的方向送进，称为送进导向，或称导料；二是在送料方向上的限位，控制条料一次送进的距离（步距）称为送料定距，或称挡料。对于块料或工序件的定位，基本也是在两个方向上的限位，只是定位零件的结构形式与条料的有所不同而已。

冲模的定位装置，按其工作方式及作用不同可分为挡料销、定位板（钉、块）、导正销、定距侧刃等。如图 2.34 所示。

2.11.4 卸料装置设计

冲裁模的卸料装置是用来对条料、坯料、工件、废料进行推、卸、顶出的机构，以便下次冲压的正常进行。

1. 卸料装置

卸料装置分为刚性卸料装置和弹性卸料装置两大类。刚性卸料装置如图 2.35 所

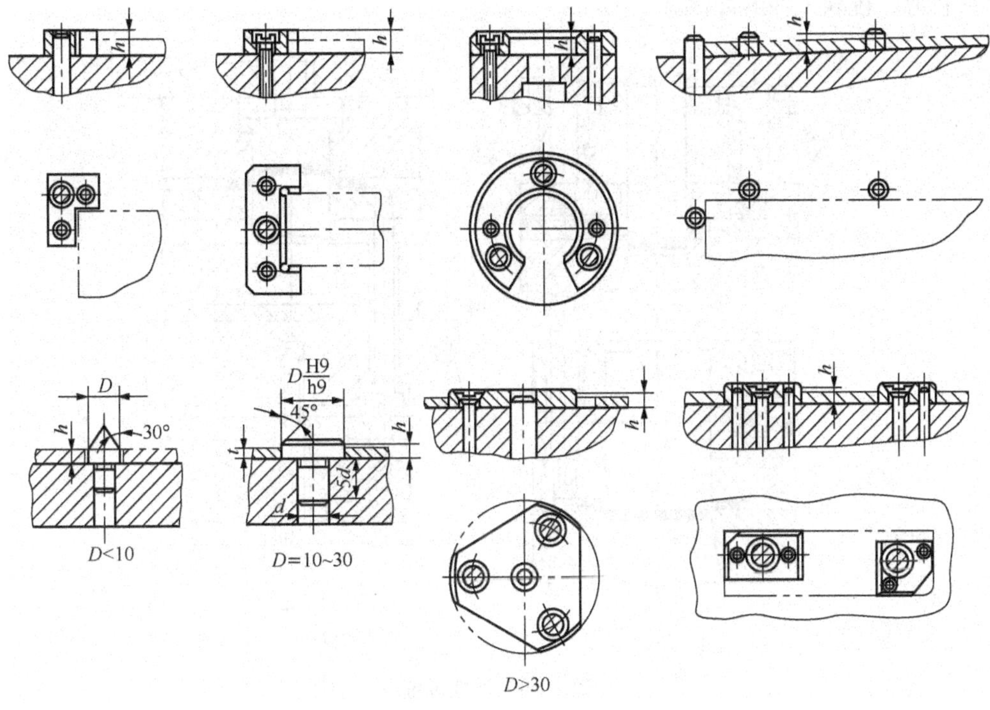

图 2.34　定位板与定位钉

示，其卸料力大，常用于材料较硬，厚度较大，精度要求不太高的工件冲裁。

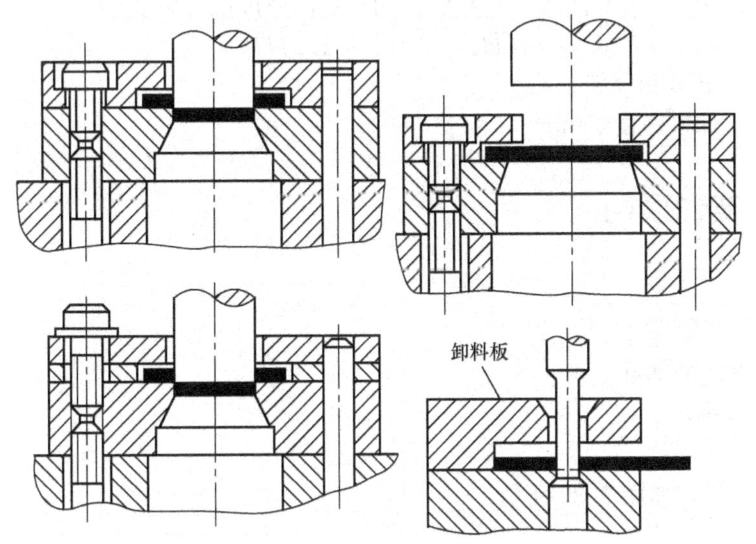

图 2.35　刚性卸料装置

弹性卸料装置如图 2.36 所示。这种卸料装置靠弹簧或橡胶的弹性压力，推动卸料板动作而将材料卸下。具有弹性卸料装置的模具冲出的工件平整，精度较高。常用于材料较薄，较软工件的冲裁。

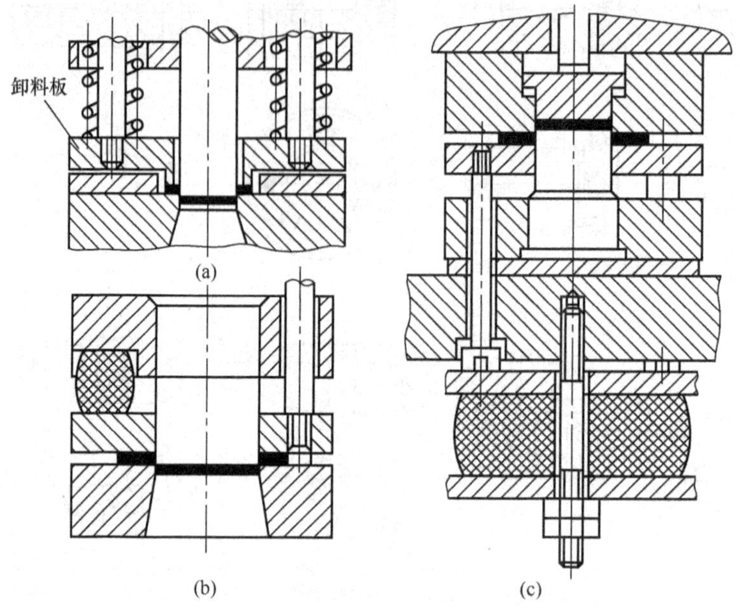

图 2.36　弹性装置

2. 卸料装置有关尺寸的计算

卸料板的形状一般与凹模形状相同，卸料板的厚度的计算式为

$$H_x = (0.8 \sim 1.0)H_a \tag{2-29}$$

式中，H_x——卸料板厚度，mm；

H_a——凹模厚度，mm。

2.12　实训项目

零件名称：制动片。
生产批量：中批量。
材料：08 钢。
料厚：1.5mm。
生产零件图：如图 2.37 所示。

2.12.1　冲压工艺性分析

1. 材料——冷轧钢板 08

冷轧钢板 08 有一定的塑性和强度，韧性及铸造性均好，适于冲压和焊接。其力学

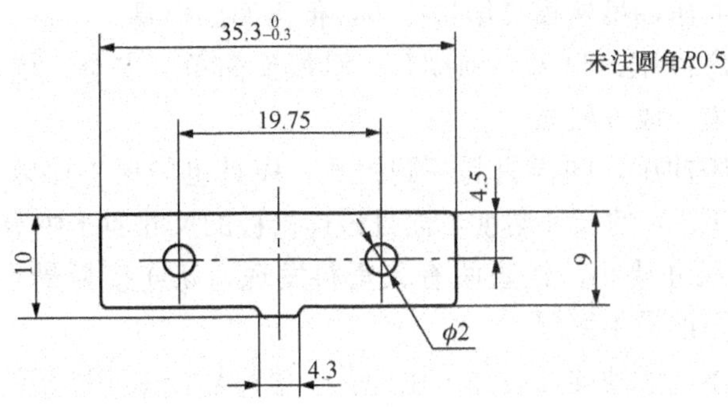

图 2.37　制动片零件图

性能见表 2.18，也可查相关材料手册。

表 2.18　冷轧钢板 08 的力学性能

材料名称	材料状态	τ/MPa	σ_b/MPa	σ_s/MPa	δ_{10}/%	E/103MPa
08	已退火	255～353	324～441	196	32	186

2. 工件结构

工件形状简单对称，无尖角、悬臂等异形形状，尺寸中等，经查表 2.19 并查阅国家标准《金属冷冲压件　结构要素》(JB/T 4378.1—1999)，A 采用无导向凸模冲孔的最小尺寸为 $d \geqslant t$，$\phi 2$ 大于 1.5mm，属于经济型冲孔范围。

表 2.19　一般冲孔模具冲压的最小孔径

材　　料				
钢 τ>700MPa	$d \geqslant 1.5t$	$b \geqslant 1.35t$	$b \geqslant 1.1t$	$b \geqslant 1.2t$
钢 τ=400～700MPa	$d \geqslant 1.3t$	$b \geqslant 1.2t$	$b \geqslant 0.9t$	$b \geqslant t$
钢 τ<400MPa	$d \geqslant t$	$b \geqslant 0.9t$	$b \geqslant 0.7t$	$b \geqslant 0.8t$
黄铜、铜	$d \geqslant 0.9t$	$b \geqslant 0.8t$	$b \geqslant 0.6t$	$b \geqslant 0.7t$
铝、锌	$d \geqslant 0.8t$	$b \geqslant 0.7t$	$b \geqslant 0.5t$	$b \geqslant 0.6t$
纸胶板、布胶板	$d \geqslant 0.7t$	$b \geqslant 0.7t$	$b \geqslant 0.4t$	$b \geqslant 0.5t$
纸	$d \geqslant 0.6t$	$b \geqslant 0.5t$	$b \geqslant 0.3t$	$b \geqslant 0.4t$

3. 冲压工艺方案的确定

综上分析，该零件形状简单、尺寸精度低，仅有冲孔、落料两种工序。

若采用单工序冲压，虽然模具结构简单，但需两副模具。

若采用级进工序冲压，只需一副模具，且操作简单、安全，生产效率高，但模具相对复杂、尺寸较大，成本较高。

若采用复合工序冲压，同样只需一副模具，模具也较单工序复杂，但能更好地保证尺寸 $35.3_{-0.3}^{\ 0}$（IT12）的尺寸精度，而且该连接板的尺寸属于中等大小，复合模模具尺寸相对级进模的尺寸要小。经查阅有关资料发现，该连接板最小孔边距（3.5mm）大于倒装复合模凸凹模最小壁厚。

结论：综上所述，该制动片零件采用冲孔—落料复合工序冲压的方案更为合适。

4. 工艺计算

1）条料尺寸

查表确定搭边值：工件边缘最小搭边为 $a=1.8$mm，考虑到剪板误差，实际取 $a=2.0$mm，如图 2.38 所示。

步距为：11.8mm。

条料宽度：采用无侧压装置送料。

$$B=(D+2a_1)-\Delta=(35.3+2\times 2)_{-\Delta}=39.3_{-0.6}$$

2）排样图

该制动片零件的排样如图 2.38 所示。

材料利用率：一个步距内的材料利用率 η 为

$$\eta=321\div(11.8\times 39.9)\times 100\%=68.2\%$$

3）步距的控制

该制动片零件采用复合工序冲压，对条料的定距要求不高，故定距采用安装于凹模面上的挡料销，结构简单、成本低，如图 2.38 所示。

4）压力中心

图 2.39 所示为凹模型孔，建立坐标系 XOY，由于工件 X 方向对称，故压力中心的 $x=17.65$mm。

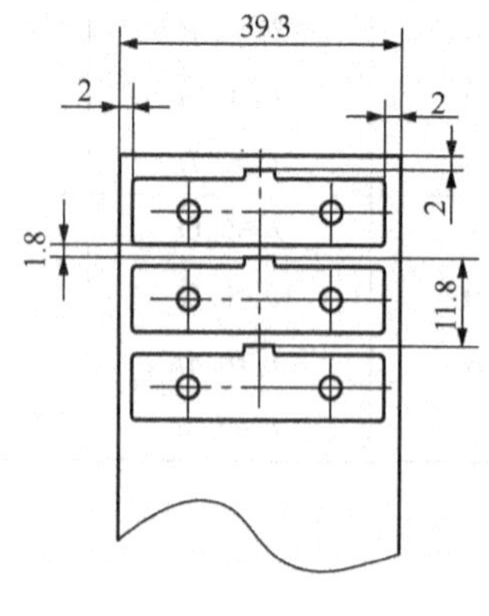

图 2.38 排样图

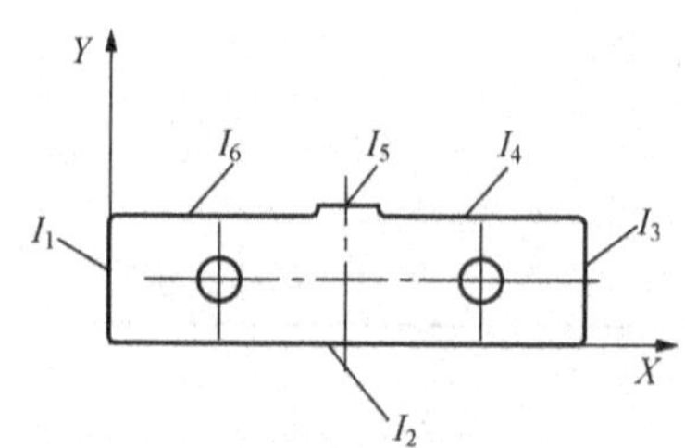

图 2.39 压力中心计算图

压力中心的 y 为

$$y=\frac{\sum_{i=1}^{n}L_nY_n}{\sum_{i=1}^{n}L_n}$$

$$=\frac{9\times4.5+15.5\times9+4.3\times10+15.5\times9+9\times4.5+35.3\times0+2\times3.14\times4.5\times2}{9+15.5+4.3+15.5+9+35.3+2\times3.14\times1\times2}\text{mm}$$

$\approx$4.54mm

考虑到工件尺寸不大（冲裁力不大），为了方便模具的加工与装配，将压力中心选在该制动件上的（17.65，4.5）点。若选用 J23-63 冲床，原压力中心仍在压力机模柄孔投影面积范围内。

5）冲压力的计算

零件尺寸如图 2.37 所示。

落料力为

$$F_{落}=1.3L\cdot t\cdot\tau=1.3\times88.6\times1.5\times353\text{kN}\approx60.99\text{kN}$$

冲孔力为

$$F_{冲}=1.3L\cdot t\cdot\tau=1.3\times2\pi\times1\times1.5\times353\text{kN}\approx4.32\text{kN}$$

其中：d——冲孔直径，$2\pi d$ 为两个孔圆周长之和。初步确定模具采用弹性卸料下出件的复合模结构，故卸料力为 $F_{卸}=K_{卸}\cdot F_{落}=0.05\times60.99\text{kN}=3.05\text{kN}$

推件力为

$$F_{推}=nK_{推}\cdot F_{冲}=6\times0.55\times4.32\text{kN}=14.26\text{ kN}$$

其中，$K_{卸}$、$K_{推}$查表，n=6，是因每个孔中卡三个（6/2）零件。

6）压力机的确定

因暂定采用倒装复合模结构，那么总冲压力包括冲裁力、卸料力和推件力。故总冲压力为

$$\begin{aligned}F_{总}&=F_{落}+F_{冲}+F_{卸}+F_{推}\\&=(60.99+4.32+3.05+14.52)\text{kN}\\&=82.88\text{kN}\end{aligned}$$

选用冲床 J23-16，公称压力为 160kN，能满足要求。

2.12.2　零件尺寸计算

刃口尺寸计算列于表 2.20 中。其中：落料部分以凹模为基准计算，落料凸模按间隙值配制；冲孔部分以凸模为基准计算，冲孔凹模按间隙值配制。孔边距为（12±0.43）mm，近似按孔心距计算。

表 2.20 刃口尺寸计算

基本尺寸及分类		冲裁间隙	磨损系数	计算公式	制造公差	计算结果
落料凹模	$D_{max}{}_{-\Delta}^{0}=35.3_{-0.3}^{0}$	$Z_{min}=0.132mm$ $Z_{max}=0.24mm$ $Z_{max}-Z_{min}=0.108mm$	制件精度为IT12级，故 $x=0.75$	$D_d=(D_{max}-x\Delta)_{0}^{+\frac{\Delta}{4}}$	$\Delta/4$	$D_d=35.075_{0}^{+0.075}$ 相应凸模尺寸按凹模尺寸配作，保证双面间隙0.14
	$D_{max}{}_{-\Delta}^{0}=9_{-0.36}^{0}$		制件精度为IT14级，故 $x=0.5$			$D_d=8.82_{0}^{+0.09}$ 相应凸模尺寸按凹模尺寸配作，保证双面间隙0.14
	$D_{max}{}_{-\Delta}^{0}=10_{-0.36}^{0}$					$D_d=9.82_{0}^{+0.09}$ 相应凸模尺寸按凹模尺寸配作，保证双面间隙0.14
	$D_{max}{}_{-\Delta}^{0}=4.3_{-0.3}^{0}$	$Z_{min}=0.132mm$ $Z_{max}=0.24mm$ $Z_{max}-Z_{min}=0.108mm$	制件精度为IT14级，故 $x=0.5$	$D_d=(D_{max}-x\Delta)_{0}^{+\frac{\Delta}{4}}$	$\Delta/4$	$D_d=4.15_{0}^{+0.075}$ 相应凸模尺寸凹模尺寸配作，保证单面间隙在0.14
冲孔	$d_{min}{}_{0}^{+\Delta}=2_{0}^{+025}$	$Z_{min}=0.132mm$ $Z_{max}=0.24mm$ $Z_{max}-Z_{min}=0.108mm$	制件精度为IT14级，故 $x=0.5$	$d_p=(d_{min}+x\Delta)_{-\frac{\Delta}{4}}^{0}$	$\Delta/4$	$d_p=2.125_{-0.06}^{0}$ 相应凹模尺寸按凸模刃口尺寸配作，保证双面间隙在0.14
孔心距	$L\pm\frac{\Delta}{2}=19.75\pm0.26$	$Z_{min}=0.132mm$ $Z_{max}=0.24mm$ $Z_{max}-Z_{min}=0.108mm$	制件精度为IT14级，故 $x=0.5$	$Ld=L$	$\frac{1}{8}\Delta=\frac{1}{8}\times0.52=0.065$	$Ld=19.75\pm0.065$

2.12.3 复合模的模具结构

模具类型：倒装复合。

模卸料方式：弹性卸料。

出件方式：下出件，如图 2.40 所示。

毛坯定位方式：导料钉导料，挡料销定距。

模架及导向方式：后侧导柱、滑动导向的模架。

2.12.4 主要零部件的设计

1. 凹模

凹模的外形结构及其固定方法采用整体式、板形结构，采用螺钉、销钉联结。

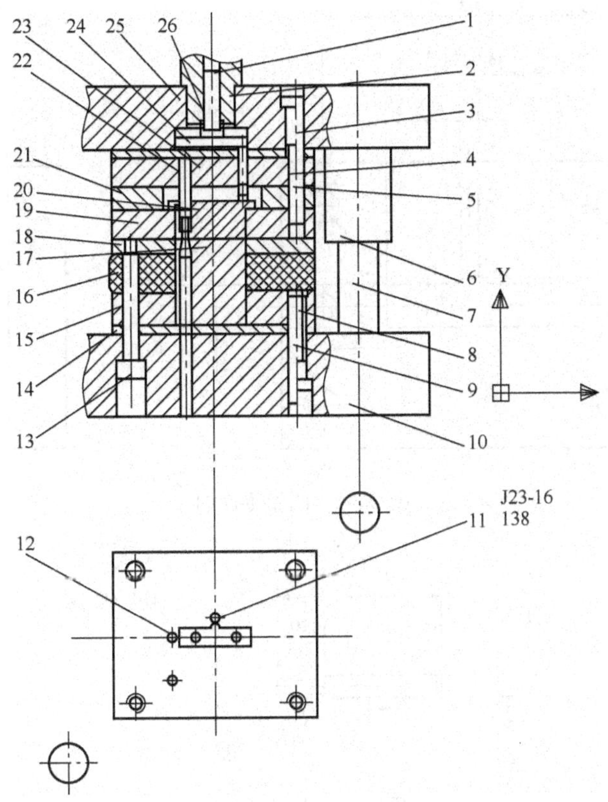

图 2.40　支板装配图

1. 推件杆；2. 模柄；3. 销钉；4. 螺钉；5. 推件销；6. 导柱；7. 导套；8. 螺钉；9. 销钉；10. 下模座；11. 定距销；12. 挡料销；13. 卸料螺钉；14. 垫板；15. 下模座；16. 卸料螺钉；17. 凸凹模；18. 卸料板；19. 凹模；20. 推件块；21. 垫板；22. 凸模；23. 固定板；24. 垫板；25. 上模座；26. 推件板

凹模刃口形式：直筒形刃口。

初始间隙：$Z_{min}=0.132$mm，$Z_{max}=0.24$mm。

凹模厚度：$H=kb$（≥15mm），$H=0.28\times36$mm$=10.08$mm。

凹模边壁厚：$c\geqslant(1.5\sim2)H=(1.5\sim2)\times18.2mm=(27.3\sim36.4)$mm。

实取 $c=21$mm，凹模板边长：$L=b+2c=$（$36+2\times21$）mm$=78$mm。

凹模板宽度：$B=b_1+2c=$（$10+2\times21$）mm$=52$mm。

为便于布置螺销钉，适当放宽凹模板宽度，选凹模板宽 $B=80$mm，故确定凹模板外形为：80mm×60mm×12mm。为了便于凹模孔的加工，将凹模做成薄形形式并加空心垫板后实取为：80mm×60mm×14mm，如图 2.41 所示。

2. 凸模

凸模的结构形式及固定方法，冲孔圆形凸模台阶式，零件如图 2.42 所示。

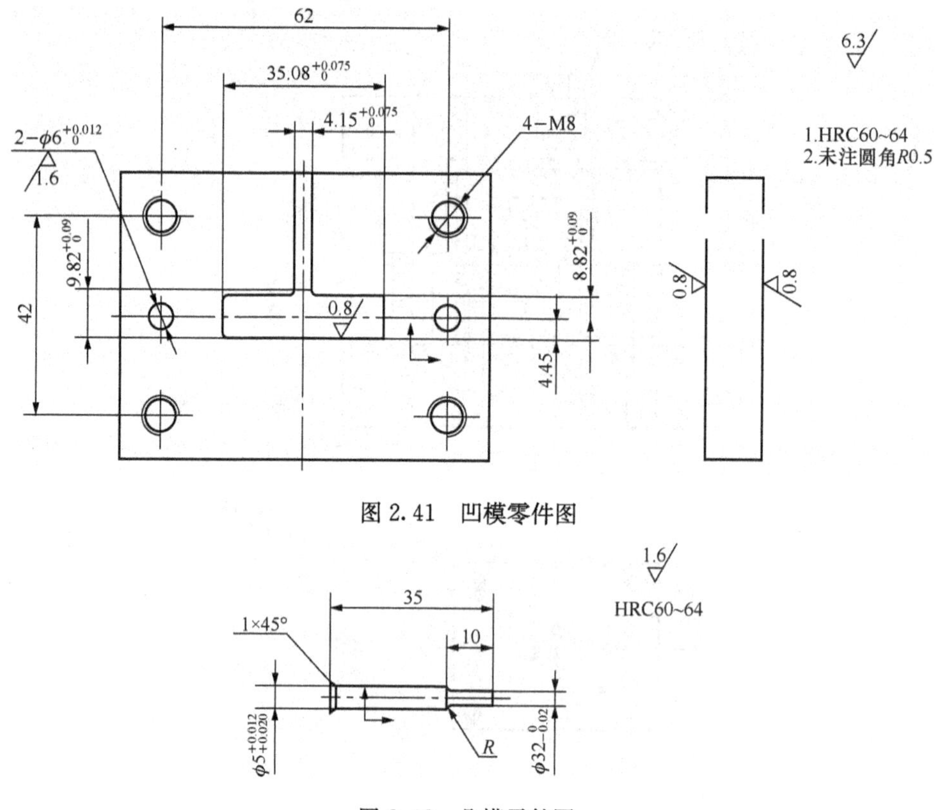

图 2.41　凹模零件图

图 2.42　凸模零件图

3. 凸凹模

凸凹模的外形为直通式，内形为直筒形刃口，刃口高为 10mm，如图 2.43 所示。

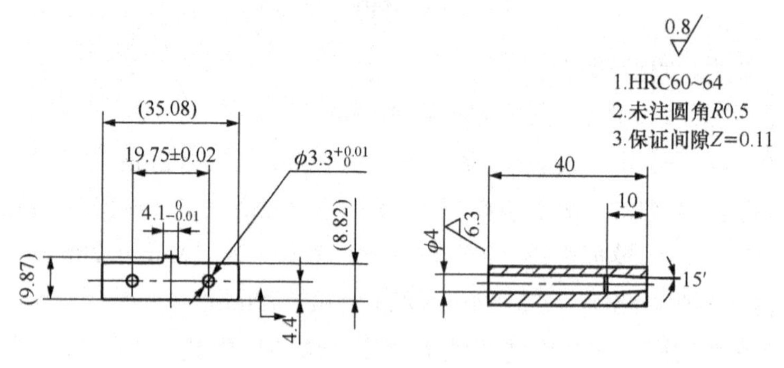

图 2.43　凸凹模零件图

练　　习

2.1　试说明冲裁变形过程的 3 个阶段。

2.2 按垂直方向和水平方向绘出冲裁凸模和凹模上所受到的力。

2.3 冲裁件断面存在哪4个特征区？各有什么特点？

2.4 分别简述影响冲裁件尺寸精度、形状误差、断面质量和毛刺高度的主要因素。

2.5 试分析冲裁间隙对冲裁力、模具寿命的影响。

2.6 在生产实际中如何合理地选择冲裁间隙？

2.7 如图2.44所示为硅钢片冲裁件，材料为D21（σ_b 值和08钢相近），用单配作加工法制造模具，试确定冲裁模工作部分尺寸，计算冲裁力并确定排样图。

2.8 如图2.45所示为某电器元件复原簧片，材料为锡磷青铜，采用级进模结构，工厂习惯先做凸模，制作凹模时则根据凸模尺寸按间隙配作加工，计算凸模工作部分尺寸，并画出各凸模工作部分简图。

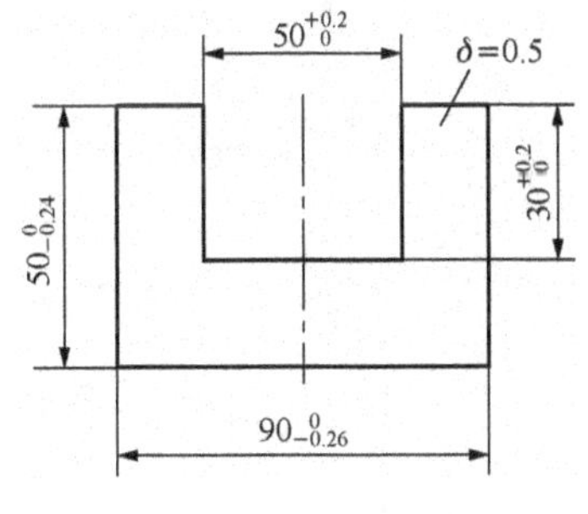

图2.44 题2.7图

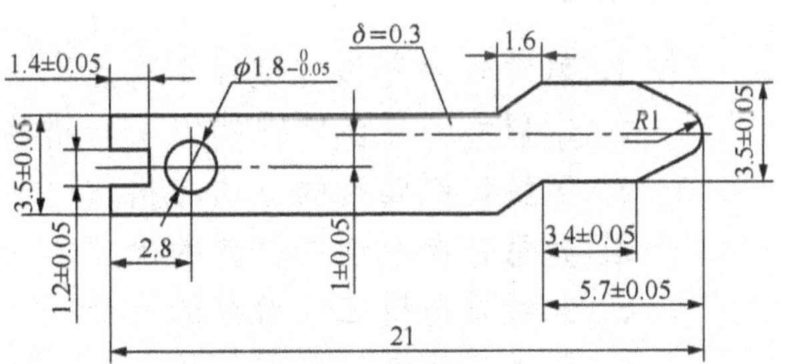

图2.45 题2.8图

2.9 普通冲裁件应满足哪几个方面的结构工艺性要求？

2.10 试对如图2.46所示托板进行模具设计。

零件：托扳。

生产批量：大批量。

材料：08F，t=2mm。

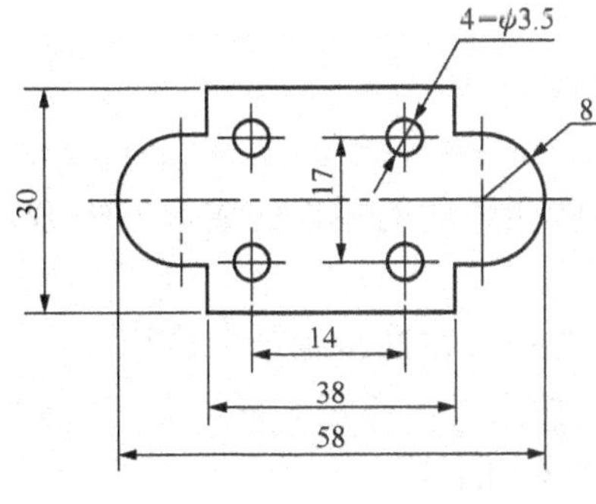

图2.46 题2.10图

单元 3

弯曲模具设计

❖ 知识目标

1. 熟悉弯曲变形的过程及特点
2. 掌握控制弯曲回弹的方法与措施
3. 了解控制偏移的方法与措施
4. 熟悉弯曲中性层位置的确定方法
5. 掌握弯曲模工作部分的设计
6. 熟悉弯曲模的典型结构

❖ 能力目标

1. 能够进行一般复杂程度弯曲模的设计
2. 会计算毛坯的展开尺寸

3.1 弯曲概述

3.1.1 弯曲的概念

金属材料被弯成一定形状和角度的零件的成形方法称为弯曲，如图 3.1 所示为弯曲产品。

弯曲是冲压的基本工序之一，在冲压生产中应用很广。用弯曲方法冲压的零件种类很多，除弯成 V 型的 V 弯曲之外，还有 L 形弯曲、台阶状的 Z 形弯曲，如图 3.2 所示，此外还有 N 形弯曲、帽形弯曲等。

3.1.2 弯曲模具结构简介

图 3.3 是较为典型的 V 形件弯曲模。平板坯料由挡料销 10 和凹模 4 定位，凸模 3

向下进行弯曲，成形后由顶杆 9 顶出工件，顶杆 9 还起到压料的作用，以防止坯料在弯曲过程中发生偏移。

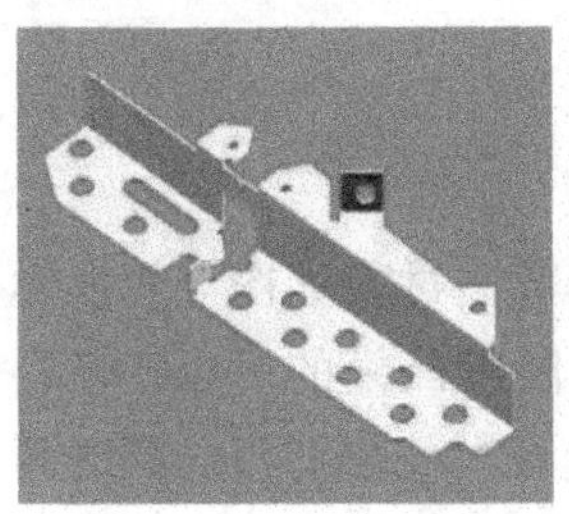
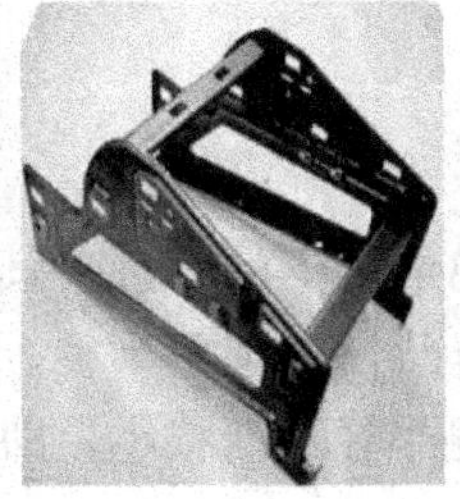
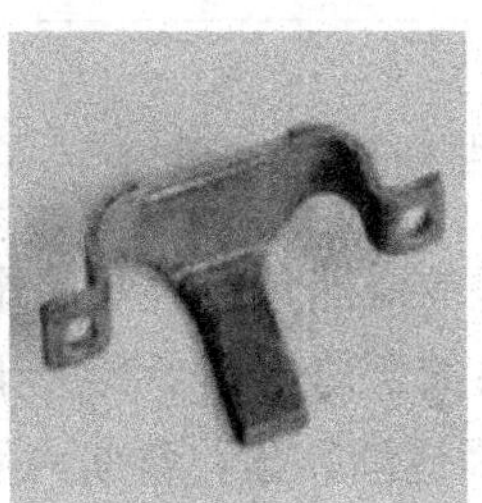

图 3.1　弯曲产品

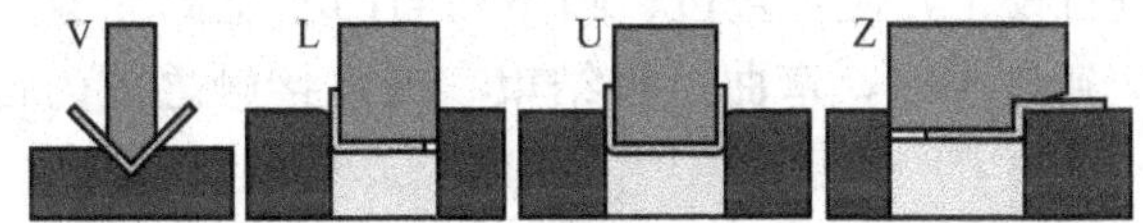

图 3.2　弯曲

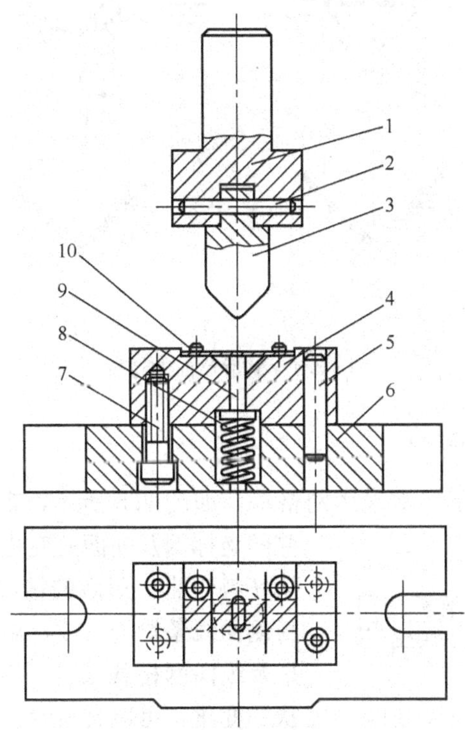

图 3.3　典型弯曲模结构

1. 模柄；2. 圆柱销；3. 弯型凸模；4. 凹模；5. 圆柱销；6. 下模座；
7. 螺钉；8. 弹簧；9. 顶杆；10. 挡杆销

3.2 弯曲变形分析

3.2.1 弯曲变形的过程

V形件的弯曲是坯料弯曲中最基本的一种，其弯曲过程如图3.4所示。在开始弯曲时，坯料的弯曲内侧半径大于凸模的圆角半径。随着凸模的下压，坯料的直边与凹模V形表面逐渐靠紧，弯曲内侧半径逐渐减小，即$r_0>r_1>r_2>r$，同时弯曲力臂也逐渐减小，即$l_0>l_1>l_2>l_k$。当弯曲到一定程度时，板料与模具三点接触，这时曲率半径为r_2，此后凸模便把板料的直边，向与以前相反的方向压向凹模。在行程结束时，凸、凹模对弯曲件进行校正，使其直边、圆角均与凸模全部靠紧，此时坯料的内侧弯曲半径及弯曲力臂达到最小时，弯曲过程结束。三点接触之前为自由弯曲阶段，以后为校正弯曲阶段。

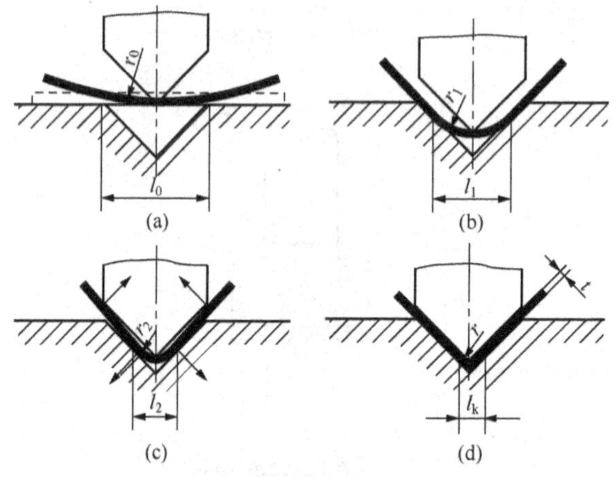

图3.4　V形弯曲的过程

3.2.2 弯曲变形特点的分析

研究材料的冲压变形，常采用网格法，如图3.5所示，观察变形前后位于工件侧壁的坐标网及断面的变化即可知弯曲变形的特点。从坯料弯曲变形后的情况可以发现：弯曲前，材料侧面线条均为直线，组成大小一致的正方形小格及纵向网格线长度。弯曲后，通过观察网格形状的变化，可以看出弯曲变形具有以下特点：

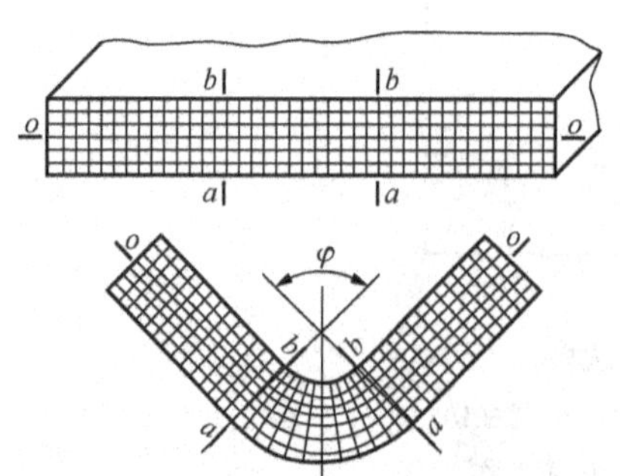

图3.5　坯料弯曲前后的网格变化

(1) 工件分成了直边和圆角两部分，圆角部分是变形区。其中圆角部分的内半径为r，中心角为φ，圆角部分的正方形网格变成了扇形，远离圆角的直边部分网格没有变化，而靠近圆角的直边网格有少许的变化。

(2) 在圆角变形区内，变形不均匀。弯曲前$\widehat{aa}=\widehat{bb}$，弯曲后$\widehat{aa}<\widehat{bb}$，说明板料内缘的切向纤维受压而缩短，外缘的切向纤维受拉而伸长。由内、外表而至板料中心，其缩短和伸长的程度逐渐变小。从外层的伸长过渡到内层的压缩，由于材料的连续性，其间必有一层纤维，它的长度在弯曲前后保持不变，称为应变中性层。

(3) 当相对弯曲半径 r/t 较小时，厚度变薄和长度增加较大。弯曲变形区，内区受压，外区受拉。拉区使板料减薄，压区使板料增厚。中性层内移，拉区扩大，压区减小，使板料的减薄大于增厚，从而使整个板料出现变薄现象。r/t 越小，变薄现象越严重。弯曲变形区中的板料横断面变化可分两种情况，宽板（板宽 b 与材料厚度 t 之比大于 3）弯曲时，横断面几乎不变，仍为矩形，如图 3.6（a）所示；而窄板（$B<2t$）弯曲时，断面呈扇形，图 3.6（b）所示。

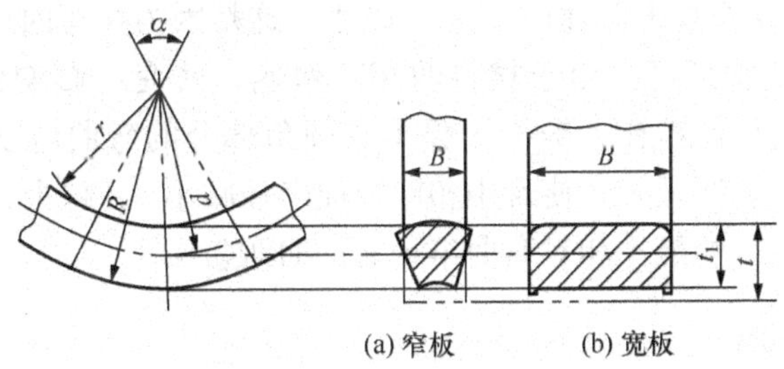

图 3.6　弯曲变形区的横截面变化情况

3.3　弯曲件主要质量问题

3.3.1　弯裂与最小相对弯曲半径

板料在弯曲过程中出现的质量问题主要有弯裂、回弹和偏移。

1. 弯裂和最小相对弯曲半径

对于一定厚度的材料，弯曲半径越小，则外层材料的伸长率越大。当外边缘材料的伸长率达到并超过材料的延伸率后，就会导致弯裂。在自由弯曲保证坯料最外层纤维不发生破裂的前提下，所能获得的弯曲件内表面最小圆角半径与弯曲材料厚度的比值为 r_{min}/t，称为最小相对弯曲半径。

2. 影响最小弯曲半径的因素

(1) 材料的塑性和热处理状态的塑性越好，其最小相对弯曲半径越小。

经退火的坯料塑性好，弯曲 r_{min} 可小些。经冷作硬化的坯料塑性降低，r_{min} 应增大。

(2) 坯料的边缘及表面状态。下料时坯料边缘的冷作硬化，毛刺以及坯料表面带有划伤等缺陷，弯曲时易于受到拉伸应力而破裂，使最小许可相对弯曲半径增大。为了防止弯裂，可将坯料上的大毛刺去除，小毛刺放在弯曲圆角的内侧。

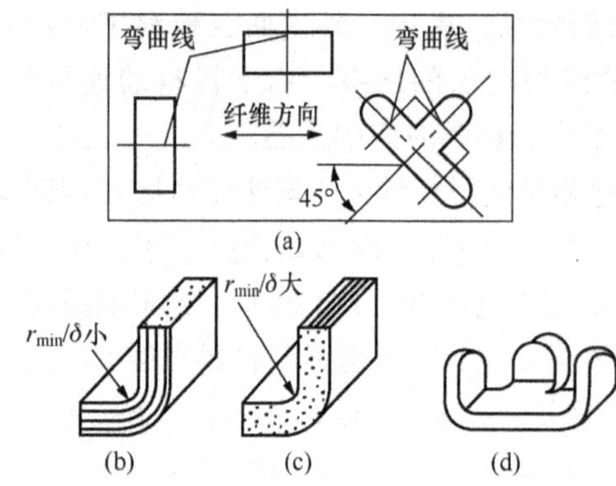

图 3.7　弯曲方向与纤维方向

(3) 弯曲方向材料经过轧制后得到纤维状组织，使板料呈现各向异性。沿纤维方向的力学性能较好，不易拉裂。因此，当弯曲线与纤维组织方向垂直时，r_{min}数值最小，平行时最大。为了获得较小的弯曲半径，应使弯曲线和纤维方向垂直；在双弯曲时，应使弯曲线与纤维方向成一定的角度，如图 3.7所示。

(4) 弯曲角 α 越大，最小弯曲半径 r_{min} 越小。这是因为在弯曲过程中，坯料的变形并不是仅局限在圆角变形区。由于材料的相互牵连，其变形影响到圆角附近的直边，实际上扩大了弯曲变形区范围，分散了集中在圆角部分的弯曲应变，对圆角外层纤维濒于拉裂的极限状态有所缓解，使最小相对弯曲半径减小。α 越大，圆角中段变形程度的降低越多，所以许可的最小相对弯曲半径 r_{min} 可以越小。

3. 弯曲半径的确定

由于上述各种因素的综合影响十分复杂，所以最小相对弯曲半径的数值一般用试验方法确定，其具体数值可由表 3.1 查得。

表 3.1　最小弯曲半径 r_{min}

材料名称	弯曲线的位置			
	退火状态		冷作硬化状态	
	垂直纤维	平行纤维	垂直纤维	平行纤维
08、10、Q195、Q215	0.1t	0.4t	0.4t	0.8t
15、20、Q235	0.1t	0.5t	0.5t	1.0t
25、30、Q255	0.2t	0.6t	0.6t	1.2t
35、40、Q275	0.3t	0.8t	0.8t	1.5t
45、50	0.5t	1.0t	1.0t	1.7t
55、60	0.7t	1.3t	1.3t	2.0t
铝	0.1t	0.35t	0.5t	1.0t
纯铜	0.1t	0.35t	1.0t	2.0t
软黄铜	0.1t	0.35t	0.35t	0.8t
半硬黄铜	0.1t	0.35t	0.5t	1.2t
磷铜	—	—	1.0t	3.0t

3.3.2　弯曲件的回弹

在材料弯曲变形结束，零件不受外力作用时，由于弹性恢复，使弯曲件的角度和弯曲半径与模具的尺寸形状不一致，这种现象称为回弹，如图 3.8 所示。回弹的程度以回弹角 $\Delta\alpha$ 表示为

$$\Delta\alpha = \alpha_0 - \alpha$$

式中，α——弯曲后制件的实际弯曲角；

α_0——模具弯曲角。

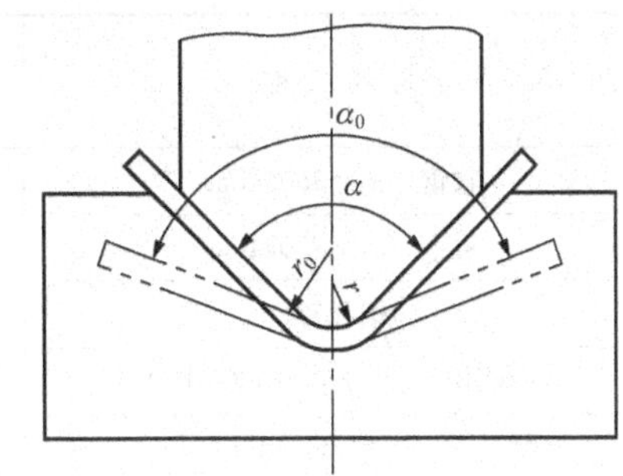

图 3.8　弯曲件的回弹

1. 影响回弹的因素

1）材料的力学性能

材料的屈服点 σ_s 越大，弹性模量 E 越小，即 σ_s/E 的比值越大，弯曲回弹越大。因为材料的屈服点越高，材料在一定的变形程度下，其变形区断面内的应力也越大，因而可以引起更大的弹性变形，所以回弹值也越大；而弹性模量越小，则材料抵抗弹性变形的能力越弱，所以回弹值越大。

2）相对弯曲半径

相对弯曲半径越小，回弹值越小。相对弯曲半径 r/t 越小，则弯曲变形程度越大，其中塑性变形和弹性变形成分也同时增大。但在总变形中，弹性变形所占的比例则相应地变小，因此回弹会较小。

3）弯曲件角度 α

弯曲件角度越小，表示弯曲变形区域越大，回弹的积累越大，回弹角度 α 也越大。

4）弯曲方式

自由弯曲与校正弯曲相比较，由于校正弯曲可增加圆角处的塑性变形程度，因而有较小的回弹。

5）模具间隙

压制 U 形件时，模具间隙对回弹值有直接影响。间隙大，材料处于松动状态，回弹就大；间隙小，材料被挤紧，回弹就小。

6）零件形状

零件形状复杂，一次弯曲成形角的数量越多，各部分的回弹相互牵制作用越大，弯曲中拉伸变形的成分越大，回弹就越小。

2. 弯曲回弹的大小

由于影响弯曲回弹的因素很多，而且各因素又相互影响，因此，计算回弹角既比较复杂又不准确。一般生产中是按经验数值表或按力学公式计算出回弹值作为参考，再在试模时修正。

1）大变形程度（$r/t<5$）自由弯曲时的回弹

当 $r/t<5$ 时，弯曲半径的回弹值不大，因此，只考虑角度的回弹，对于弯曲中心角 90°的 V 形件自由弯曲时，回弹值可查表 3.2。

表 3.2　单角自由弯曲 90°的平均回弹角 $\Delta\alpha$

材料名称	r/t	材料厚度 t/mm		
		<0.8	0.8～2	>2
软钢（δ_b=350MPa）	<1	4°	2°	0°
黄铜（δ_b=350MPa）	1～5	5°	3°	1°
铝和锌	5	6°	4°	2°
中硬钢（δ_b=350～500MPa）	<1	5°	2°	0°
硬黄铜（δ_b=350～400MPa）	1～5	6°	3°	1°
硬黄铜	>5	8°	5°	3°
硬钢（δ_b>550MPa）	<1	7°	4°	2°
	1～5	9°	5°	3°
	>5	12°	7°	6°
硬铝 LY12	<1	2°	3°	4°30′
	1～5	4°	6°	6°
	>5	6°	6°	6°

当弯曲中心角不为 90°时，其回弹角的计算公式为

$$\Delta\alpha = \frac{\alpha}{90}\Delta\alpha_{90}$$

式中，$\Delta\alpha$——弯曲件的弯曲中心为 α 时的回弹角；

α——弯曲件的弯曲中心角；

α_{90}——弯曲中心角为 90°时的回弹角。

2）小变形程度（$r/t\geqslant10$）自由弯曲时的回弹

当时 $r/t\geqslant10$，因相对弯曲半径变大，零件不仅角度有回弹，弯曲半径也有较大的变化。这时，回弹值可按下式进行计算，然后在生产中再进行修正。

$$r_p = \frac{r}{1+3\frac{\sigma_s}{E}\frac{r}{t}} = \frac{r}{\frac{1}{r}+\frac{3\sigma_s}{Et}} \tag{3-1}$$

$$\alpha_p = \alpha - (180° - \alpha)\left(\frac{r}{r_p} - 1\right) \tag{3-2}$$

3. 控制回弹的措施

压弯中弯曲件回弹产生误差，很难得到合格的零件尺寸。生产中必须采取措施来控制或减小回弹，控制弯曲件回弹的措施有如下 3 种。

(1) 改进零件的设计。在变形区压加强肋或压成形边翼，增加弯曲件的刚性和成形边翼的变形程度，可以减小回弹，如图 3.9 所示。选用弹性模量大、屈服极限小的材料，使坯料容易弯曲到位。

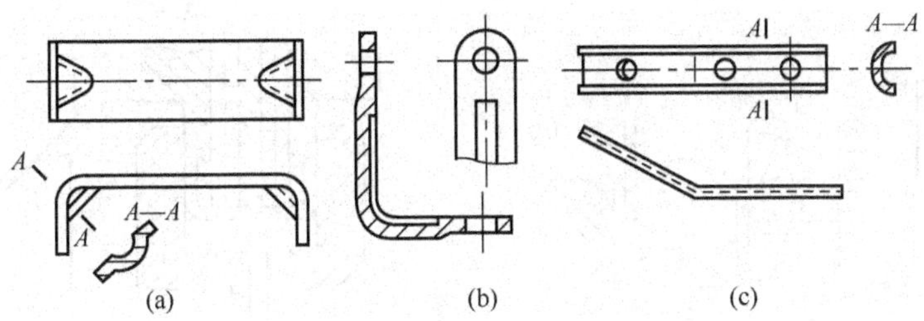

图 3.9　在零件结构上考虑减小回弹

(2) 从工艺上采取措施用校正弯曲代替自由弯曲，对冷作硬化的硬材料必须先退火，降低其屈服点 σ_s，减小回弹，弯曲后再淬硬。

用拉弯法（见图 3.10）代替一般弯曲方法。采用拉弯工艺的特点是在弯曲的同时使坯料承受一定的拉应力，拉应力的数值应使弯曲变形区内各点的合成应力稍大于材料的屈服点 σ_s，使整个断面都处于塑性拉伸变形范围内，内、外区应力、应变方向取得了一致，故可大大减小零件的回弹。这种措施主要用于相对弯曲半径很大的零件的成形。

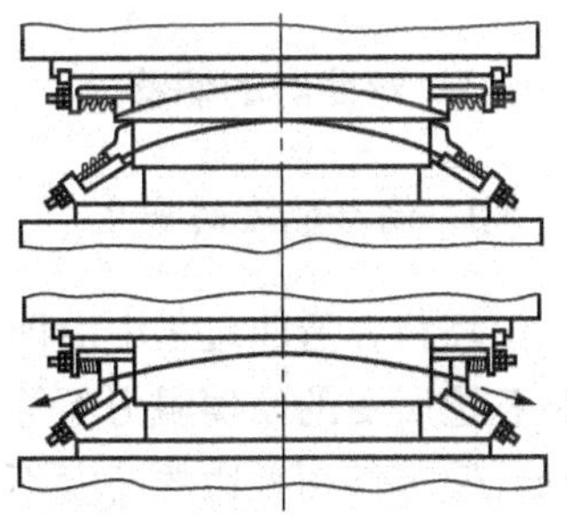

图 3.10　拉弯

(3) 从模具结构上采取措施弯曲 V 形件时，将凸模角度减去一个回弹角；弯曲 U 形件时，将凸模两侧做出等于回弹量的斜角，如图 3.11 (a) 所示，或将凹模底部做成弧形，如图 3.11 (b) 所示，利用底部向下回弹的作用，补偿两直边的向外回弹。

当被压弯的材料厚度大于 0.8mm，且塑性较好时，可将凸模做成如图 3.12 所示的形状，使凸模力集中作用在弯曲变形区，加大变形区的变形程度，改变弯曲变形区外拉内压的应力状态，使其成为三向受压的应力状态，从而减小回弹。

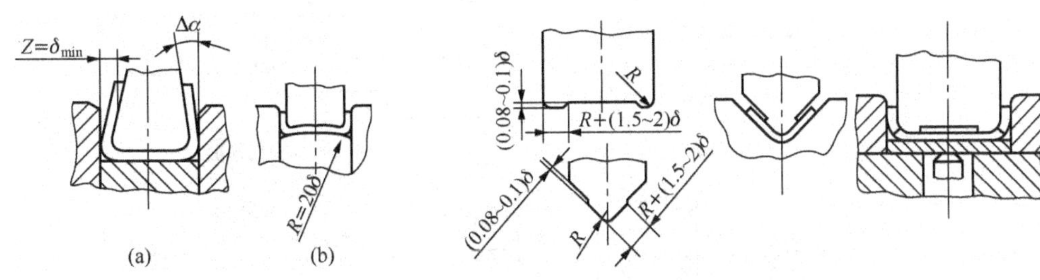

图 3.11　补偿回弹的方法

图 3.12　改变凸模形状减小回弹

对于一般软材料（如 Q235、Q215、10、20、H62M 等），可增加压料力，如图 3.13 (a)所示，或减小凸、凹模之间的间隙，如图 3.13 (b) 所示，以增加拉应变，减小回弹。

在弯曲件的端部加压，可以获得精确的弯边高度，并由于改变了变形区的应力状态，使弯曲变形区从内到外都处于压应力状态，从而减小了回弹，如图 3.14 所示。

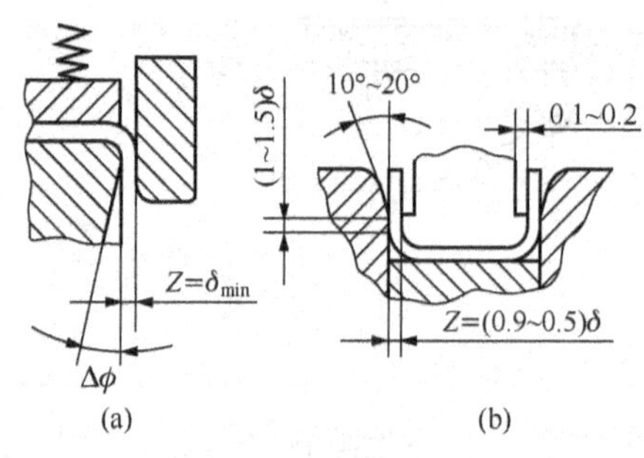

图 3.13　增加拉应变减小回弹

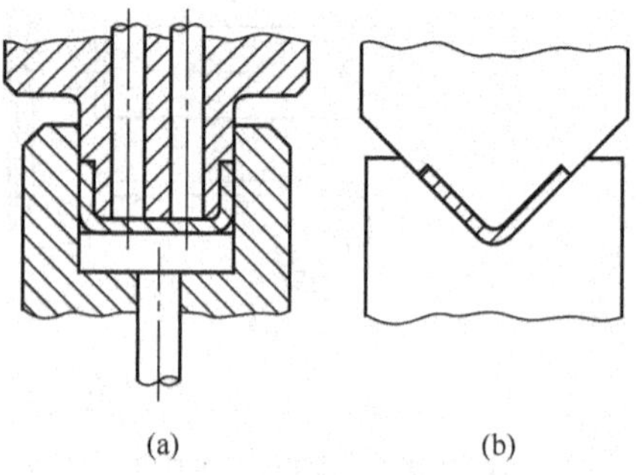

图 3.14　端部加压减小回弹

3.3.3　弯曲时的偏移

1. 偏移现象的产生

坯料在弯曲过程中沿凹模圆角滑移时，会受到凹模圆角处摩擦阻力的作用，当坯料各边所受的摩擦阻力不等时，有可能使坯料在弯曲过程中沿零件的长度方向产生移动，使零件两直边的高度不符合图样的要求，这种现象称为偏移。产生偏移的原因很多：如图 3.15（a)、图 3.15（b）所示为零件坯料形状不对称造成的偏移；如图 3.15（c）所示为零件结构不对称造成的偏移；如图 3.15（d)、图 3.15（e）所示为弯曲模结构不合理造成的偏移。此外，凸模与凹模的圆角不对称、间隙不对称等，也会导致弯曲时产生偏移现象。

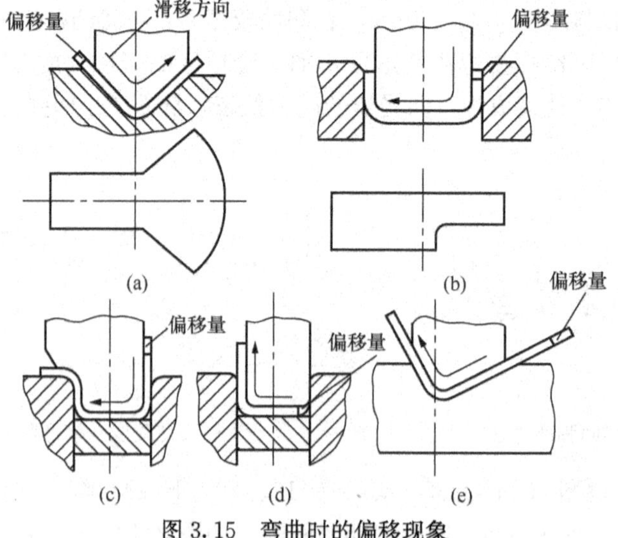

图 3.15　弯曲时的偏移现象

2. 克服偏移的措施

(1) 采用压料装置，使坯料在压紧的状态下逐渐弯曲成形，从而防止坯料的滑动，而且能得到较平整的零件，如图 3.16 (a)、(b) 所示。

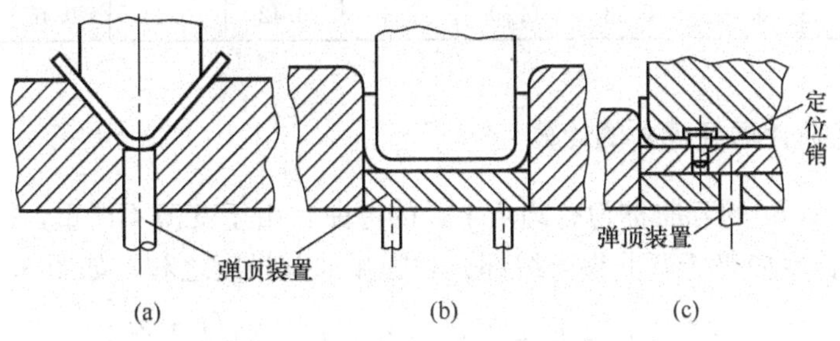

图 3.16　克服偏移的措施（一）

(2) 利用坯料上的孔或先冲出工艺孔，用定位销插入孔内再弯曲，使坯料无法移动，如图 3.16 (c) 所示。

(3) 将不对称形状的弯曲件组合成对称弯曲件弯曲，然后再切开，使坯料弯曲时受力均匀，不容易产生偏移，如图 3.17 所示。

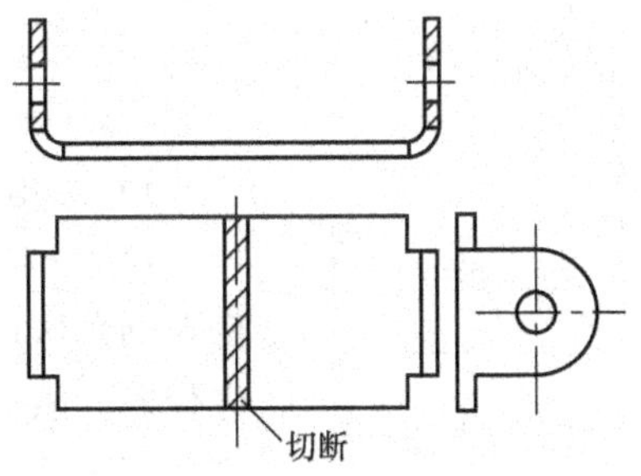

图 3.17　克服偏移的措施（二）

3.4　弯曲工艺计算

3.4.1　弯曲件坯料展开长度计算

弯曲中性层是指弯曲变形前后长度保持不变的金属层。根据中性层的定义，弯曲件的坯料长度应等于中性层的展开长度。坯料在塑性弯曲时，中性层发生了内移，相对弯曲半径越小，中性层内移量越大。中性层位置以曲率半径 ρ 表示（见图 3.18 通常用下列经验公式确定，其中 x 为中性层位移系数，可由表 3.3 查取。ρ 可按经验式 (3-1) 计算，即

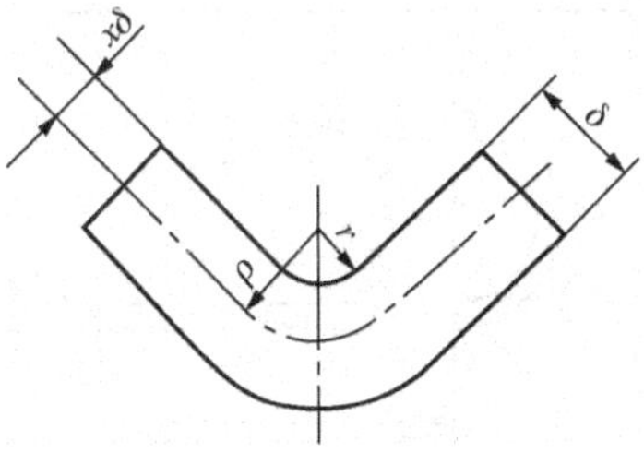

$$\rho = r + xt \tag{3-3}$$

式中，ρ——中性层弯曲半径，mm；

r——内弯曲半径，mm；

t——材料厚度，mm；

x——中性层位移系数，见表 3.3。

图 3.18　性层的位置

表 3.3　中性层位移 x 系数

r/t	0.1	0.2	0.3	0.4	0.5	0.6	0.7	0.8	1	1.2
x	0.21	0.22	0.23	0.24	0.25	0.26	0.28	0.3	0.32	0.33
r/t	1.3	1.5	2	2.5	3	4	5	6	7	8
x	0.34	0.36	0.38	0.39	0.4	0.42	0.44	0.46	0.48	0.5

3.4.2　各类弯曲件展开尺寸的计算

一般将 $r>0.5t$ 的弯曲称为有圆角半径的弯曲。由于变薄不严重，按中性层展开的原理，坯料总长度应等于弯曲件直线部分和圆弧部分长度之和，如图 3.19 所示，即

$$L_Z = l_1 + l_2 + \frac{\pi\rho\varphi}{180} = l_1 + l_2 + \frac{\pi\varphi(r + xt)}{180} \tag{3-4}$$

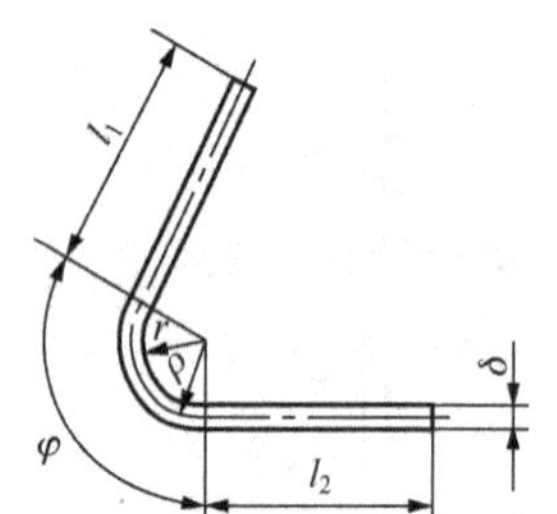

图 3.19　有圆角半径的弯曲

式中，L_Z——坯料展开总长度；

φ——弯曲中心角；

x——中性层位移系数，见表 3.3。

1）圆角半径很小（$r<0.5t$）的弯曲

对于 $r<0.5t$ 的弯曲件，由于弯曲变形时不仅零件的变形圆角区产生严重变薄，而且与其相邻的直边部分也产生变薄，故应按变形前后体积不变条件确定坯料长度。通常采用表 3.4 中所列经验公式计算。

表 3.4　$r<0.5t$ 弯曲件坯料长度计算公式

简图	计算公式	简图	计算公式
	$L_Z=L_1+L_2+0.4$		$L_Z=L_1+L_2+L_3+0.6t$
	$L_Z=L_1+L_2-0.4$		$L_Z=L_1+2L_2+2L_3+t$ 一次同时弯曲四个角 $L_Z=l_1+2l_2+2l_3+1.2t$ 分两次弯四个角

2）铰链式弯曲件

对于 $r=(0.6\sim7.5)t$ 的铰链件，如图 3.20 所示，通常采用推圆的方法成形，在卷圆过程中坯料增厚，中性层外移，其坯料长度 l 可按下式近似计算

$$l_z = l + 1.5(r + x_1 t) + r \tag{3-5}$$

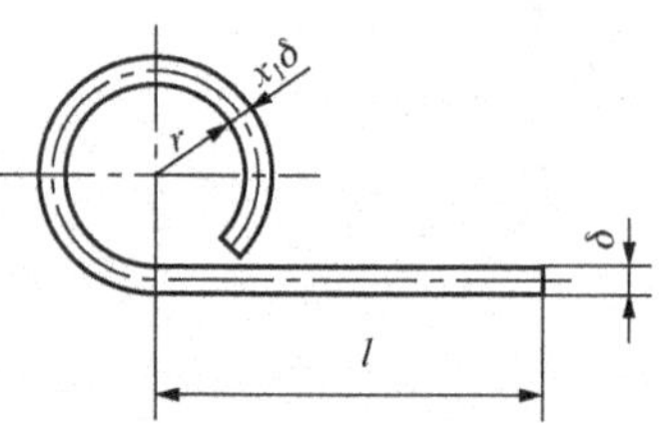

图 3.20　铰链式弯曲件

式中，l——直线段长度，mm；

r——铰链内半径，mm；

x_1——链件弯曲时中性层的位移系数，见表3.5。

表3.5　卷边中性层位移系数

r/t	>0.5～0.6	>0.6～0.8	>0.8～1	>1～1.2	>1.2～1.5	>1.5～1.8	>1.8～2	>2～2.2	>2.2
x_1	0.76	0.73	0.7	0.67	0.64	0.61	0.58	0.54	0.5

3.5　弯曲力的计算

弯曲力是设计弯曲模和选择压力机的重要依据。由于弯曲力受材料性能、工件形状与尺寸、弯曲方式、模具结构等多种因素的影响，因此，在生产中常采用经验公式来估算弯曲力。所给出的弯曲力均为弯曲过程中可能出现的最大弯曲力，以便于选择压力机。

1. 自由弯曲的弯曲力

V形件弯曲力为

$$F_{自} = \frac{0.6KBt^2\sigma_b}{r+t} \tag{3-6}$$

U形件弯曲力为

$$F_{自} = \frac{0.7KBt^2\sigma_b}{r+t} \tag{3-7}$$

式中，$F_{自}$——自由弯曲在冲压行程结束时的弯曲力，N；

B——弯曲件的宽度，mm；

t——弯曲材料的厚度，mm；

r——弯曲件的内弯曲半径，mm；

σ_b——材料的抗拉强度，MPa；

K——安全系数，一般取$K=1.3$。

2. 校正弯曲时的弯曲力

$$F_{校} = Ap \tag{3-8}$$

式中，$F_{校}$——校正弯曲应力，N；

A——校正部分投影面积，mm^2；

p——单位面积校正力，其值见表3.6。

表 3.6　单位校形力 p 值　　(单位：MPa)

材料名称	板料厚度 t		材料名称	板料厚度 t	
	<3/mm	3～10/mm		<3/mm	3～10/mm
铝	30～40	50～60	25～35 钢	100～120	120～150
黄铜	60～80	80～100	钛合金 BTI	160～180	180～210
10～20 钢	80～100	100～120	钛合金 BT2	180～200	200～260

3. 顶件力或压料力

若弯曲模设有顶件装置或压料装置，其顶件力（或压料力）F_D（或 F_Y）可近似取自由弯曲力的 30%～80%，即

$$F_D = (0.3 \sim 0.8)F_{自} \tag{3-9}$$

4. 压力机公称压力的确定

对于有压料装置的自由弯曲有

$$F_{压机} = (1.2 \sim 1.3)(F_{自} + F_Y) \tag{3-10}$$

对于校正弯曲，由于校正弯曲力比压料力或顶件力大得多，故 F_Y 一般可以忽略，即

$$F_{压机} = (1.2 \sim 1.3)F_{校} \tag{3-11}$$

3.6　弯曲件工艺性分析

具有良好工艺性的弯曲件，能简化弯曲工艺过程和提高弯曲件的精度，并有利于模具的设计和制造。弯曲件的工艺性涉及材料、结构工艺性和弯曲件精度等内容，现分述如下。

3.6.1　结构分析

1. 最小弯曲半径和弯曲件的弯边高度

1）弯曲半径

弯曲件的弯曲半径不宜小于最小弯曲半径，也不宜过大。因为过大时，受到回弹力的影响，弯曲的角度与弯曲半径的精度都不易保证。

2）弯边高度

弯曲件的弯边高度不宜过小，其值应为 $h>r+2t$，如图 3.21（a）所示。当 h 较小时，弯边在模具上支持的长度过小，不容易形成足够的弯矩，很难得到形状准确的工件。若 $h<r+2t$ 时，则须先压槽，或增加弯边高度，弯曲后再切掉，如图 3.21（b）

所示。

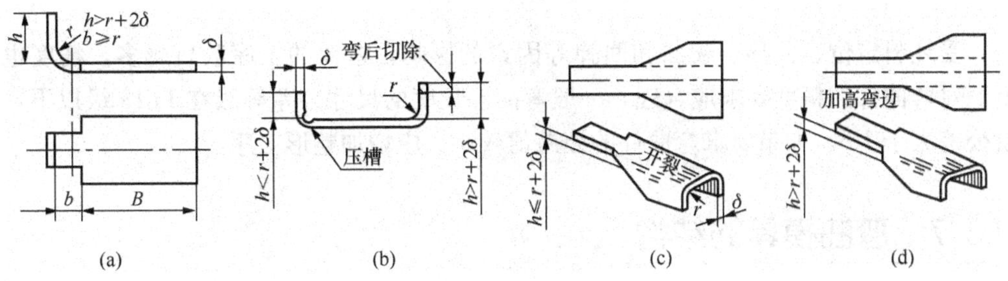

图3.21　弯曲件的弯边高度

如果所弯直边带有斜角，则在斜边高度小于 $r+2t$ 的区段不可能弯曲到要求的角度，而且此处也容易开裂，如图3.21（c）所示。因此，必须改变零件的形状，加高弯边尺寸，如图3.21（d）所示。

3）弯曲件孔边距离

弯曲有孔的工序件时，如果孔位于弯曲变形区内，则弯曲时孔要变形。为此必须使孔处于变形区之外，如图3.22所示。一般孔边至弯曲半径 r 中心的距离按料厚确定，即当 $t\leqslant 2$mm时，$L\geqslant t$；当 $t\geqslant 2$mm时，$L\geqslant 2t$。如果孔边至弯曲半径 r 中心的距离过小，为防止弯曲时孔变形，可采取冲凸缘形缺口或月牙槽的措施，如图3.23（a）、（b）所示，或在弯曲变形区内冲工艺孔，以转移变形区，如图3.23（c）所示。

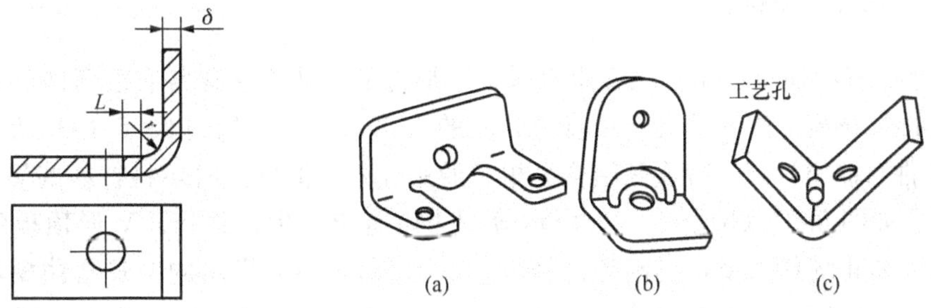

图3.22　弯曲件孔边距离

图3.23　防止弯曲时孔变形的措施

4）弯曲样的几何形状

弯曲件应尽量设计成对称状，弯曲半径左右一致，以防弯曲变形时坯料受力不均而产生偏移。如果不对称，应增设工艺孔定位，如图3.24（b）所示。有些带缺口的弯曲件，如图3.24（a）所示，若将坯料冲出缺口，弯曲变形时会出现叉口，严重时无法成形，这时应在缺口处留连接带，待弯曲成形后再将连接带切除。

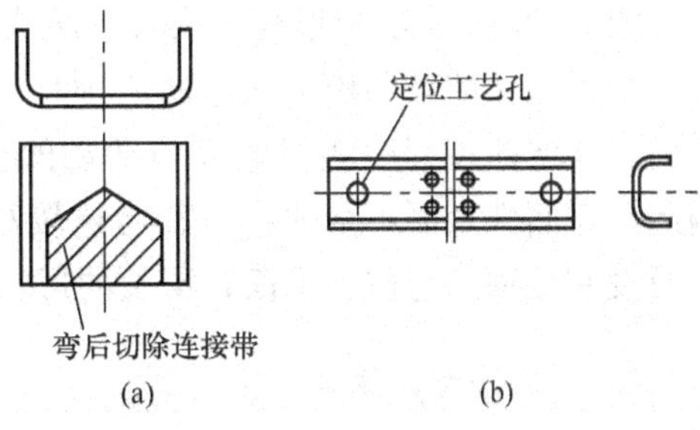

图3.24　增添连接带和定位工艺孔的弯曲件

3.6.2 弯曲件的尺寸偏差与弯曲件的精度

受坯料定位、偏移、翘曲和回弹等因素的影响，弯曲的工序数目越多，精度也越低。对弯曲件的精度要求应合理，一般弯曲件长度的尺寸公差等级在IT13级以下，角度公差大于15′。如果要求弯曲件的公差值较小，应增加整形工序。

3.7 弯曲模具的结构

弯曲模具结构设计应在选定弯曲件工艺方案的基础上进行，为了保证达到零件的要求，在进行弯曲模具的结构设计时，必须注意以下几点。

(1) 坯料放置在模具上应保证可靠的定位。

(2) 在压弯的过程中，应防止坯料的滑动。

(3) 为了减小回弹，在冲程结束时应使零件在模具中得到校正。

(4) 弯曲模的结构应考虑到制造与维修中减小回弹力的可能。

(5) 坯料放入到模具上和压弯后，从模具中取出零件要方便。

常见的弯曲模具结构类型有：单工序弯曲模具、连续弯曲模具、复合模具和通用弯曲模具。下面对一些比较典型的模具结构简单介绍如下。

1. V形件弯曲模具

V形件形状简单，能一次弯曲成形。V形件的弯曲方法通常有沿弯曲件的角平分线方向的V形弯曲法和垂直于一直边方向的L形弯曲法。如图3.25 (a) 所示为简单的V形件弯曲模具，其特点是结构简单、通用性好，但弯曲时坯料容易偏移，影响零件精度。如图3.25 (b) ～ (d) 所示分别为带有定位尖、顶杆、V形顶板的模具结构，可以防止坯料滑动，提高零件精度。如图3.25 (e) 所示的L形弯曲模具，由于有顶板及定位销，可以有效防止弯曲时坯料的偏移，得到边长偏差小的零件。反侧压块的作用是克服上、下模之间水平方向的错移力，同时也为顶板起导向作用，防止起窜动。

图3.26所示为V形精弯模具，两块活动凹模4通过转轴5铰接，定位板3（或定位销）固定在活动凹模上。弯曲前顶杆7将转轴顶到最高位置，使两块活动凹模成一平面。在弯曲过程中坯料始终与活动凹模和定位板接触，不会产生相对滑动和偏移，因此，弯曲件表面不会损伤，其质量较高。这种结构特别适用于有精确孔位的小零件以及没有足够的定位支承面、窄长的形状复杂的零件。

2. U形件弯曲模具

图3.27所示为常用的U形件弯曲模具，其主要特点是在凹模5内设置一反顶板3。

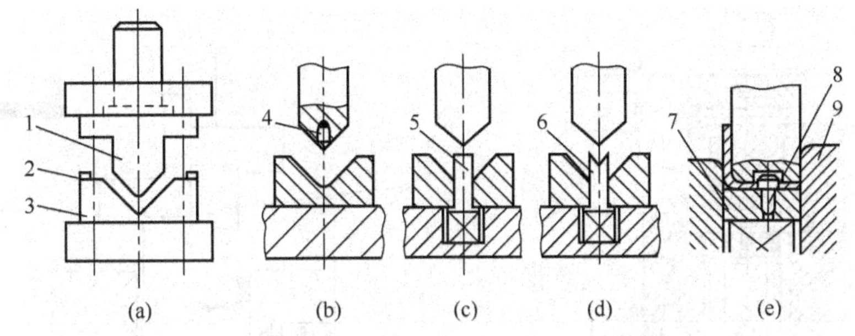

图 3.25 V形弯曲模具的一般结构形式

1. 凸模；2. 定位板；3. 凹模；4. 定位尖；5. 顶杆；6. V形顶板；7. 顶板；8. 顶料销；9. 反侧压板

反顶力来自装在下模座6底部的通用弹顶装置，弯曲时始终能对工件底部施加较大的反顶压力，因此上件底部能保持平整。反顶板上装有定位销钉2，可利用工件上的工艺孔对毛坯进行定位，即使U形件两边高度不同，也能保证弯边的高度尺寸。凸模1对应的定位销钉处需钻定位孔。毛坯由定位板4定位，因有定位销对毛坯定位，定位板在毛坯长度方向可不作精确定位。如果要进行校正弯曲，反顶板可作为凹模底来用。在回程时，反顶板又能将工件从凹模内顶出。

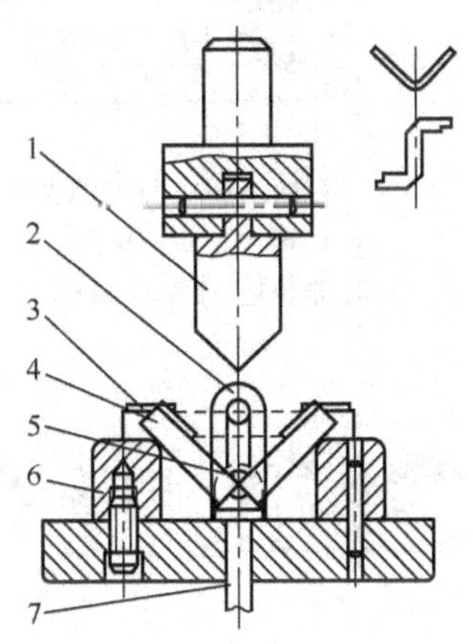

图 3.26 V形件精弯模具

1. 凸模；2. 支架；3. 定位板；4. 活动凹模；5. 转轴；6. 支撑板；7. 顶杆

图3.28所示是弯曲角小于90°的U形件弯曲模。压弯时凸模首先将坯料做成U形，当凸模继续下压时，两侧的转动凹模使坯料最后压弯成弯曲角小于90°的U形件。凸模上升，弹簧使转动凹模复位，U形件则由垂直于图面方向从凸模上卸下。

3. 四角形件弯曲模具

⌐⌙⌐形弯曲件既可以一次弯曲成形，也可以二次弯曲成形。

图3.29所示为一次成形弯曲模具，由图可以看出，在弯曲过程中由于凸模肩部妨碍了坯料的转动，外角弯曲线位置不固定，由B点到C点，坯料通过凹模圆角的摩擦力增大，使弯曲件侧壁容易擦伤和变薄，同时弯曲件两肩部与底面不易平行，如图3.29（c）所示。特别是材料厚、弯曲件直壁高、圆角半径小时，这一现象更为严重。

为了保证弯曲过程中仅在零件确定的弯曲位置上进行弯曲，提高弯曲件质量，可用两次成形弯曲模。如图3.30所示为两次成形弯曲模，先弯外角后弯内角，为了保证弯内角，如图3.30（b）所示，使凹模有足够的强度，弯曲件高度H应大于$12\sim15t$。

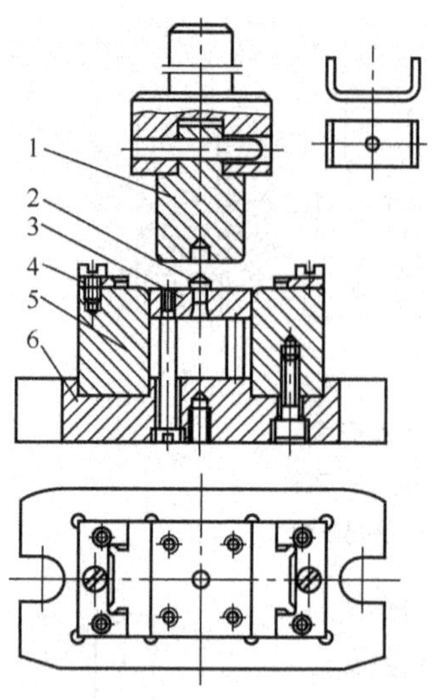

图 3.27　U 形弯曲模具

1. 凸模；2. 定位销钉；3. 反顶板；
4. 定位板；5、9. 凹模；6. 下模座

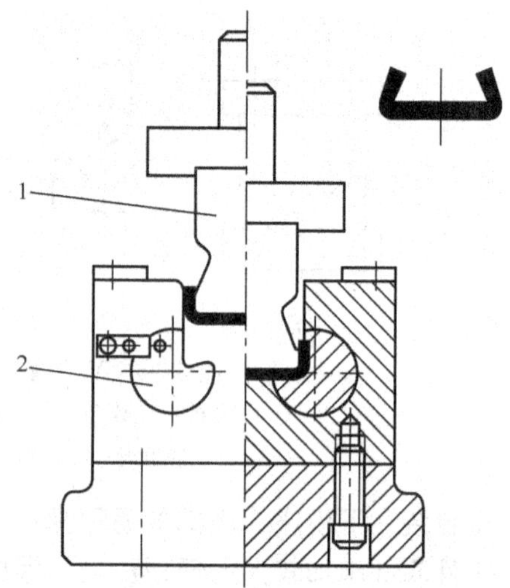

图 3.28　弯曲角小于 90°的 U 形弯曲模具

1. 凸模；2. 转动凹模；3. 弹簧

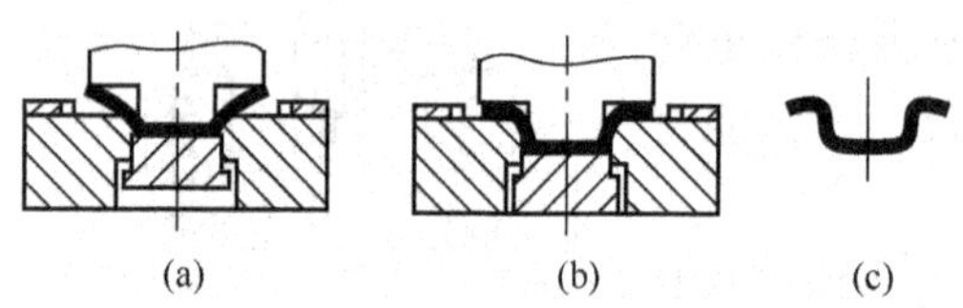

图 3.29　ᒣ⊔ᒥ形一次成型弯曲模具

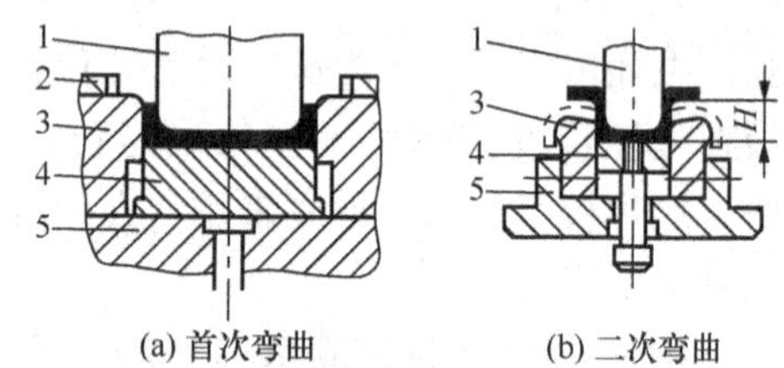

图 3.30　ᒣ⊔ᒥ形件两次成形弯曲模具

1. 凸模；2. 定位板；3. 凹模；
4. 顶板；5. 下模座

4. Z 形件弯曲模具

Z 形件一次弯曲即可成形，如图 3.31（a）所示，其结构简单，无压料装置，压弯时坯料易滑动，只适用于精度要求不高的零件。

图 3.31（b）、（c）所示为有顶板 1 和定位销 2 的 Z 形件弯曲模具，能有效防止坯料的偏移。反侧压块 3 的作用是克服上、下模之间水平方向的错移力，同时也为顶板导向。

图 3.31（c）所示的 Z 形件弯曲模具，在冲压前活动凸模 10 在橡皮 8 的作用下与凸模 4 端面齐平。冲压时活动凸模与顶板 1 将坯料夹紧，并由于橡皮弹力较大，推动顶板下移使坯料左端弯曲。当顶板 1 接触下模座 11 后，橡皮 8 压缩，则凸模 4 相对活动凸模 10 下移将坯料右端弯曲成形。当压块 7 与上模座 6 相碰时，整个零件得到校正。

5. 圆形件弯曲模

圆形件的尺寸大小不同，其弯曲方法也不同，一般按直径分为小圆和大圆两种。

（1）直径 $d<5$mm 的小圆形件：弯小圆的方法是先弯成 U 形，再将 U 形弯成圆形。用两副简单模弯圆的方法如图 3.32 所示。由于零件小，分两次弯曲操作不便，故可将两道工序合并。

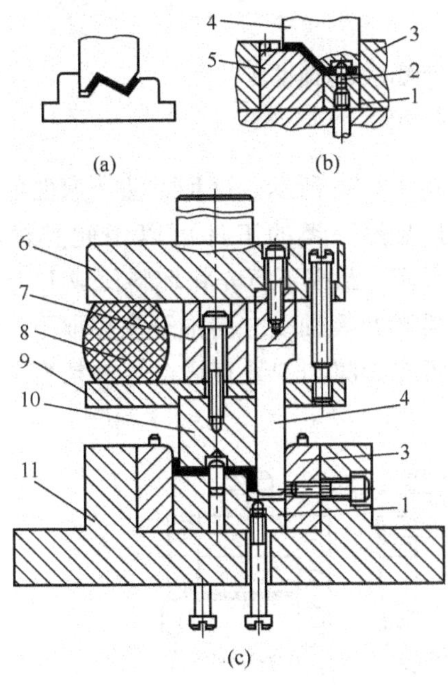

图 3.31　Z 形件弯曲模具

1. 顶板；2. 定位销；3. 反侧压块；4. 凸模；5. 凹模；6. 上模座；7. 压块；8. 橡皮；9. 凸模托板；10. 活动凸模；11. 下模座

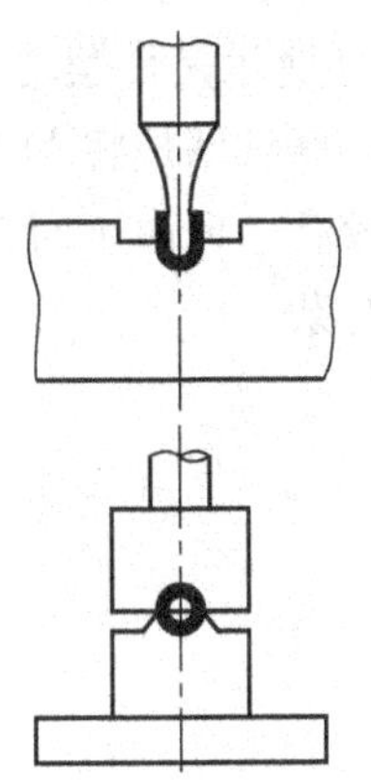

图 3.32　小圆两次弯曲

（2）直径 $d<20$mm 大圆形件：如图 3.33 所示是用三道工序弯曲大圆的方法，这种方法生产率低，适合于材料厚度较大的零件。

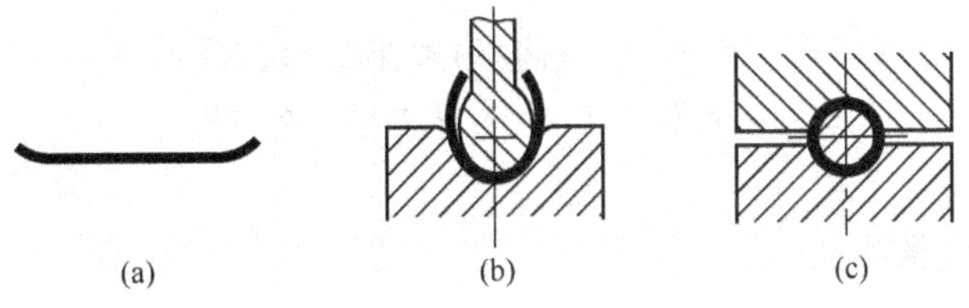

图 3.33　大圆三次弯曲模具

（3）圆圈直径 $D>20$mm 的弯曲件：属于大圆圈弯曲件。一般是先弯曲成波浪形，然后再弯成圆形，如图 3.34 所示是用两道工序弯曲大圆的方法，先预弯成三个 120°的波浪形，然后再用第二副模具弯成圆形，零件顺凸模轴线方向取下。

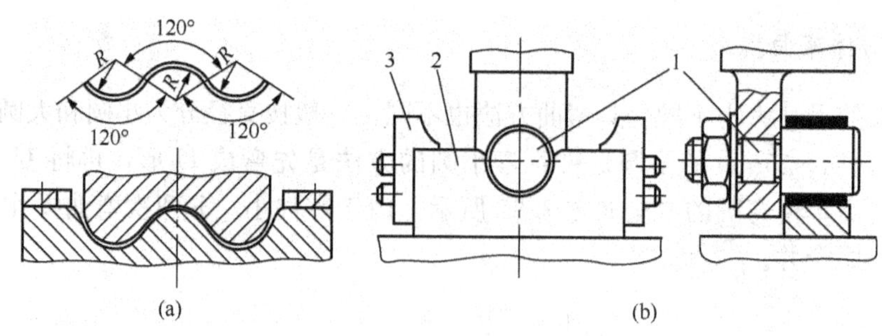

图 3.34　大圆两次弯曲模具

1. 凸模；2. 凹模；3. 定位板

(4) 采用转动凹模一次弯曲成形：如图 3.35 所示。这种方法所弯曲的工件回弹较大，只适合于直径较大的弯曲件。对于卡箍一类的工件可以用此类模具弯曲。如图 3.46所示是带摆动凹模的一次弯曲成形模，凸模下行先将坯料压成 U 形，凸模继续下行，摆动凹模将 U 形弯成圆形。零件可顺凸模轴线方向推开支撑取下。这种模具生产率较高，但由于回弹在零件接缝之处留有缝隙和少量直边，零件精度差，模具结构也较复杂。

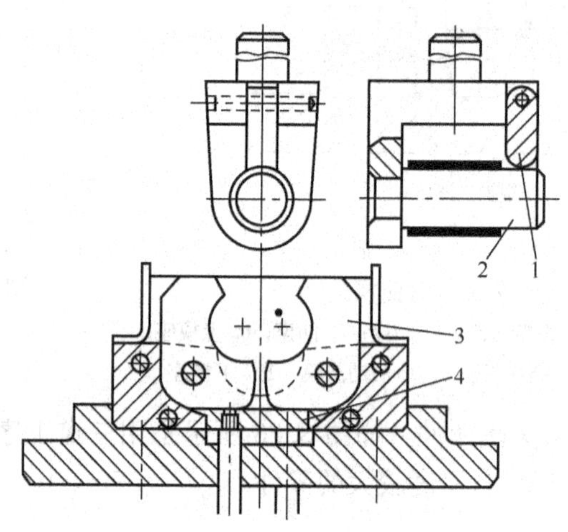

图 3.35　大圆一次弯曲成形模具

1. 支撑；2. 凸模；3. 活动凹模；4. 顶板

6. 铰链件弯曲模具

图 3.36 所示为常见的铰链件形式和弯曲工序的安排。预弯模如图 3.36 (a) 所示。卷圆的原理通常采用推圆法。如图 3.36 (b) 所示是立式卷圆模，结构简单。如图 3.36 (c)所示是卧式卷圆模，有压料装置，不仅操作方便，零件质量也好。

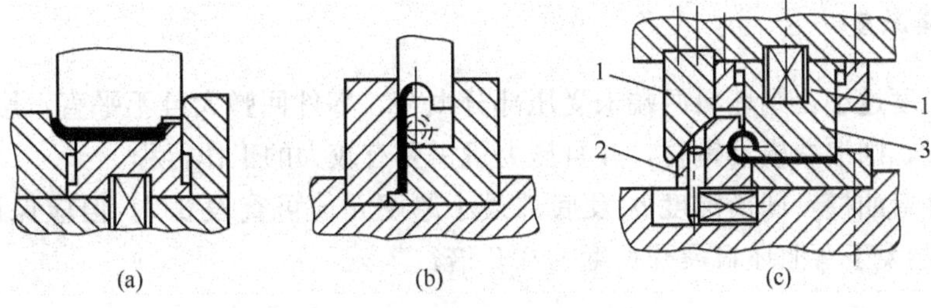

图 3.36　铰链件弯曲模

1. 斜楔；2. 弹簧；3. 凸模；4. 凹模

3.8　弯曲模具工作零件设计与计算

1. 凸模圆角半径

当零件的相对弯曲半径 r/t 较小时，凸模圆角半径 r_p 取等于零件的弯曲半径，但不应小于最小弯曲半径。当 $r/t>10$，精度要求较高时则应考虑回弹，应对凸模圆角半径 r_p 加以修改。

2. 凹模圆角半径

图 3.37 所示为弯曲凸、凹模的结构尺寸。凹模圆角半径 r_d 不应该过小，以免擦伤零件表面，影响冲模具的寿命，凹模两边的圆角半径应一致，否则在弯曲时坯料会发生偏移。r_d 通常根据材料厚度取为

$$t \leqslant 2\text{mm},\quad r_d = (3 \sim 6)t \tag{3-12}$$

$$t = 2 \sim 4\text{mm},\quad r_d = (2 \sim 3)t \tag{3-13}$$

$$t > 4\text{mm},\quad r_d = 2t \tag{3-14}$$

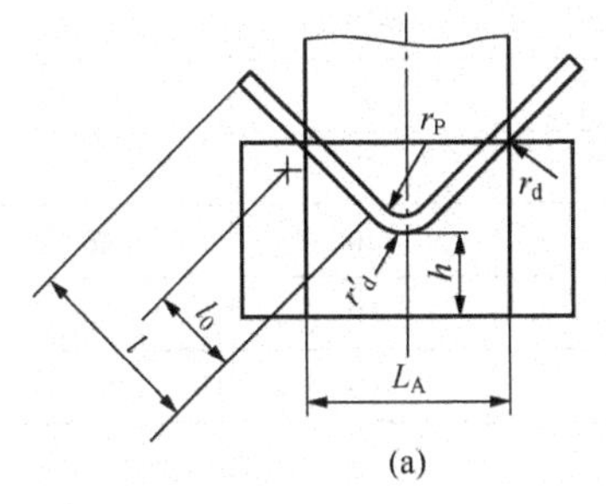

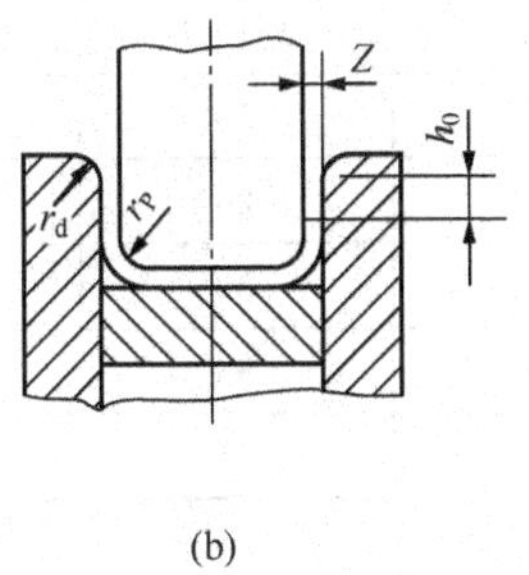

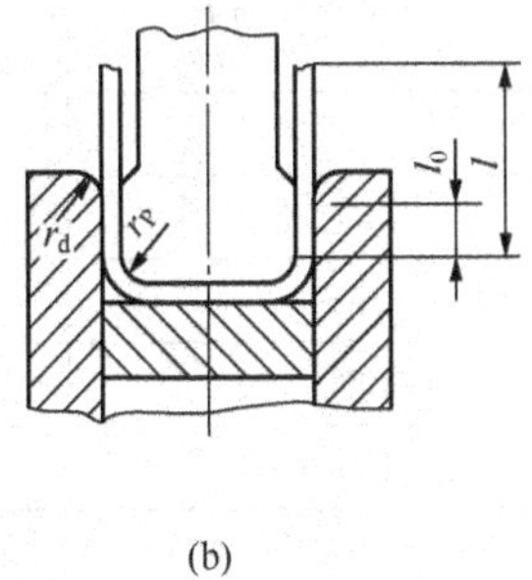

图 3.37　弯曲模具的结构尺寸

3. 凹模深度

凹模深度过小，则坯料两端未受压部分太多，零件回弹大且不平直，影响其质量；若深度过大，则浪费模具钢材，并且压力机需要有较大的工作行程。

V 形件弯曲模：凹模深度 l_0 及底部最小厚度 h 值可查表 3.7，但应保证开口宽度 L_A 之值不能大于弯曲坯料展开长度的 0.8 倍。

表 3.7　弯曲 V 形模的凹模深度和底边最小厚度　　（单位：mm）

弯曲件边长 l/mm	材料厚度 t					
	≤2/mm		2～4/mm		>4/mm	
	h	l_0	h	l_0	h	l_0
10～25	20	10～15	22	15	—	—
10～25	22	15～20	27	25	32	30
10～25	27	20～25	32	30	37	35
10～25	32	25～30	37	35	42	40
10～25	37	30～35	42	40	47	50

U 形件弯曲模：对于弯边高度不大或要求两边平直的 U 形件，则凹模深度应大于零件的高度，如图 3.37 所示，图中 h_0 值见表 3.8；对于弯边高度较大，而平直度要求不高的 U 形件，可采用如图 3.37 所示的凹模形式，凹模深度 l_0 值见表 3.9。

表 3.8　弯曲 U 形件凹模底部的最小厚度　　（单位：mm）

材料厚度 t	≤1	1～2	2～3	3～4	4～5	5～6	6～7	7～8	8～9
h_0	3	4	5	6	8	10	15	20	25

表 3.9　弯曲 U 形件凹模底部的凹模深度　　（单位：mm）

弯曲件边长 l	材　料　厚　度				
	<1	>1～2	>2～4	>4～6	>6～8
<50	15	20	25	30	35
50～75	20	25	30	35	40
75～100	25	30	35	40	40
100～150	30	35	40	50	50
150～200	40	45	55	65	65

4. 凸、凹模间隙

V 形件弯曲模的凸、凹模间隙是靠调整压力机的装模高度来控制的，设计时可以不考虑。对于 U 形件弯曲模，则应当选择合适的间隙。间隙过小，会使精度降低。U

形件弯曲模的凸、凹模单边间隙一般的计算公式为

$$Z = t_{max} + xt = t + \Delta + xt \tag{3-15}$$

式中，Z——弯曲模凸、凹模单边间隙，mm；

t——工件材料厚度（基本尺寸），mm；

Δ——工件材料厚度的正偏差，mm；

x——间隙系数，可查表 3.10 选取。

表 3.10　U 形弯曲模凸、凹模的间隙系数

弯曲件边长 L/mm	$b/L \leqslant 2$				$b/L > 2$				
	材料厚度 t/mm								
	<0.5	0.6～2	2.1～4	4.1～5	<0.5	0.6～2	2.1～4	4.1～7.5	7.6～12
10	0.05	0.05	0.04	—	0.10	0.10	0.08	—	—
20	0.05	0.05	0.04	0.03	0.10	0.10	0.08	0.06	0.06
35	0.07	0.05	0.04	0.03	0.15	0.10	0.08	0.06	0.06
50	0.10	0.07	0.05	0.04	0.20	0.15	0.10	0.06	0.06
70	0.10	0.07	0.05	0.20	0.15	0.10	0.10	0.10	0.08
100	—	0.07	0.05	0.05	—	0.15	0.10	0.10	0.08
150	—	0.10	0.07	0.05	—	0.20	0.15	0.10	0.10
200	—	0.10	0.07	0.07	—	0.20	0.15	0.15	0.10

注：b 为弯曲件宽度，当工件要求较高时，其间隙值取 $z=t$。

当零件精度要求较高时，其间隙值应适当减小，取 $Z=(0.95-1)t$。

5. U 形件弯曲凸、凹模横向尺寸及公差

确定 U 形件弯曲凸、凹模横向尺寸及公差的原则是：零件标注外形尺寸时，如图 3.38（a)所示，应以凹模为基准件，间隙取在凸模上。零件标注内形尺寸时，如图 3.38（b)所示，应以凸模为基准件，间隙取在凹模上。而凸、凹模的尺寸和公差则应根据零件的尺寸、公差、回弹情况以及模具磨损规律而确定。

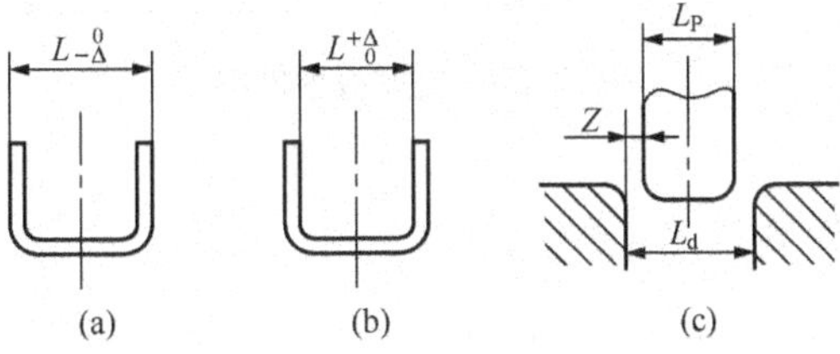

图 3.38　标注内形和外形的弯曲件及模具尺寸

当零件标注外形尺寸时，则有

$$L_d = (L_{max} - 0.75\Delta)_0^{+\delta_d} \tag{3-16}$$

$$L_p = (L_d - 2Z)_{-\delta_p}^{0} \tag{3-17}$$

当零件标注内形尺寸时，则有

$$L_p = (L_{min} + 0.75\Delta)_{-\delta_p}^{0} \tag{3-18}$$

$$L_d = (L_p + 2Z)_{0}^{+\delta_d} \tag{3-19}$$

式中，L_p、L_d——凸、凹模横向尺寸，mm；

L_{max}——弯曲件横向的最大上偏差尺寸，mm；

L_{min}——弯曲件横向的最小下偏差尺寸，mm；

Δ——弯曲件横向尺寸公差；

δ_p、δ_d——凸、凹模制造公差，可采用 IT7～IT9 级精度，一般可取凸模的精度比凹模的精度高一级。

3.9 实训项目

零件名称：支撑板。

生产批量：中批量。

材料：10 号钢。

料厚：2mm。

生产零件图：如图 3.39 所示。

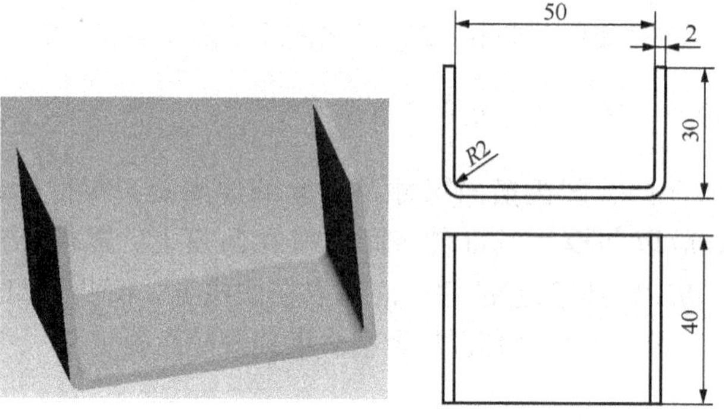

图 3.39 支撑板零件图

3.9.1 弯曲件工艺性分析

1. 材料分析

10 号钢为碳素结构钢，具有良好的弯曲成形性能。

2. 结构分析

零件结构简单，左右对称，对弯曲成形较为有利。弯曲圆角半径 R 为 2mm，大于最小弯曲半径 $R_{min}=0.6t=0.6\times2\text{mm}=1.2\text{mm}$，故此件形状、尺寸、精度均满足弯曲工艺的要求，可用弯曲工序加工。

3. 精度分析

支承板工件是典型的 U 形件，零件图中的尺寸公差为未注公差，在处理这类零件公差时均按 IT14 级要求。

结论：由以上分析可知，该零件冲压工艺性良好，可以冲裁和弯曲。

3.9.2 设计任务工艺方案的制定

1. 弯曲模具类型的确定

根据工件的形状、尺寸要求来选择弯曲模具的类型。次工件属于典型的 U 形弯曲件，故采用 U 形件弯曲模具结构。

2. 弯曲模具结构形式的确定

U 形件弯曲模具在结构上分为顺出件与逆出件两大类型。本设计任务的工件采用逆弯曲模具结构。

3. 弯曲模具结构简图的画法

根据所确定的弯曲模具结构形式，把弯曲工件结构部分画出，这时画出的结构简图是工件示意图，如图 3.40 所示。

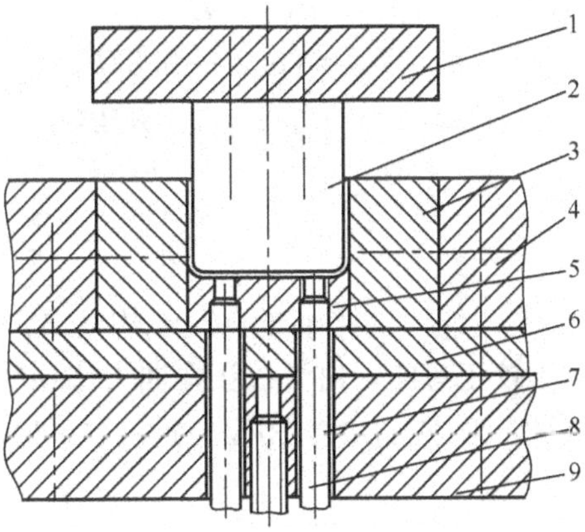

图 3.40 模具结构简图

1. 模座；2. 凸模；3. 凹模；4. 凹模固定板；5. 顶板；6. 凹模固定板；7. 顶板；8. 螺杆；9. 下模座

3.9.3 弯曲计算

1. 弯曲件展开长度计算

因为支承板的圆角半径 $r=2>0.5t=0.5\times2\text{mm}=1\text{mm}$，属于圆角半径（较大）的弯曲件。所以弯曲件的展开长度按直边区与圆角区分段进行计算。视直边区在弯曲前后长度不变，圆角区展开长度按弯曲前后中性层长度不变条件进行计算。

（1）变形区中性层曲率半径 ρ 为

$$\rho = r + kt = (2 + 0.38 \times 2)\text{mm} = 2.76\text{mm}$$

（2）毛坯尺寸（中性层长度）为

$$L_Z = \sum l + \sum A$$

其中

$$L_Z=（中性层圆角部分长度）= (26 \times 2 + 42 + 4.3332 \times 2)\text{mm}$$
$$\approx 102.67\text{mm}$$

式中，ρ——中性曲率半径，mm；

k——中性层位系数，查表得 $k=0.38$；

r——弯曲内弯曲半径，mm；

t——弯曲件材料厚度，mm；

L_Z——弯曲件的展开长度，mm；

α——弯曲中心角，(°)；

β——弯角，(°)。

2. 弯曲力计算

弯曲力是设计弯曲模具和选择压力机的重要依据。该零件是校正弯曲，校正弯曲时的弯曲力 $F_{校}$ 和顶件力 F_D 为

$$F_D = (0.3 \sim 0.8)F_{自}$$
$$= 0.5 \times \frac{0.7KBt^2\delta_b}{r+t}$$
$$= 0.5 \times \frac{0.7 \times 1.3 \times 40 \times 2^2 \times 300}{2+2}\text{N} = 5.5\text{kN}$$
$$F_{校} = Ap = 40 \times 50 \times 50\text{N} = 10000\text{N} = 100\text{kN}$$

对于校正弯曲，由于校正弯曲力比顶件力大得多，故一般 F_D 可以忽略。生产中为安全起见，取 $F_{压力机} \geqslant 1.8F_{校} = 1.8 \times 100\text{kN} = 180\text{kN}$，根据压弯力大小，初选设备型号为 JH23-25。

3.9.4 设计任务的工作零件设计与计算

1. 凸模圆角半径

本项目工件的弯曲圆角半径较小但不小于工件材料所允许的最小弯曲半径（$r_{min}=0.6t=0.6\times 2\text{mm}=1.2\text{mm}$），故凸模圆角半径 r_t 可取弯曲件的内弯曲半径 $r=2\text{mm}$。

2. 凹模圆角半径

凹模圆角半径不能过小，以免增加弯曲力，擦伤工件表面。此工件两边弯曲高度相同，属于对称弯曲，凹模两边圆角半径 r_a 取值应大小一致。

本项目工件厚度 $t=2\text{mm}$，故凹模圆角半径 $r_a=2t=2\times 2\text{mm}=4\text{mm}$

3. 凹模工作部分深度的设计计算

凹模工作部分的深度将决定板料的进模深度，同时也影响到曲模直边的平行度，对工件的尺寸精度造成一定的影响。一般情况下，U 形弯曲模具的凹模工件部分深度可查相关设计资料即能满足弯曲件的要求。此弯曲件直边高度为 30mm，板厚为 2mm，查《冲压工艺与模具设计手册》得凹模工件部分深度 $h_a=20$mm。

4. 凸凹模间隙

弯曲模具的凸凹模间隙是指单边间隙 $Z/2$。

1）一般情况下为

$$Z/2 = T + \Delta l + xt$$

2）工件精度要求较高时

$$Z/2 = t$$

由于设计模具结构时把凹模设计为可调试，故也可将模具的凸凹模间隙值初选为材料厚度。

5. 凸凹模横向尺寸及公差

依据产品零件图得知工件标注内形尺寸，故设计凸凹模时应以凸模为设计基准，间隙取在凹模上。零件标注内形尺寸时，应以凹模为基准，间隙取在凸模上。而凸、凹模的横向尺寸及公差则应根据零件的尺寸、公差、回弹情况以及模具磨损规律而定。因此，凸、凹模的横向尺寸分别为

$$L_p = (L_A + 0.75\Delta)^{0}_{-\delta_T} = (50 + 0.75 \times 0.35)^{0}_{-0.098}\text{mm} = 50.29^{0}_{-0.098}\text{mm}$$

$$L_d = (L_T + 2Z)^{+\delta_A}_{0} = (50.29 + 2 \times 2)^{+0.098}_{0}\text{mm} = 54.29^{+0.098}_{0}\text{mm}$$

式中，L_T、L_A——凸、凹模横向尺寸，mm；

Z——双边间隙，mm；

Δ——弯曲间的尺寸公差，mm，其公差按 IT13 级，故 $\Delta=0.39$；

δ_T，δ_A——凸、凹模的制造公差，一般按 IT7～IT9 或按 $\Delta/4$ 取值。

3.9.5　弯曲模具零部件设计

1. 模座的设计

模具采用无导向模架，且为非标准件，只有下模座。初定其底板厚度为 45mm，如图 3.41、图 3.42 所示。

2. 弹顶装置中弹性元件的计算

由于该零件在成型过程中需压料和顶件，所以模具采用弹性顶件装置，弹性元件

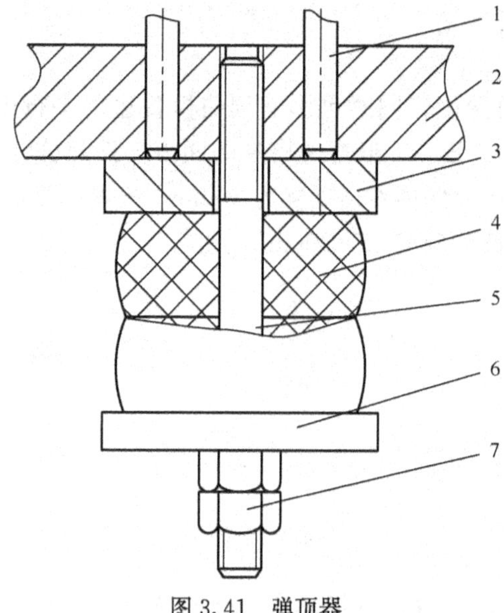

图 3.41 弹顶器

1. 顶杆；2. 下模座；3. 托板；4. 橡胶；5. 螺杆；6. 下垫板；7. 螺母形

选用橡胶，其尺寸计算如下。

1）确定橡胶垫的自由高度 H_0

$$H_0 = (3.5 \sim 4)H_{工}$$

认为自由状态时，顶件板与凹模平齐，所以有

$$H_{工} = 30\text{mm}$$

由以上两个公式取 $H_0=120\text{mm}$。

2）确定橡胶垫的横截面积 A

$$A = F_D/p$$

查得圆筒形橡胶垫在预压量为 10%～15%时的单位压力为 0.5MPa，所以有

$$A = \frac{5500}{0.5}\text{mm}^2 = 11000\text{mm}^2$$

3）确定橡胶垫的平面尺寸

根据零件的形状特点，橡胶垫应为圆筒，中间开有圆孔以避让螺杆。结合零件的具体尺寸，橡胶垫中间的避让孔尺寸为 ϕ17mm，则其直径 D 为

$$D = \sqrt{A \times \frac{4}{\pi}} = \sqrt{11000 \times \frac{4}{\pi}}\text{mm} = 118\text{mm}$$

4）校核橡胶垫的自由高度 H_0

$$\frac{H_0}{D} = \frac{120}{118} = 1.02$$

橡胶垫的高径比为 0.5～1.5，所以选用的橡胶垫规格合理。橡胶的装模高度约为 0.85×120mm=102mm。

3. 弯曲模具闭合高度的设计计算

弯曲模具闭合高度是指冲床运行到下死点时模具工作状态的高度。故模具闭合高度为

$$H = H_s + H_g + H_d + H_x + Y = (35 + 25 + 40 + 15 + 40 + 25)\text{mm} = 180\text{mm}$$

式中，H——模具闭合高度，mm；

H_s——上模座厚度，mm；

H_g——凸模固定板厚度，mm；

H_a——凹模厚度，mm；

H_d——垫板厚度，mm；

H_x——下模座厚度，mm；

Y——安全距离，mm，一般取 20～25mm。

3.9.6 绘制弯曲模具的装配图

支撑板弯曲模具装配图见图3.42。

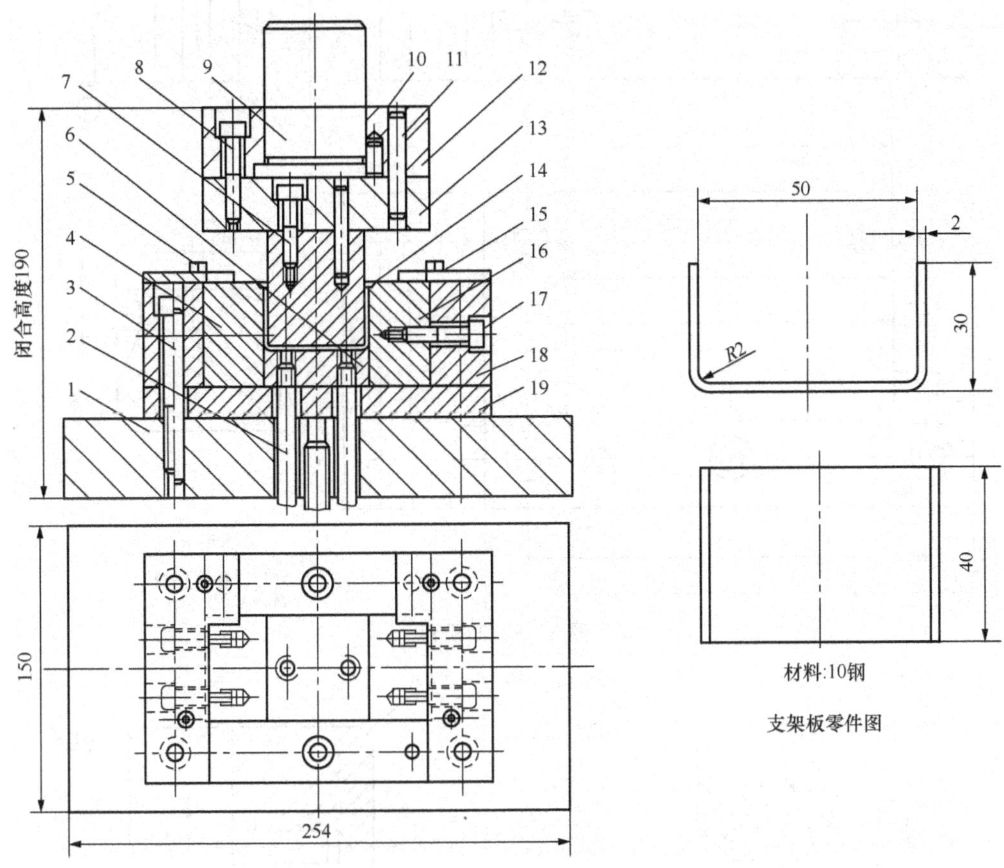

图3.42 支撑板弯曲模具装配图

1. 下模座；2. 顶杆；3、7、8、17. 螺钉；4. 凹模；5. 螺钉；6. 顶件杆；
9. 模柄；10、11. 销钉；12. 上模座；13. 凸模固定板；14. 凸模；
15. 定位板；16. 凹模；18. 凹模固定板；19. 凹模垫板

3.9.7 弯曲模具零件图

弯曲模具零件图见图3.43～图3.48。

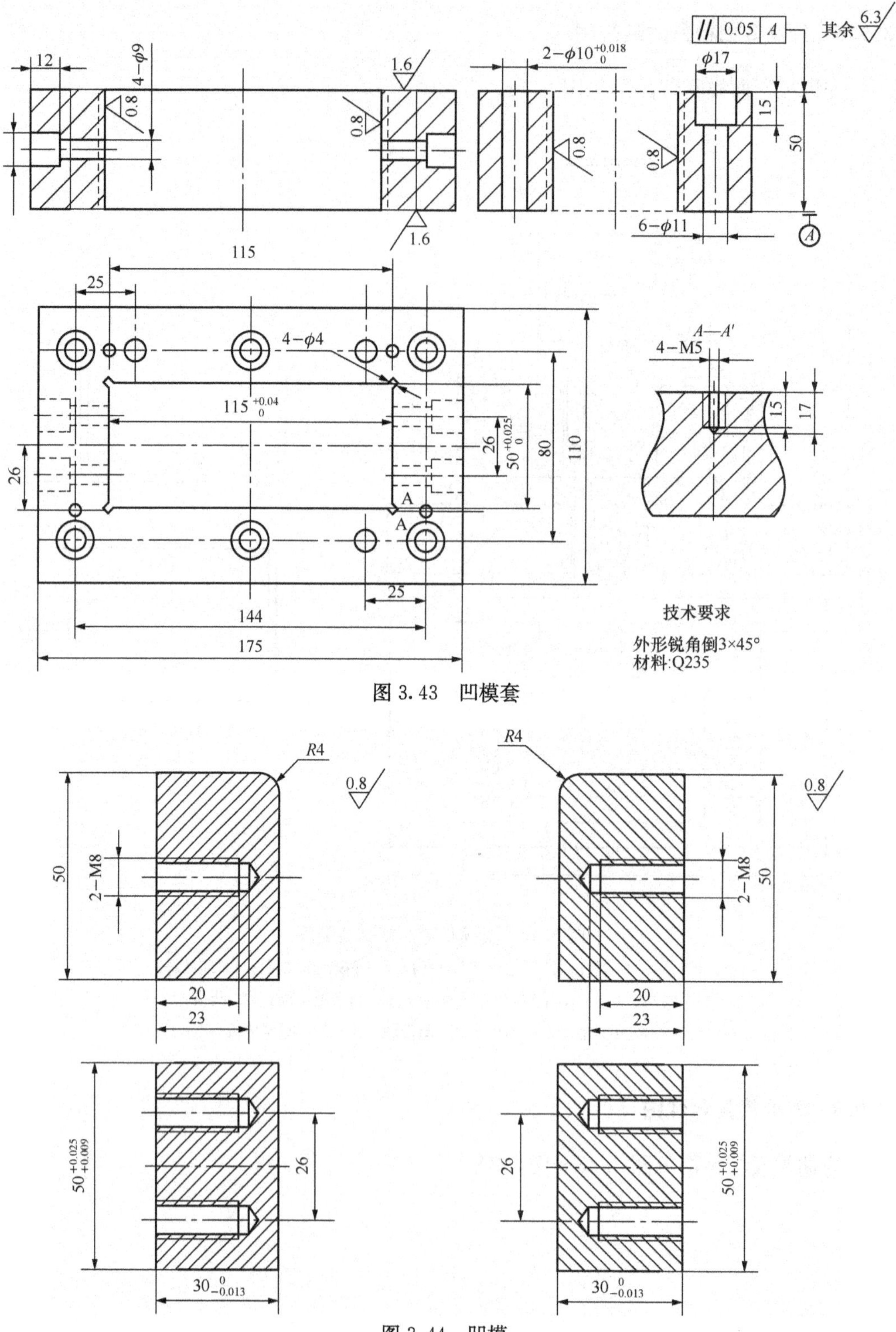

图 3.43 凹模套

图 3.44 凹模

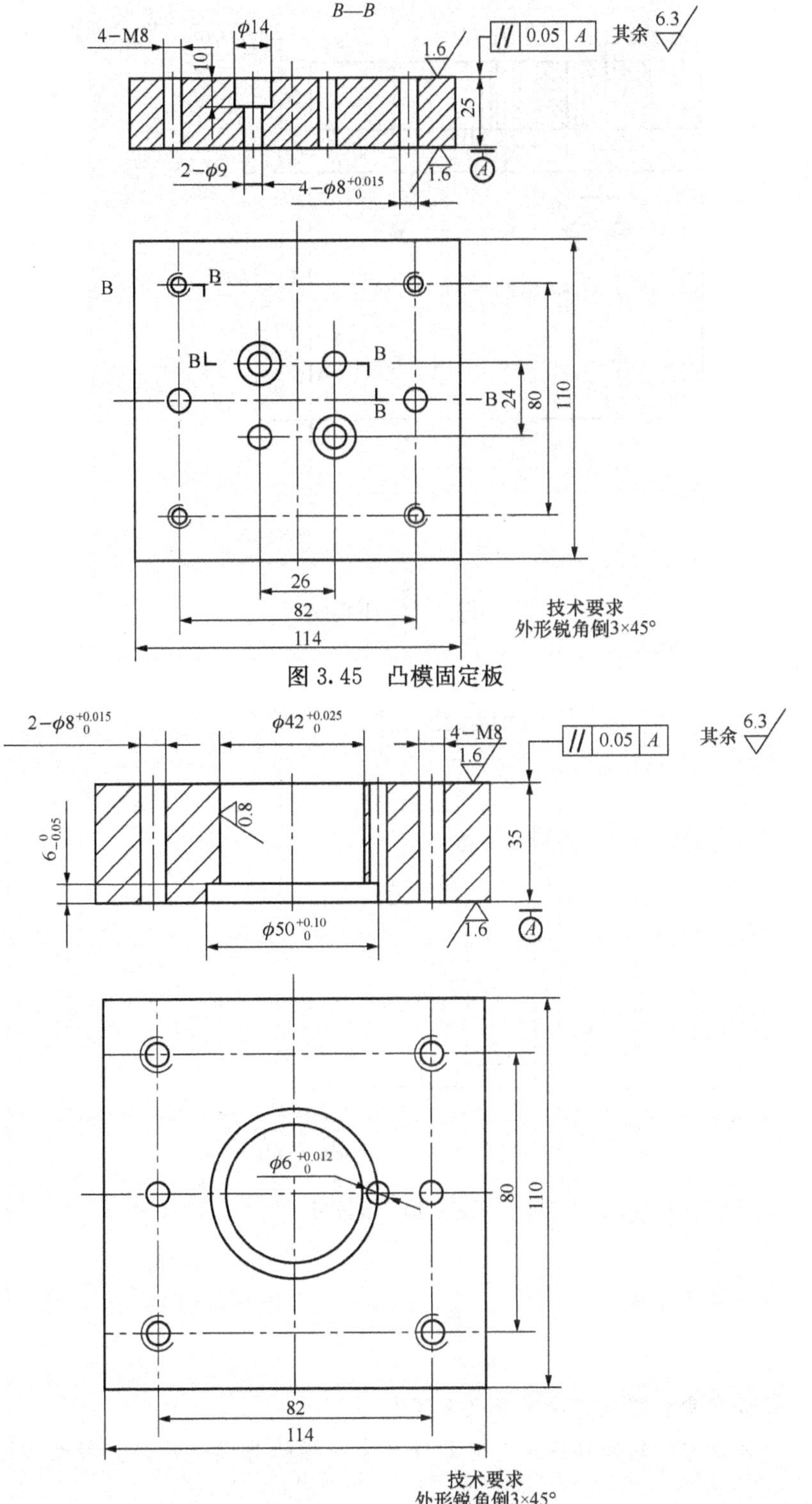

图 3.45　凸模固定板

图 3.46　上模座

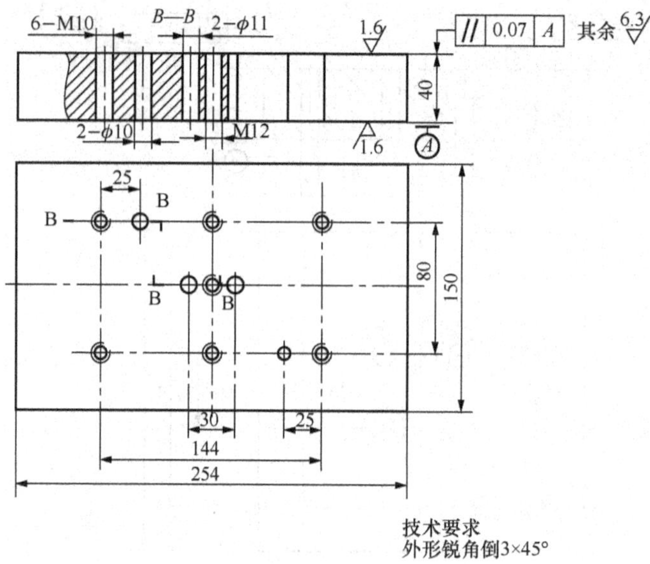

图 3.47　下模座

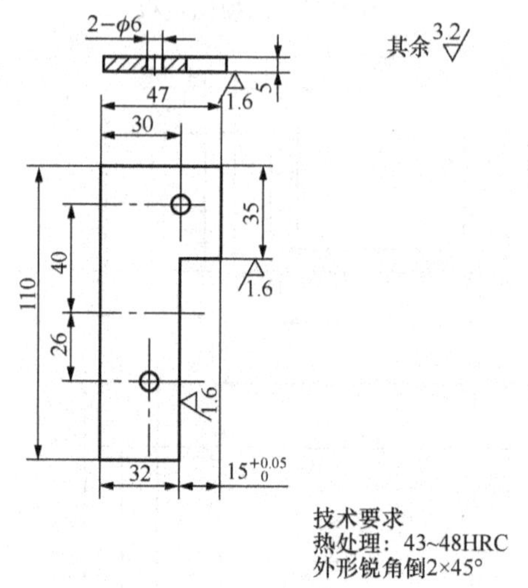

图 3.48　定位板

练　　习

3.1　窄板弯曲和宽板弯曲有什么不同？

3.2　什么是弯曲的回弹现象？弯曲件产生回弹的原因是什么？影响回弹的因素有哪些？

3.3　弯曲时为何要考虑最小相对弯曲半径？其影响因素有哪些？

3.4　怎样确定弯曲凸、凹模的间隙?

3.5　弯曲过程中坯料可能产生偏移的原因有哪些? 如何减小和克服偏移?

3.6　计算弯曲件的展开长度。

3.7　完成如图3.49所示的弯曲件制坯模具工艺计算（包括刃口尺寸、排样、压力中心和工作力的计算)。

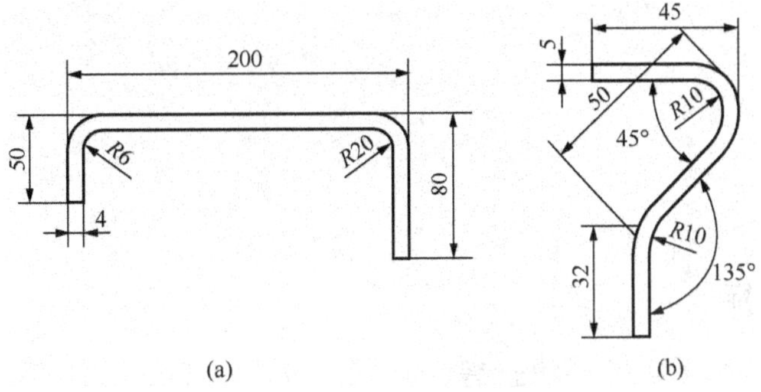

图3.49　3.7题图

单元 4 拉深工艺与模具设计

❖ 知识目标

1. 了解拉深成形的过程
2. 学习和掌握拉深件的工艺分析
3. 学习和掌握拉深工艺参数计算
4. 学习和掌握拉深模具的零件设计
5. 学习和掌握拉深模具的整体设计
6. 学习和掌握拉深成形设备的选择

❖ 能力目标

1. 能进行拉深件工艺分析
2. 能进行拉深工艺参数计算
3. 能进行拉深模具的零件设计
4. 能进行拉深模具的整体设计
5. 能选择适用的拉深设备

拉深：拉深是指将一定形状的平板毛坯通过拉深模冲压成各种形状的开口空心件，或以开口空心件为毛坯通过拉深进一步使空心件改变形状和尺寸的一种冷冲压加工方法。

拉深件分为三大类：如图 4.1 所示。

（1）旋转体零件：如搪瓷杯、车灯壳、喇叭等。

（2）盒形件：如饭盒、汽车油箱、电器外壳等。

（3）复杂形状件：如汽车上的覆盖件等。

图 4.1 拉深的应用

4.1 拉深工艺性分析

4.1.1 拉深变形的过程及特点

图 4.2 所示是圆筒形件的拉深过程。将直径为 D、厚度为 t 的圆形平板毛坯置于凹模上，随着凸模的下行，在拉深力的作用下，凹模口以外毛坯的环形部分逐渐被拉入凹模内，最终形成具有内径为 d、高度为 h 的开口直壁圆筒形件并且 $h > (D-d)/2$ 。

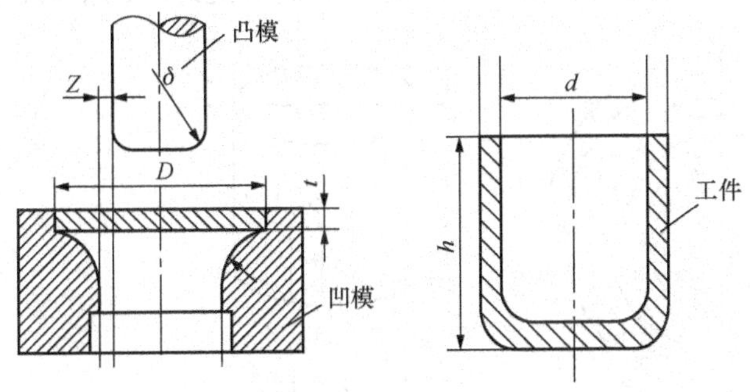

图 4.2 圆筒件拉深

那么圆形平板毛坯在模具的作用下到底产生了怎样的塑性流动而得到开口的空心件?

图 4.3 所示表明了平板毛坯在拉深时的材料转移情况。如果不用模具，则只要去掉如图 4.3 所示中的三角形阴影部分，再将剩余部分狭条沿直径的圆周弯折起来，并加以焊接就可以得到直径$\dfrac{D-d}{2}$为 d，周边带有焊缝，口部呈波浪的开口筒形件。这说明圆形平板毛坯在成为筒形件的过程中必须去除“多余材料”。但圆形平板毛坯在拉深成形过程中并没有去除多余材料，而拉深获得的工件高度大于 h，工件的壁厚增加了，因此只能认为三角形阴影部分材料是多余的材料，在模具的作用下产生了流动，发生了转移。

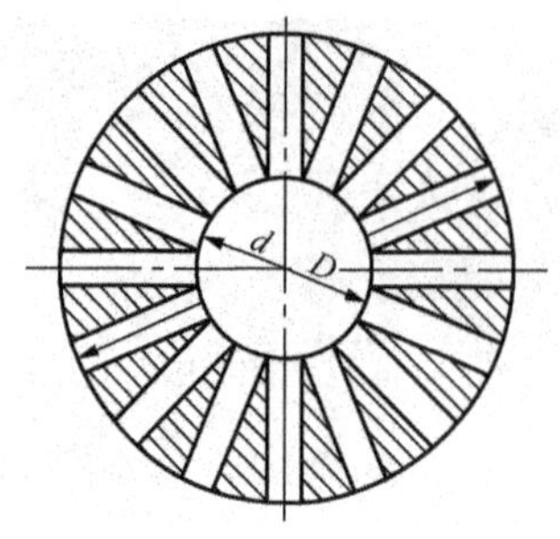

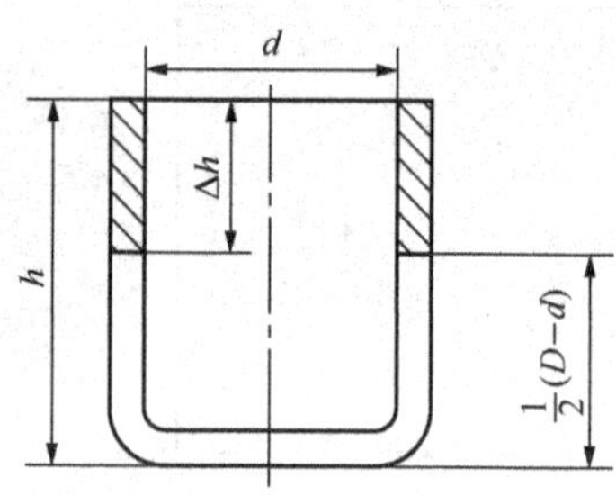

图 4.3　拉深时材料的转移

通过网格试验分析拉深时材料的转移，可进一步说明拉深时金属的流动情况，如图 4.4 所示。拉深前，在圆形平板毛坯上画出由等间距为 a 的同心圆和等分度的辐射线组成的网格。拉深后，可以看到不同区域的网格发生了不同程度的变化，以下通过网格的变化分析金属在拉深过程中流动情况。

(1) 筒形件底部的网格基本上保持原来的形状，说明凸模底部的金属没有明显的流动。

(2) 切向不等径的同心圆转变为筒壁上平行的同周长圆，间距 a 增大，愈靠近筒的上部增加愈多，说明金属径向应变为拉应变，越靠近外圆的金属径向流动越大。

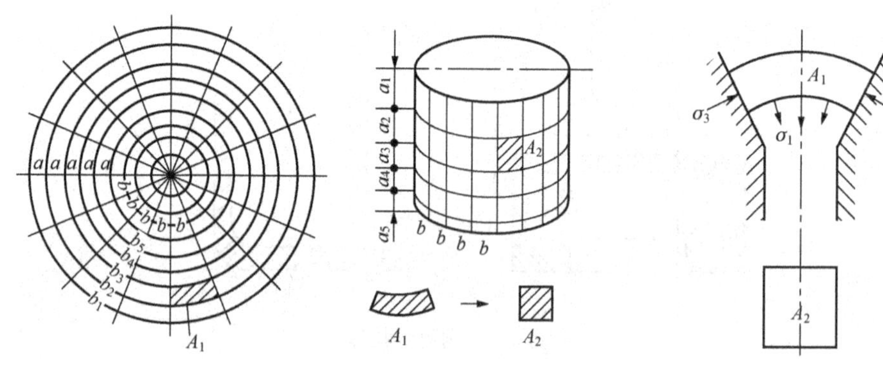

图 4.4　拉深的网格实验

(3) 径向等分度的同心辐射线转变为筒壁上平行的竖直线，且竖直线间距相等均为 b。说明切向应变为压应变，越靠近外圆的金属切向流动越大。

(4) 如图 4.4 所示，若从网格取一单元在拉深前是扇形网格，面积为 A_1，拉深后变为矩形网格，面积为 A_2，相当于在一个楔形槽中拉着扇形网格通过一样，受到切向压应力和径向拉应力的作用，金属产生径向伸长变形和切向压缩变形形成矩形网格。

(5) 经测量获知，底部厚度略为减少（一般忽略不计），筒壁厚度由底部向口部逐渐增厚，如图 4.5 所示，说明筒壁口部变形程度大，转移金属量多。

此外，由于毛坯各处的变形程度不同，加工硬化程度也不同，则沿高度方向筒壁各部分的硬度也不同，越到零件口部硬度越高。

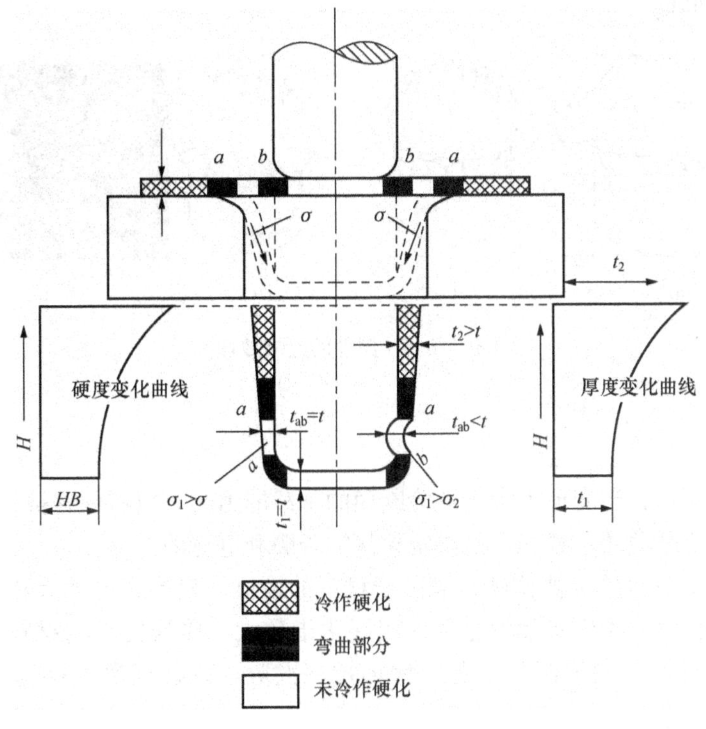

图 4.5　拉深厚度变化和硬度变化

综上所述，拉深变形时的变形特点为如下两方面。

(1) 位于凸模下面的材料基本不变形，拉深后成为筒底，变形主要集中在位于凹模表面的平面凸缘区（即 $D-d$ 的环形部分），该区是拉深变形的主要变形区。

(2) 变形区的变形不均匀，沿切向受压而缩短，沿径向受拉而伸长，越往口部，压缩和伸长得越多。在口部板料的厚度增加。由壁部向底部转角稍上处，出现严重变薄甚至断裂，这里是拉深时最容易被拉断的地方，通常称此断面为危险断面。

4.1.2　拉深过程中的主要工艺问题

1. 起皱

拉深时凸缘区板料出现波纹状皱折称为起皱，如图 4.6（a）所示。起皱是一种受压失稳现象。当拉深件产生起皱后，轻者凸缘变形区材料仍能被拉进凹模，但会使工件口部产生波纹，如图 4.6（b）所示，影响工件的质量。起皱严重时，由于起皱后的凸缘材料不能通过凸、凹模间隙而使拉深件拉裂，如图 4.6（c）所示。起皱是拉深中产生废品的主要原因之一。

拉深时是否起皱既与毛坯的相对厚度 t/D 有关，又与拉深的变形程度无关。当每次拉深的变形程度较大而毛坯的相对厚度 t/D 较小时就会起皱。防止起皱最有效的措施（也是生产中最常用的）是采用压边圈。可以减小拉深变形程度，加大毛坯厚度也可以降低起皱倾向。

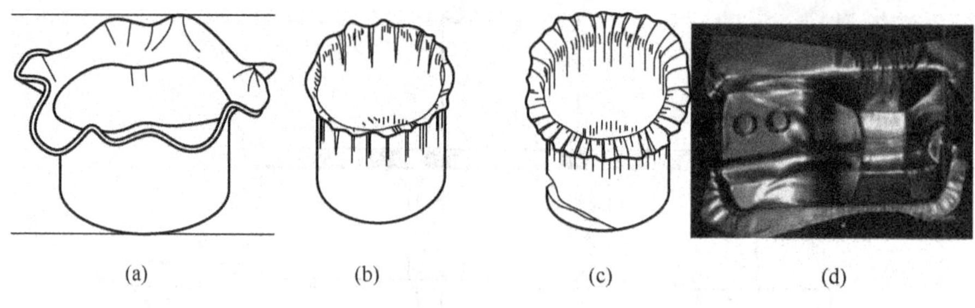

图 4.6　拉深件的起皱破坏

2. 破裂

在拉深过程中，当变形力大于危险断面的承载能力时，拉深件则被拉破，如图 4.7 所示，因此危险断面的承载能力是决定拉深能否顺利进行的关键。

拉深时危险断面是否被拉破，取决于材料的性能、变形程度的大小、模具的圆角半径、润滑条件等。生产实际中通常选用硬化指数大、屈强比小的材料进行拉深，采用适当增大拉深凸、凹模圆角半径，增加拉深次数，改善润滑等措施来避免拉裂的产生。

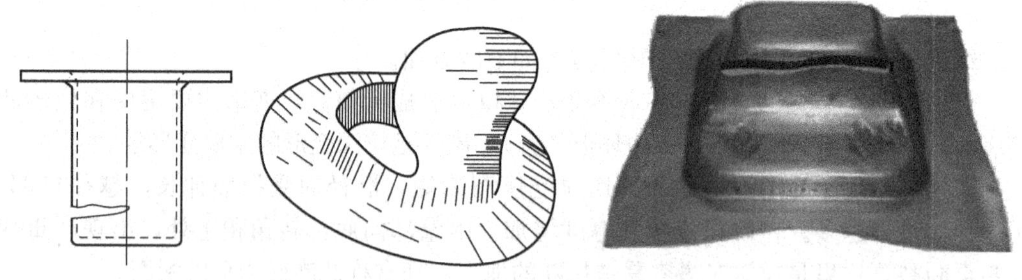

图 4.7　拉深件的破坏

3. 硬化

拉深过程是一个毛坯发生塑性变形的过程，必然伴随有加工硬化发生，所以拉深后获得的工件相较于毛坯，硬度和强度有所增加，塑性和韧性有所下降。在凸模圆角附近出现了加工硬化最不充足的危险断面。

拉深件由于产生了加工硬化，其强度和刚度高于毛坯材料，是有利于提高拉深件的使用寿命的。但在设计多次拉深时，拉深件塑性降低又使半成品毛坯进一步拉深时变形困难，所以应正确选择各次的变形程度，并考虑半成品件是否需要退火以恢复其塑性。

4. 突耳

筒形件拉深时，在拉深件口端出现有规律的高低不平的现象叫突耳。产生突耳的原因是板材的各向异性，拉深时，板平面方向性系数 Δr 越大，突耳现象越严重。

4.1.3　拉深件的工艺性

1. 对拉深件形状尺寸的要求

(1) 拉深件形状应尽量简单、对称，尽可能一次拉深成形。

(2) 尽量避免半敞开及非对称的空心件，应考虑设计成对称（组合）的拉深，然后剖开，如图4.8所示。

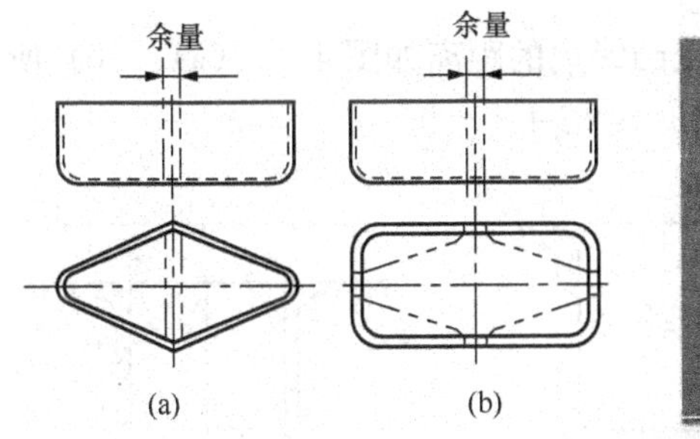

图4.8　先拉深后剖开

(3) 在设计拉深件时，应注明必须保证外形或内形尺寸，不能同时标注内外形尺寸；对于带台阶的拉深件，其高度方向的尺寸标注一般应以底部为基准。

(4) 一般拉深件允许壁厚变化范围为 $0.6t \sim 1.2t$，若不允许存在壁厚不均现象，应注明。

2. 拉深件圆角半径的要求

由拉深件成形过程可知，拉深件转角处必须要有过渡圆角，如图4.9所示。

1) 凸缘圆角半径 $r_{d\varphi}$

凸缘圆角半径即指壁与凸缘的转角半径。应取 $r_{d\varphi} > 2t$。

一般取：$r_{d\varphi} = (4 \sim 8)t$；当 $r_{d\varphi} < 0.5\text{mm}$ 时，应增加整形工序。

2) 底部圆角半径 r_{pg}

底部圆角半径即指壁与底面的转角半径。应取 $r_{pg} \geq t$，一般取：$r_{pg} \geq (3 \sim 5)t$；当 $r_{pg} < t$ 时，要增加整形工序，每整形一次，r_{pg} 可减小1/2。

3) 矩形拉深件壁间圆角半径 r_{py}

矩形拉深件壁间圆角半径指矩形拉深件的

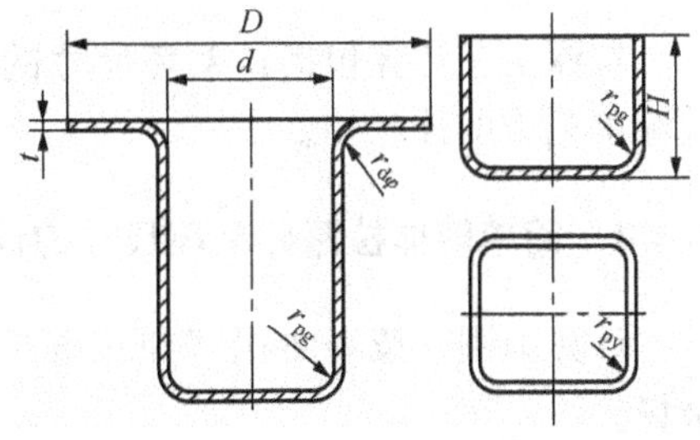

图4.9　拉深件尺寸

四个壁的转角半径。要求：$r_{py} \geqslant 3t$ 及 $r_{py} \geqslant H/5$。

3. 拉深件上的孔位布置

（1）拉深件上的孔位应与主要结构面（凸缘面）在同一平面，或孔壁垂直该平面，以便于冲孔与修边在同一道工序中完成，如图 4.10 所示。

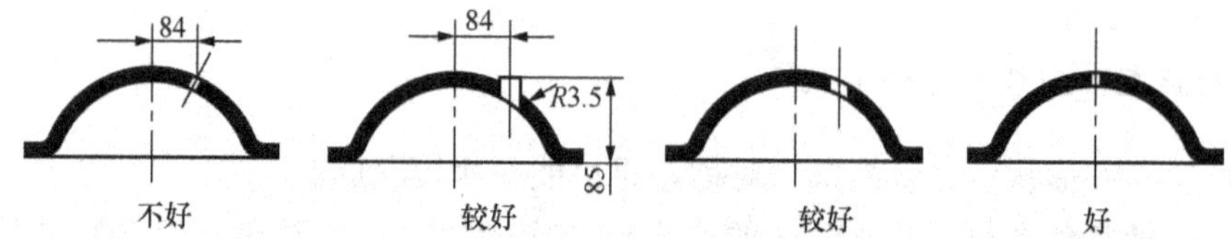

图 4.10　拉深件上孔位的比较

（2）拉深件侧壁上的冲孔与底边或凸缘边的距离如图 4.11（a）、（b）所示，为

$$h > 2d + t \tag{4-1}$$

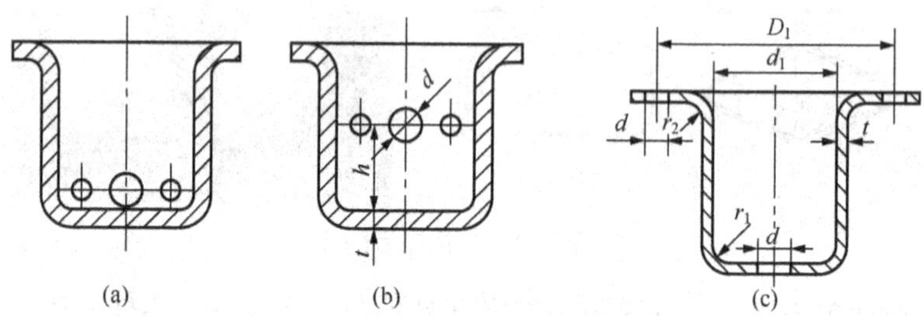

图 4.11　拉深件上孔位的合理设计

（3）拉深件凸缘上的孔距如图 4.11（c）所示，为

$$D_1 \geqslant (d_1 + 3t + 2r_2 + d) \tag{4-2}$$

（4）拉深件底部孔距如图 4.11（c）所示，为

$$d \leqslant d_1 - 2r_1 - t \tag{4-3}$$

4.2　圆筒形件拉深计算

拉深工艺计算包括：毛坯尺寸的确定、拉深次数的确定、半成品尺寸的计算以及拉深工艺力的计算等。

4.2.1　简单转体拉深件毛坯尺寸的计算

计算原则：按等面积（即拉深前后材料面积不变）原则进行计算，再加上修边余量。

1. 确定修边余量

由于板料存在着各向异性，实际生产中毛坯和凸、凹模的中心也不可能完全重合，因此拉深件口部不可能很整齐，通常需要有修边工序，以切去不整齐部分。为此在计算毛坯尺寸时应预先留有修边余量，筒形件和凸缘件的修边余量可分别查表 4.1 和表 4.2。

表 4.1　无凸缘拉深模具的修边余量 Δh　　（单位：mm）

工作总高度 H	余量数值 σ（工件相对高度 H/d 或 H/B）			
	≤0.5～0.8	>0.8～1.8	>1.6～2.5	>2.5～4
10	1.0	1.2	1.5	2
20	1.2	1.6	2	2.5
50	2	2.5	3.3	4
100	3	3.8	5	6
150	4	5	6.5	8
200	6	6.3	8	10
250	6	7.5	9	11
300	7	8.5	10	12

注：1. B 为正方形的边宽或长方形的短边宽度。

2. 对于高深件必须规定中间修边工序。

3. 对于材料厚度小于 0.5mm 的薄材料多次拉深时，应按表值增加 30%。

表 4.2　带凸缘拉深模的修边余量 Δh　　（单位：mm）

凸缘直径 d_φ 或 B_φ	余量数值 σ（相对凸缘直径 d_φ/d 或 B_ψ/B）			
	≤1.5	>1.5～2	>2～2.5	>2.5～3
25	1.6	1.4	1.2	1.0
50	2.5	2	1.8	1.6
100	3.5	3	2.5	2.2
150	4.3	3.6	3.0	2.5
200	5.0	4.2	3.5	2.7
250	5.5	4.6	3.8	2.8
300	6	5	4	3

注：1. B 为正方形的边宽或长方形的短边宽度。

2. 对于高深件必须规定中间修边工序。

3. 对于材料厚度小于 0.5mm 的薄材料多次拉深时，应按表值增加 30%。

2. 计算法

(1) 将制件分成若干简单几何形状（包括修边余量），以其中间层进行计算。
注：厚度小于 1mm 的拉深件，可根据工件外壁尺寸计算。
(2) 叠加各段中间层面积，求出制件中间层面积。

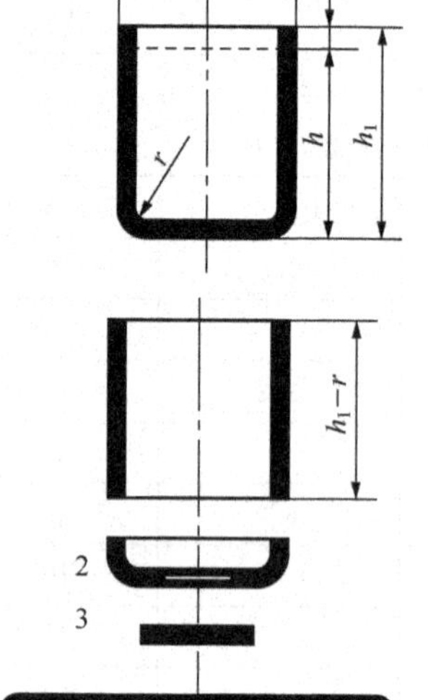

图 4.12　圆筒形拉深件毛坯尺寸计算

(3) 根据“等面积原则”求出毛坯直径为

$$D=\sqrt{\frac{4S}{\pi}}=\sqrt{\frac{4}{\pi}\sum f} \tag{4-4}$$

式中，S——毛坯面积（包括修边余量），mm^2；
f——简单旋转体拉深件各部分面积，mm^2；
D——毛坯直径，mm。

例：求如图 4.12 所示上部引深件的毛坯尺寸。

解　将该零件划分为三部分，如图 4.12 所示。每部分的面积分别为

$$f_1=\frac{\pi d_1^2}{4}$$

$$f_2=\frac{\pi r}{2}(\pi d_1+4r)$$

$$f_3=\pi d(h+\delta)$$

式中　δ——切边余量，mm，见表 4.1。

将 $\sum f=f_1+f_2+f_3$ 代入式 (4-4) 得

$$D=\sqrt{d_1+4d(h+\delta)+6.28r_0d_1+8r_0^2}$$

对于简单旋转体拉深件求毛坯直径，还可以应用表 4.3 所列公式直接求出。

表 4.3　常用旋转体拉深件坯料直径的计算公式

零件形状	坯料直径 D
d_2, d_1, h, H, r	$\sqrt{d_1^2+4d_2h+6.28rd_1+8r^2}$ 或 $\sqrt{d_2^2+4d_2H-1.72rd_2-0.56r^2}$
d_4, d_3, d_1, d_2, R, r, h, H	当 $r\neq R$ 时 $\sqrt{d_1^2+6.28rd_1+8r^2+4d_2h+6.28Rd_2+4.56R^2+d_4^2-d_3^2}$ 当 $r=R$ 时 $\sqrt{d_4^2+4d_2H-3.44rd_2}$

4.2.2　复杂旋转体拉深件坯料尺寸的确定

1. 解析法

若拉深件可由若干个简单几何形状组成，则先分别求出各部分的表面积 F，再相加得出拉深件的总面积 $\sum F$ 如图 4.13 所示。最后毛坯直径为

$$D = \sqrt{\frac{4}{\pi}\sum F} = 1.13\sqrt{\sum F} \tag{4-5}$$

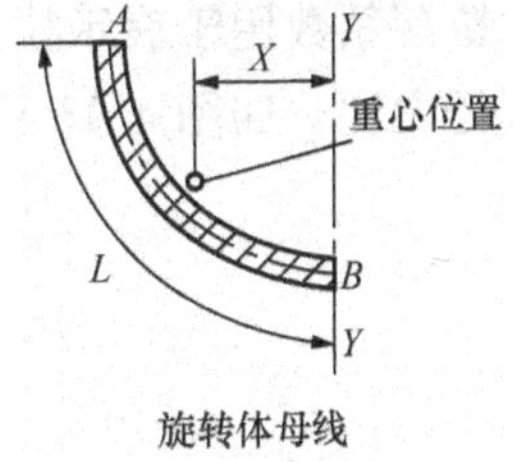

图 4.13　旋转体表面积计算

2. 形心法

任何形状的母线 AB 绕轴线 YY 旋转，所得到的旋转体面积等于母线长度 L 与其重心旋转所得周长 $2\pi X$ 的乘积（X 是该段母线重心至轴线的距离），如图 4.14 所示。

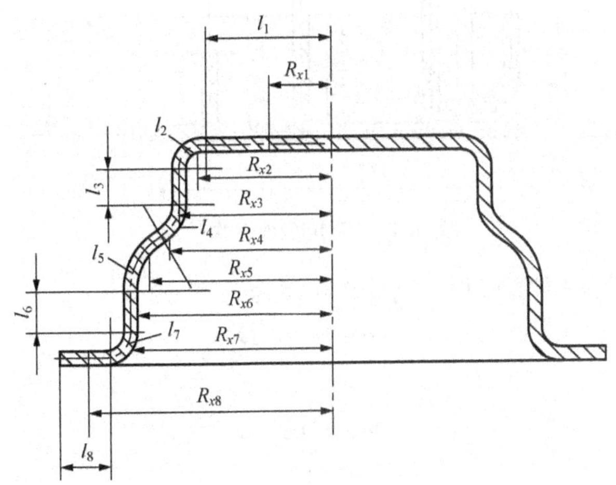

图 4.14　复杂拉深件尺寸图

旋转体面积为

$$A = 2pLX$$

毛坯面积为

$$A_0 = \frac{pD^2}{4}$$

因为有

$$A = A_0$$

故有

$$D = \sqrt{8LX} = \sqrt{8(l_1x_1 + l_2x_2 + l_3x_3 + \cdots + l_nx_n)} = \sqrt{8lx}$$

只要知道旋转体母线长度及其形心的旋转半径，即可求出毛坯的直径。

4.2.3 圆筒形拉深件拉深次数及工序尺寸计算

1. 拉深系数

拉深系数用于表示拉深变形程度的工艺指数。其值为拉深后制件直径与拉深前毛坯直径之比，如图 4.15 所示。

$$m = d/D$$

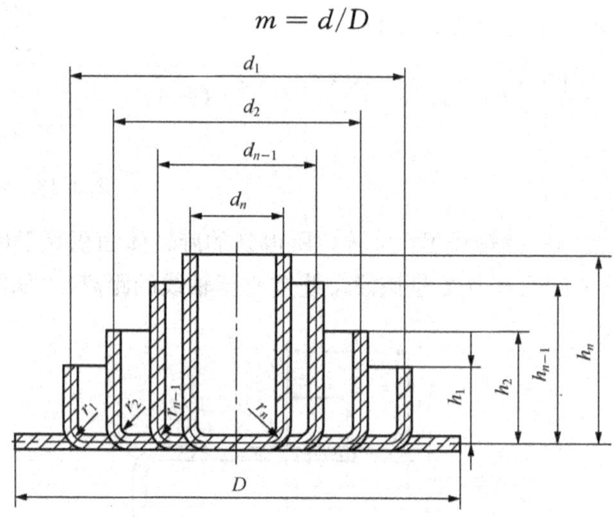

图 4.15　对拉深件多次拉深

若需经过多次拉深方能成形，则首次拉深为

$$m_1 = d_1/D$$

第二次拉深为

$$m_2 = d_2/d_1$$

$$\vdots$$

第 n 次拉深为

$$m_n = d_n/d_{n-1}$$

$$m_{总} = d/D = m_1 \cdot m_2 \cdot m_3 \cdot \cdots \cdot m_n$$

式中，m——拉深系数；

d——拉深后制件直径，mm；

D——拉深前毛坯直径；

m_1，m_2，m_3，…，m_n——各次的拉深系数；

d_1，d_2，d_3，…，d_{n-1}，d_n——各次拉深制件的直径，mm；

$m_{总}$——需多次拉深成形制件的总拉深系数。

总拉深系数表示了拉深前后坯料直径的变化率，其数值永远小于 1。注意：拉深系数系愈小，表示拉深变形程度愈大。将当拉深系数减小至使拉深件起皱、断裂或严重变薄超差时的临界拉深系数称为极限拉深系数。

极限拉深系数的数值与材料的力学性能、毛坯的相对厚度 t/D、凸凹模间隙及其圆角半径、摩擦力与润滑情况等有关，影响极限拉探系数的因素还有拉深方法、拉探次数、拉深速度和拉深件的形状等。

在实际生产中，极限拉深系数值一般是在一定的拉深条件下用实验方法得出的，见表4.4和表4.5。

表4.4　圆筒件带压边圈的极限拉深系数

拉深系数	坯料相对厚度（t/D）×100					
	2.0～1.5	1.5～1.0	1.0～0.6	0.6～0.3	0.3～0.15	0.15～0.08
m_1	0.48～0.50	0.50～0.53	0.53～0.55	0.55～0.58	0.58～0.60	0.60～0.63
m_2	0.73～0.75	0.75～0.76	0.76～0.78	0.78～0.79	0.79～0.80	0.80～0.82
m_3	0.76～0.78	0.78～0.79	0.79～0.80	0.80～0.81	0.81～0.82	0.82～0.84
m_4	0.78～0.80	0.80～0.81	0.81～0.82	0.82～0.83	0.83～0.85	0.85～0.86
m_5	0.80～0.82	0.82～0.84	0.84～0.85	0.85～0.86	0.86～0.87	0.87～0.88

表4.5　圆筒形不带压边圈的极限拉深系数

拉深系数	坯料相对厚度（t/D）×100				
	1.5	2.0	2.5	3.0	>3.0
m_1	0.65	0.60	0.55	0.53	0.50
m_2	0.80	0.75	0.75	0.75	0.70
m_3	0.84	0.80	0.80	0.80	0.75
m_4	0.87	0.84	0.84	0.84	0.78
m_5	0.90	0.87	0.87	0.87	0.82
m_6	—	0.90	0.90	0.90	0.85

表中的 m_1、m_2、m_3 分别表示第一、二、三次拉深工序的极限拉深系数。生产中为了提高工艺稳定性，提高工件质量，必须采用稍大于极限值的拉探系数。

当 $m_d=d/D>m$ 极限时，可以一次拉深，否则需多次拉深。

2. 拉深次数

拉深次数通常用以下两种方法确定。

(1) 推算法：根据极限拉深系数和毛坯直径，从第一道拉深工序开始逐步向后推算各工序的直径，一直算到得出的直径小于或等于工件直径，即可确定所需的拉深次数

$$d_1=[m_1]D$$
$$d_2=[m_2]d_1$$
$$\cdots$$

$$d_n = [m_n]d_{n-1}$$

式中，d_1，d_2，…，d_{n-1}，d_n——第 1，2，…，$n-1$，n 道工序的直径，mm；

$[m_1]$，$[m_2]$ … $[m_n]$ ——第 1，2，…，n 道工序的极限拉深系数；

D——毛坯直径，mm。

假设工件直径为 d，当计至 n 次，$d_n \leqslant d$ 时，则表示需要的拉探次数为 n 次。

(2) 根据工件的相对高度 h/d 和毛坯的相对厚度 t/D，查表 4.6，确定拉深次数 n。

表 4.6　拉深相对高度 h/d 与拉深次数的关系（无凸缘圆筒形件）

拉深次数	坯料相对厚度 $(t/D)\times100$					
	2～1.5	1.5～1.0	1.0～0.6	0.6～0.3	0.3～0.15	0.15～0.08
1	0.94～0.77	0.84～0.65	0.71～0.57	0.62～0.5	0.52～0.45	0.46～0.38
2	1.88～1.54	1.60～1.32	1.36～1.1	1.13～0.94	0.96～0.83	0.9～0.7
3	3.5～2.7	2.8～2.2	2.3～1.8	1.9～1.5	1.6～1.3	1.3～1.1
4	5.6～4.3	4.3～3.5	3.6～2.9	2.9～2.4	2.4～2.0	2.0～1.5
5	8.9～6.6	6.6～5.1	5.2～4.1	4.1～3.3	3.3～2.7	2.7～2.0

3. 拉深件工序件尺寸

1) 直径

确定拉深次数后，应调整拉深系数，使首次拉深尽可能接近极限拉深系数，其余拉深逐渐增加，使 $m_1 < m_2 < \cdots < m_n$，使 $d/D = m_1 \cdot m_2 \cdot \cdots \cdot m_n$，再算出各工序件直径为

$$d_1 = m_1 D$$
$$d_2 = m_2 d_1$$
$$\cdots$$
$$d_n = m_n d_{n-1}$$

2) 高度

$$h_n = 0.25\left(\frac{D}{d_n} - d_n\right) + 0.43\,\frac{r_n}{d_n}(d_n + 0.32 r_n)$$

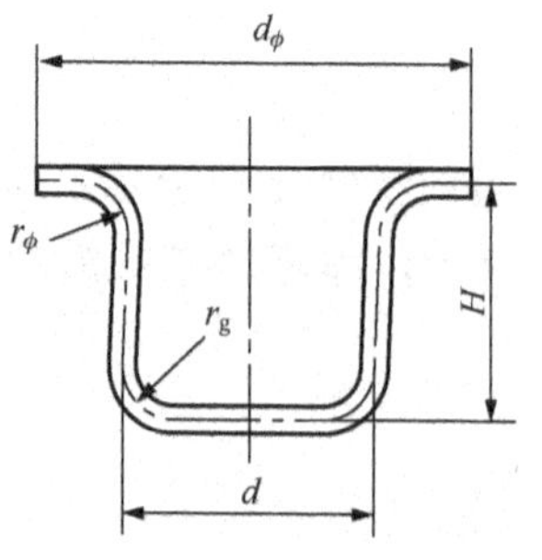

图 4.16　有凸缘圆筒件及坯料图

4.2.4　有凸缘圆筒形的拉深计算

有凸缘的圆筒形件拉深时，坯料凸缘部分不是全部进入凹模口部，而是只拉深到坯料外径等于工件凸缘外径为止。如图 4.16 所示为有凸缘的圆筒形件及其坯料图。$d_\phi/d=1.1\sim1.4$ 时，称为小凸缘圆筒形件；$d_\phi/d>1.4$ 时，称为大凸绕圆筒形件。有凸缘的圆筒形件拉深主要是解决首次拉深。

1. 判断能否一次拉深成形

1）利用极限相对高度进行判断

如果工件的相对高度 h/d 小于或等于表中对应的极限相对高度（h_1/d_1）值时，则可以一次拉深成形；否则，需多次拉深，可查表 4.7。

表 4.7　带凸缘筒形件第一次拉深的最大相对高度 H_1/d_1

凸缘相对直径 $\frac{d_\phi}{d_1}$	毛坯的相对厚度 $t/D\times100$				
	≤2～1.5	<1.5～1.0	<1.0～0.6	<0.6～0.3	<0.3～0.15
≤1.1	0.90～0.75	0.82～0.65	0.70～0.57	0.62～0.50	0.52～0.45
>1.1～1.3	0.80～0.65	0.72～0.56	0.60～0.50	0.53～0.45	0.47～0.40
>1.3～1.5	0.70～0.58	0.63～0.50	0.53～0.45	0.48～0.40	0.42～0.35
>1.5～1.8	0.58～0.48	0.53～0.42	0.44～0.37	0.39～0.34	0.35～0.29
>1.8～2.0	0.51～0.42	0.46～0.36	0.38～0.32	0.34～0.29	0.30～0.25
>2～2.2	0.45～0.35	0.40～0.31	0.33～0.27	0.29～0.25	0.26～0.22
>2.2～2.5	0.35～0.28	0.32～0.25	0.27～0.22	0.23～0.20	0.21～0.17
>2.5～2.8	0.27～0.22	0.24～0.19	0.21～0.17	0.18～0.15	0.16～0.13
>2.8～3.0	0.22～0.16	0.20～0.16	0.17～0.14	0.15～0.12	0.13～0.10

2）利用极限拉深系数进行判断

如果工件的相拉深系数 m_1 大于或等于表中对应的极限拉深系数（m_1）值时，则可以一次拉深成形；否则，需多次拉深。可查表 4.8。带凸缘圆筒形件以后各次拉深的拉深系数，可参照无凸绕圆筒形件的拉深系数（见表 4.4、表 4.5）。

表 4.8　带凸缘筒形件（10 号钢）第一次拉深时最小拉深系数 m_1

凸缘的相对直径 $\frac{d_\phi}{d_1}$	材料的相对厚度 $t/D\times100$				
	≤2～1.5	<1.5～1.0	<1.0～0.6	<0.6～0.3	<0.3～0.15
≤1.1	0.51	0.53	0.55	0.57	0.59
>1.1～1.3	0.49	0.51	0.53	0.54	0.55
>1.3～1.5	0.47	0.49	0.50	0.51	0.52
>1.5～1.8	0.45	0.46	0.47	0.48	0.48
>1.8～2.0	0.42	0.43	0.44	0.45	0.45
>2.0～2.2	0.40	0.41	0.42	0.42	0.42
>2.2～2.5	0.37	0.38	0.38	0.38	0.38
>2.5～2.8	0.34	0.35	0.35	0.35	0.35
>2.8～3.0	0.32	0.33	0.33	0.33	0.33

2. 窄凸缘圆筒形件的多次拉深计算

窄凸缘圆筒形件（d_ϕ/d=1.1～1.4）应先拉成圆筒形，然后形成锥形凸缘，最后再经校平获得平凸缘，所以窄凸缘圆筒形件的拉深工序的计算，可用无凸缘的圆筒形件的计算方法进行计算，如图 4.17 所示。

3. 宽凸缘圆筒形件的多次拉深计算

宽凸缘筒形件（$d_F/d>1.4$）多次拉深应先按零件要求的尺寸拉出凸缘直径（包括修边余量)，并在以后拉深工序中保持凸缘直径不变，只是逐渐地缩小圆筒部分的直径，如图 4.18 所示。凸缘一经形成，在后续的拉深中就不能变动。因为后续拉深时，凸缘的微量缩小会使中间圆筒部分的拉应力过大而使危险断面破裂。为此，必须正确计算拉深高度，严格控制凸模进入凹模的深度。

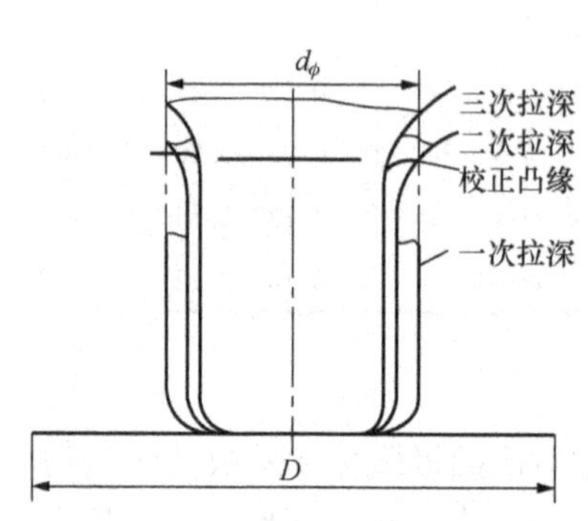

图 4.17　窄凸缘件多次拉深过程

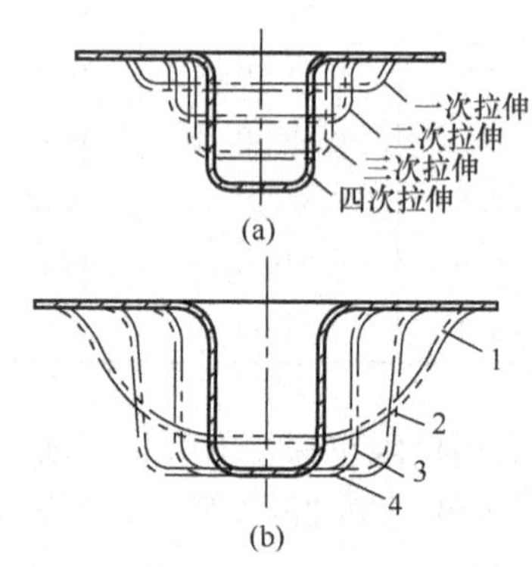

图 4.18　宽凸缘件拉深过程

各次拉深的拉深高度，可以根据求毛坯直径的公式推导出通用公式

$$H_n=\frac{0.25}{d_n}(D^2-d_\phi^2)+0.43(r_n+R_n)+\frac{0.14}{d}(r_n^2-R_n^2)$$

式中，H_n——第 n 次拉深后的高度，mm；

d_n——第 n 次拉深后的筒壁直径，mm；

d_ϕ——凸缘直径，mm；

r——第 n 次拉深后底部转角半径，mm；

R——第 n 次拉深后凸缘根部转角半径，mm；

D——平板毛坯直径，mm。

为保持在以后拉深工序中的凸缘直径不变，通常第一次拉入凹模的材料要比工件最后拉深部分实际材料多约 5%，这些多余材料在后面的拉深中，部分材料被挤回到凸缘。

4.2.5 圆筒形件拉深的拉深力与压料力

1. 压料力的确定

1）压边条件

解决拉深工作中的起皱问题的主要方法是采用防皱压边圈，并且压边力要适当。必须指出，如果拉深的变形程度比较小，毛坯的相对厚度比较大，则不需要采用压边圈，因为不会产生起皱。拉深中是否需要采用压边圈，可根据表 4.9 决定。

表 4.9 采用或不采用压边圈的条件

用或不用压边装置	首次拉深		再拉深	
	t/D（%）	m_1	t/D（%）	m_1
用	<1.5	<0.6	<1.0	<0.8
可用可不用	1.5～2.0	0.6	1.0～1.5	0.8
不用	>2.0	>0.6	>1.5	>0.8

当确定需要采用压边装置后，压边力的大小必须适当。压边力过大，会增加坯料拉入凹模的拉力，容易拉裂工件；如果压边力过小，则不能防止凸缘起皱，不起压边作用，所以压边力的大小应在不起皱的条件下尽可能小。

2）确定压边力

$$Q = Ap$$

式中，A——压料圈下坯料的投影面积，mm^2；

p——单位面积压料力，MPa，见表 4.10。

表 4.10 单位面积上的压边力

材料名称	铝	纯铜、硬铝	黄铜	软钢		镀锡钢板	高合金钢、高锰钢、不锈钢
				t<0.5	t>0.5		
p/MPa	0.8～1.2	1.2～1.8	1.5～2.0	2.5～3.0	2.0～2.5	2.5～3.0	3.0～4.5

2. 拉深模的压边装置

1）弹性压边装置

如图 4.19 所示，多用于普通的单动压力机。由于压边力逐渐增大，只适用于浅拉深。

2）刚性压边装置

带刚性压边装置的拉深模适用于双动压力机，如图 4.20 所示，采用刚性压边装置，压边力不随行程变化，拉深效果较好，且模具结构简单。

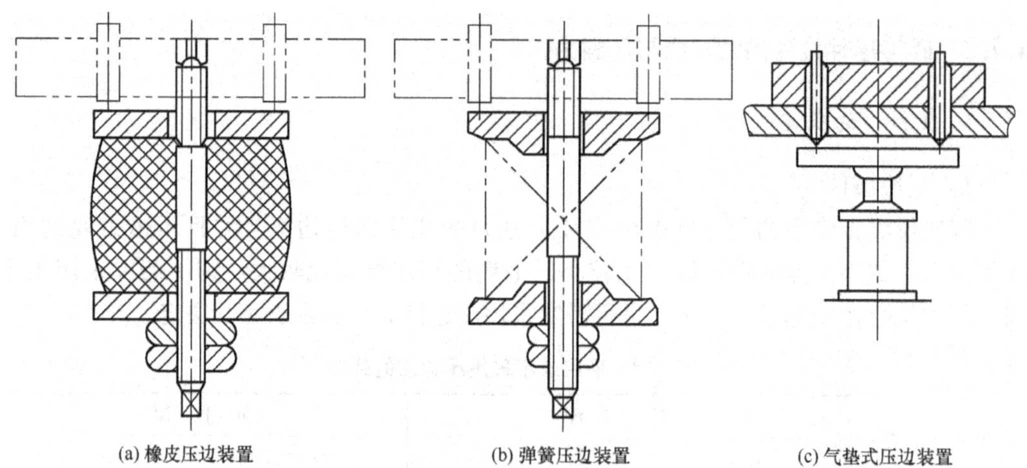

图 4.19　弹性压边装置

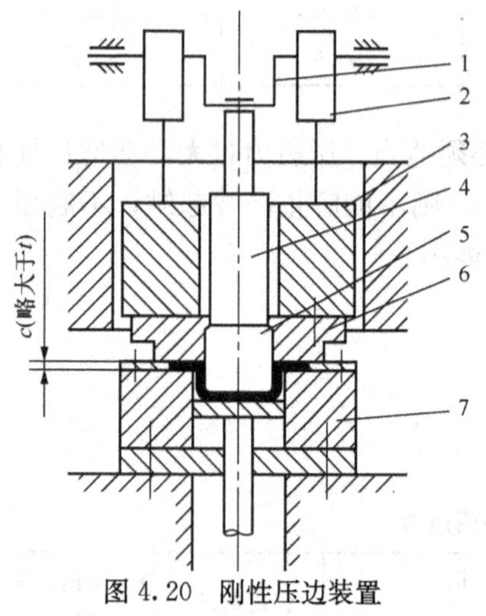

图 4.20　刚性压边装置

1. 固定板；2. 拉深凸模；3. 刚性压边圈；4. 拉深凹模；5. 下模板；6. 螺钉

3）压边圈的形式

首次拉深模平面一般采用平面压边圈，如图 4.21所示，对于小凸缘和较大圆角半径可采用弧形压边圈，如图 4.22 所示。对于宽凸缘件可采用如图 4.24 所示的压边圈，以减少材料与压边圈的接触面积，增大压边力。

拉深板料较薄或带较宽凸缘的零件可采用如图 4.23（a）所示的带限位装置的压边圈，避免压力过紧。凸缘特别小或半球形工件适用于如图 4.25所示的带拉深筋的压边圈。

再次拉深，采用筒形压边圈，如图 4.23（b）、图 4.23（c）所示，一般因再次拉深所用的压边力较小，而提供压边力的弹性力却随着行程的增大而增加，所以要用压边装置。

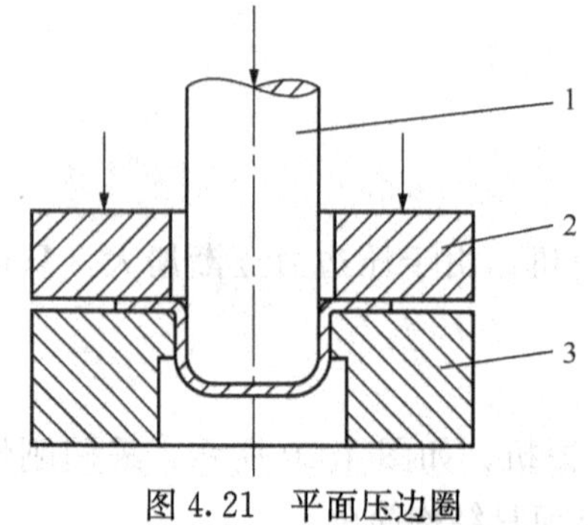

图 4.21　平面压边圈

1. 拉伸凸模；2. 压边圈；3. 拉伸凹模

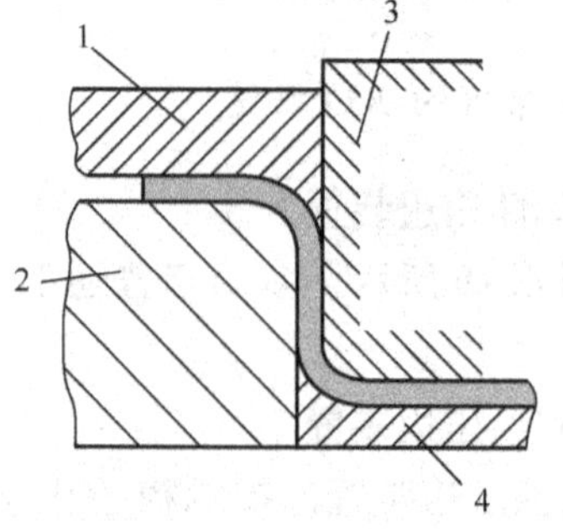

图 4.22　弧形压边圈

1. 弧形压边圈；2. 拉伸凹模；3. 延伸凸模；4. 顶板

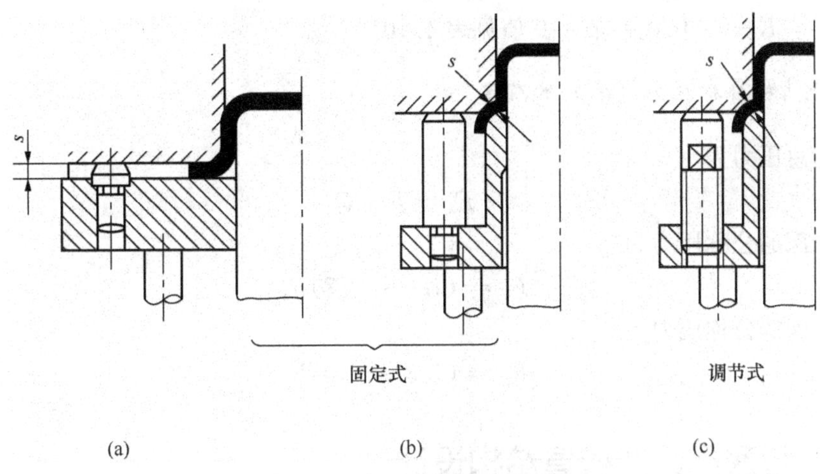

图 4.23　带限位装置的压边圈

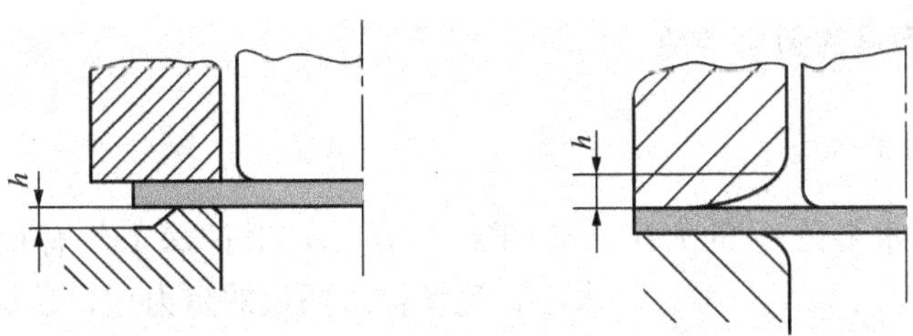

图 4.24　局部压边的压边圈

3. 拉深力的计算

1）采用压边圈

首次拉深时，拉深力为

$$F = \pi d_1 t\sigma_b K_1$$

以后各次拉深的拉深力为

$$F = \pi d_i t\sigma_b K_2$$

2）不采用压边圈

首次拉深时，拉深力为

$$F = 1.25\boldsymbol{p}(D - d_1)\boldsymbol{ts}_b$$

以后各次拉深

$$F = 1.3\boldsymbol{p}(d_{i-1} - d_i)\boldsymbol{ts}_b \quad (i = 2,3,\cdots,n)$$

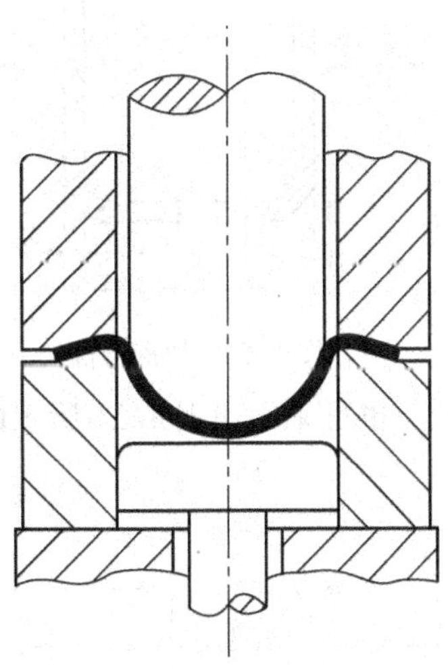

图 4.25　带拉深筋的压边圈

式中，F——拉深力，N；

t——板材厚度，mm；

D——坯料直径，mm；

σ_b——拉深件材料的抗拉强度，MPa；

d_1，…，d_n——各次拉深后的工序件直径，mm；

K_1，K_2——修正系数，其值见表 4.10。

4. 压力机公称压力（F_g）的确定

工艺总压力为

$$F_z = F + Q$$

浅拉深的公称压力为

$$F_g = (1.6 \sim 1.8)F_z$$

深拉深的公称压力为

$$F_g = (1.8 \sim 2.0)F_z$$

4.3 拉深凸、凹模具结构设计

4.3.1 凸、凹模具的圆角半径

1. 凹模圆角半径

凹模口部圆角半径 r_d 的大小，如图 4.26 所示，对拉深工作有很大的影响。如 r_d 太小，毛坯拉入凹模的阻力大，拉深力增大，致使拉深件产生划痕或裂纹；但 r_d 过大会使压边圈下面被压的毛坯面积减小，使悬空段增大，易起皱。首次拉深的凹模圆角半径，计算公式为

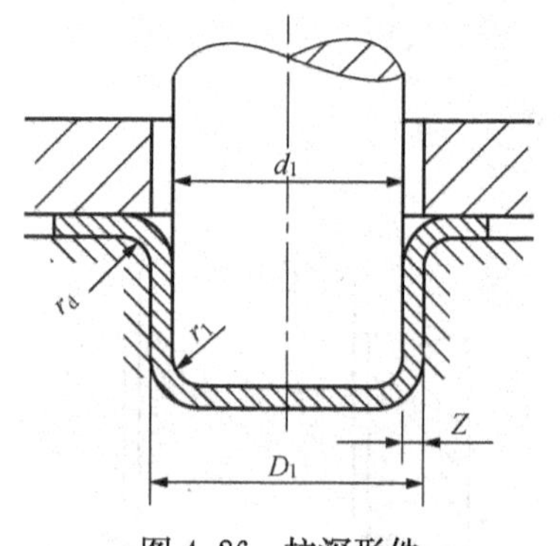

图 4.26　拉深形件

$$r_{d1} = 0.8\sqrt{(D-d)t}$$

式中，r_{d1}——首次拉深凹模圆角半径，mm；

D——坯料直径，mm；

d——凹模内径，mm；

t——材料厚度，mm。

也可采用如表 4.11 所示的经验数据。

表 4.11　首次拉深凹模的四角半径 r_d　（单位：mm）

拉深方式	毛坯的相对厚度 $t/D\times100$		
	≤2.0～1.0	<1.0～0.3	<0.3～0.1
无凸缘	$(4\sim6)t$	$(6\sim8)t$	$(8\sim12)t$
有凸缘	$(5\sim12)t$	$(10\sim15)t$	$(15\sim20)t$

以后各次拉深凹模圆角半径逐渐减小为

$$r_{dn} = (0.6 \sim 0.9)r_{dn-1}$$

最后一次拉深的凹模圆角半径等于工件的尺寸。一般 r_d 不宜采用过小的凹模圆角

半径，一般应为 $r_d \geqslant 2t$。

2. 凸模圆角半径 r_p

首次拉深凸模圆角半径：$r_{p1} = (0.6 \sim 1.0) r_{d1}$，中间各次拉深凸模圆角半径计算式为

$$r_{p_{i-1}} = 0.5(d_{i-1} - d_i - 2t)$$

最后一次拉深凸模圆角半径为

$$r_{pn} = r, \quad 且\ r_{pn} > (2 \sim 3)t \quad (t < 6\text{mm})$$

若工件底部圆角半径小于拉深工艺性要求时，则应按工艺性要求确定，在最后一次拉深后整形。

3. 有压边圈的拉深模的单边间隙 C

拉深模的间隙，是指凹模与凸模的横向尺寸之差值。确定间隙大小的一般原则是：既要考虑板料公差的影响，又要考虑毛坯口部的增厚现象。因此，间隙一般应比毛坯厚度略大一些。具体如下。

(1) 无压边圈的拉深模，其单边间隙为

$$Z/2 = (1 \sim 1.1) t_{max}$$

式中，$Z/2$——拉深模单边间隙，mm；

t_{max}——毛坯厚度的极限尺寸，mm。

(2) 有压边圈时的拉深模，其间隙可按表 4.12 确定。

表 4.12 有压边圈拉深时的单边间隙

<table>
<tr><td colspan="12">完成拉深工作的总次数</td></tr>
<tr><td>1</td><td colspan="2">2</td><td colspan="3">3</td><td colspan="3">4</td><td colspan="3">5</td></tr>
<tr><td colspan="12">拉 深 次 数</td></tr>
<tr><td>1</td><td>1</td><td>2</td><td>1</td><td>2</td><td>3</td><td>1，2</td><td>3</td><td>4</td><td>1，2，3</td><td>4</td><td>5</td></tr>
<tr><td colspan="12">凸模与凹模的单边间隙 Z/2</td></tr>
<tr><td>1~1.1t</td><td>1.1t</td><td>1~1.05t</td><td>1.2t</td><td>1.1t</td><td>1~1.05t</td><td>1.2t</td><td>1.1t</td><td>1~1.05t</td><td>1.2t</td><td>1.1t</td><td>1~1.05t</td></tr>
</table>

对精度要求高的零件，为减小拉深后的回弹，常采用负间隙拉深，单边间隙值为

$$c = (0.9 \sim 0.95)t$$

4.3.2 凸、凹模具工件部分尺寸及公差

工件的尺寸精度由末次拉深的凸、凹模的尺寸及公差决定，如图 4.27 所示。

1. 末次拉深的凸、凹模尺寸

(1) 当零件标注外形尺寸时［如图 4.27（a）所示］为

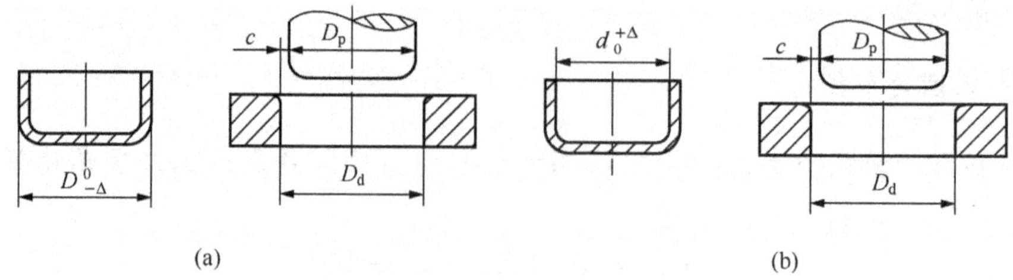

图 4.27　凸、凹模工件部分尺寸及公差

$$D_d = (D_{max} - 0.75D)_0^{+d_d}, \quad D_p = (D_{max} - 0.75D - Z)_{-d_p}^{0}$$

（2）当零件标注内形尺寸时［如图 4.27（b）所示］为

$$d_p = (d_{min} + 0.4D)_{-d_p}^{0}, \quad d_d = (d_{min} + 0.4D + Z)_0^{+d_d}$$

式中，D_d、d_d——凹模基本尺寸，mm；

D_p、d_p——凸模基本尺寸，mm；

D_{max}——拉深件外径的上极限尺寸，mm；

d_{min}——拉深件内径的下极限尺寸，mm；

Δ——制件公差，mm；

δ_d、δ_p——凹模和凸模制造公差，mm，见表 4.13，可按 IT6～IT8 级取值；

Z——拉深模间隙，mm。

2. 中间拉深的凸、凹模尺寸

$$D_{di} = D_{i\,0}^{\ +\delta_d} \tag{4-6}$$

$$D_{pi} = (D_{di} - Z)_{-\delta_p}^{0} \tag{4-7}$$

式中，D_i——各工序的基本尺寸，mm。

表 4.13　凸、凹模的制造公差

材料厚度 t	拉深件直径 d					
	≤20		>20～100		>100	
	δ_d	δ_p	δ_d	δ_p	δ_d	δ_p
≤0.5	0.02	0.01	0.03	0.02	—	—
>0.5～1.5	0.04	0.02	0.05	0.03	0.08	0.05
>1.5	0.06	0.04	0.08	0.05	0.10	0.06

3. 凸、凹模工作表面粗糙度

凹模：型腔表面 Ra0.8μm，圆角表面 Ra0.4μm。

凸模：Ra1.6～0.8μm。

4.4　拉深模具的典型结构

1. 首次拉深模具

（1）无压边装置的简单拉深模具，如图 4.28 所示。该模具结构简单，凸模通常是整体的，当凸模直径过小时，就借助于模柄来固定。为了使制件不紧贴在凸模上，在凸模上应设计有直径为 3mm 以上的通气孔，并在凹模下部装有刮件环，使制件从凸模上刮下。这种结构一般用于坯料厚度大于 2mm 及拉延深度较小的制件。

（2）有压边装置的拉深模具用于拉延材料薄及深度大、易于起皱的制件。如图 4.29 所示为具有弹簧压边圈的拉深模具。工作时压边圈随着凸模的下降而下降，待压边圈接触坯料后，上模仍继续下行，于是在弹簧力作用下压边因压住坯料，使坯料在拉延过程中始终紧贴凹模。但由于上模的空间有限，不能安装粗大的弹簧，故这种模具仅适用于压边力小的拉延件。对于大而厚的制件，因需要大压边力，这时就应将压边装置安装在下模底座或冲床台面的孔内，如图 4.30所示为倒装式的具有锥形压边圈的首次拉深模具。

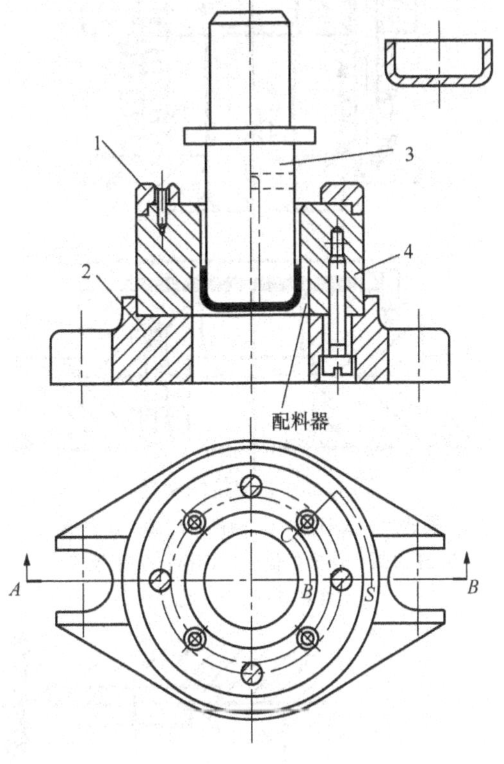

图 4.28　无压边装置的简单拉深模具

1. 定位板；2. 下模板；3. 拉深凸模；4. 拉深凹模

2. 以后各次拉深模具

（1）无压边装置的以后各次拉深模具，如图 4.31 所示。

（2）有压边装置的以后各次拉深模见图 4.32 毛坯为第一次拉延后的半成品，拉延前套在压边圈上，拉延后顶料板将制件顶出凹模，同时压边圈从凸模上将制件推出。

3. 落料拉深复合摸

正装落料拉深复合模，图 4.33 开始工作时，首先由落料凹模 3 和凸凹模 7 完成落料，紧接着由拉深凸模 8 和凸凹模进行拉深。拉深结束后．回程时由推板 4 将工件从凸凹模内推出。压边圈 2 兼作顶板，在拉深过程中起压边作用，拉深结束后又能将工件顶起，使其脱离凸模。

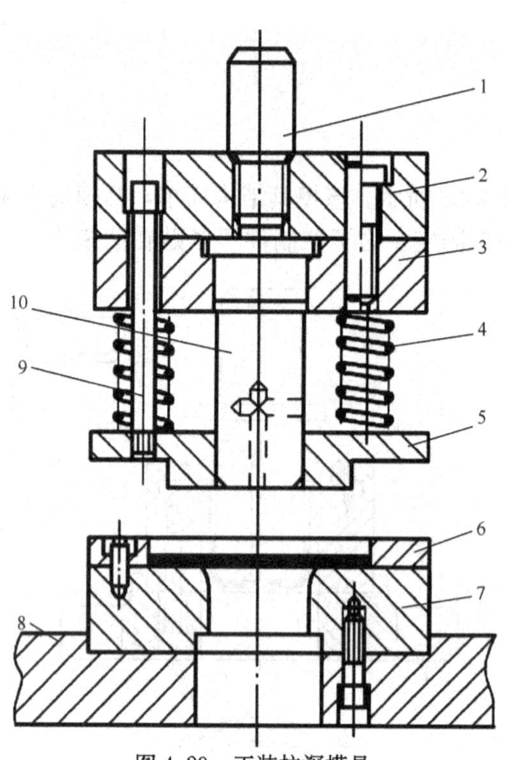

图 4.29　正装拉深模具

1. 模柄；2. 上模座；3. 凸模固定板；4. 弹簧；
5. 压边圈；6. 定位板；7. 凹模；8. 下模座；
9. 卸料螺钉；10. 凸模

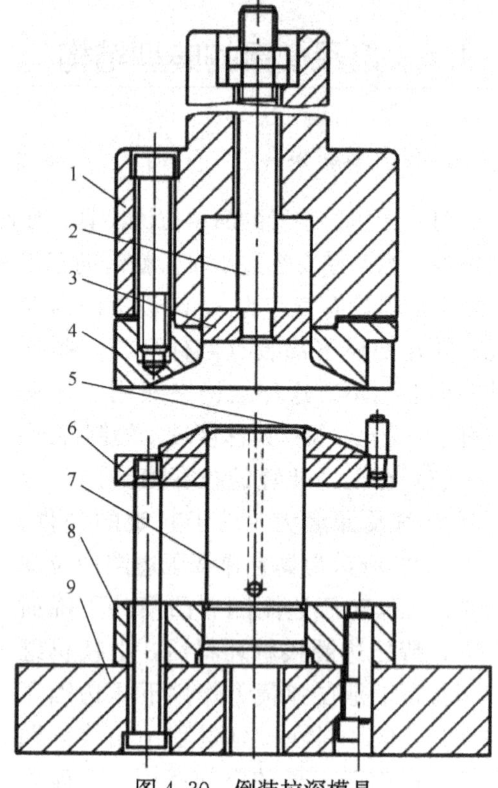

图 4.30　倒装拉深模具

1. 上模座；2. 推杆；3. 推件板；4. 锥形凹模；
5. 限位柱；6. 锥形压边圈；7. 拉深凸模；
8. 固定板；9. 下模座

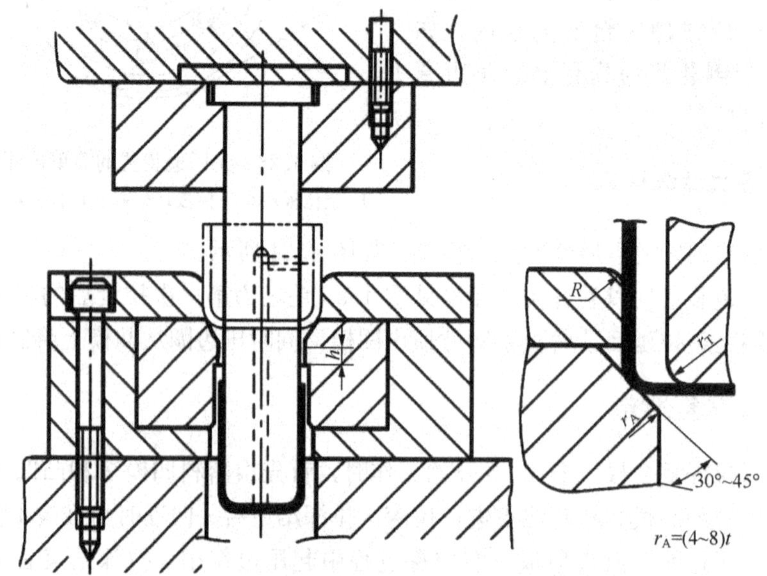

图 4.31　无压边装置的以后各次拉深模具

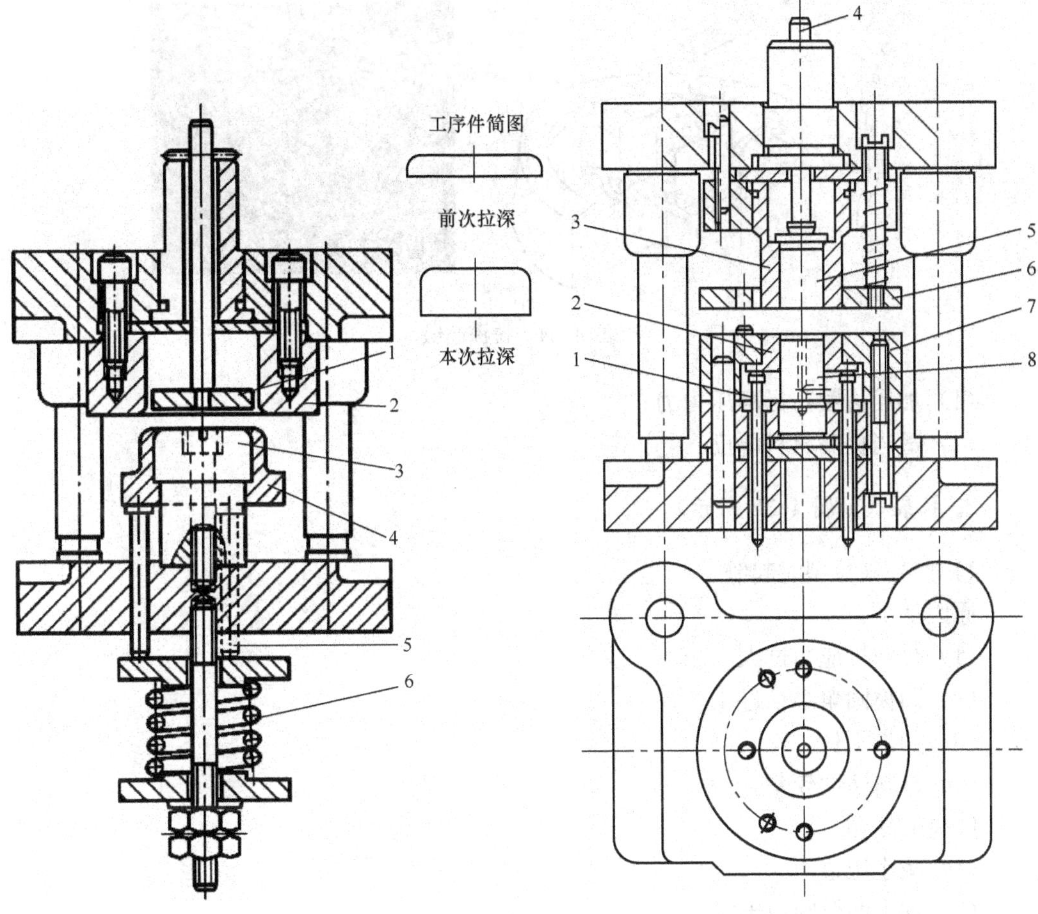

图 4.32　有压边装置的以后各次拉深模

1. 推件板；2. 拉深凹模；3. 拉深凸模；4. 压边圈；5. 顶杆；6. 弹簧

图 4.33　正装落料拉深复合模

1. 顶杆；2. 压边圈；3. 凸凹模；4. 推杆；5. 推件板；6. 卸料板；7. 落料凹模；8. 拉深凸模

4.5　拉深工艺的辅助工序

4.5.1　拉深次品分析

1. 起皱（图 4.34）

原因方法如下

（1）凸缘部位受切向压应力；

（2）材料较薄。

解决方法如下

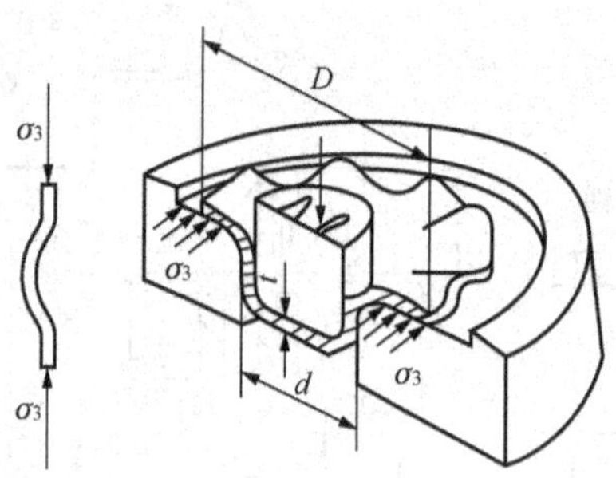

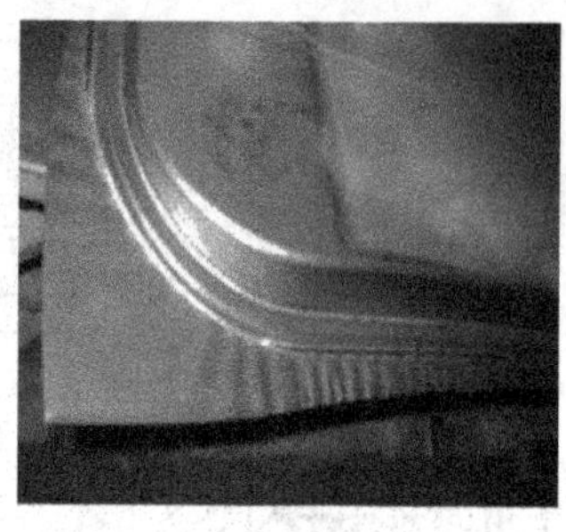

图 4.34　拉深起皱

(1) 加压边圈，提高压力力；
(2) 适当提高材料厚度。

2. 拉裂（如图 4.35 所示）

1) 壁部被拉裂时起皱
原因如下。
(1) 径向拉应力过大。
(2) 凹模圆角半径过小。
(3) 润滑不良。
(4) 材料塑性较差。
解决方法如下。
(1) 减小压边力。
(2) 加大凹模圆角半径。
(3) 正确使用润滑剂。
(4) 选用塑性好材料或增加中间退火工序。
2) 底部被拉裂
原因：凹模圆角半径过小。
解决办法：加大凹模圆角半径，使其圆滑过渡，降低表面粗糙度。

3. 边缘高低不一致及有折皱（如图 4.36 所示）

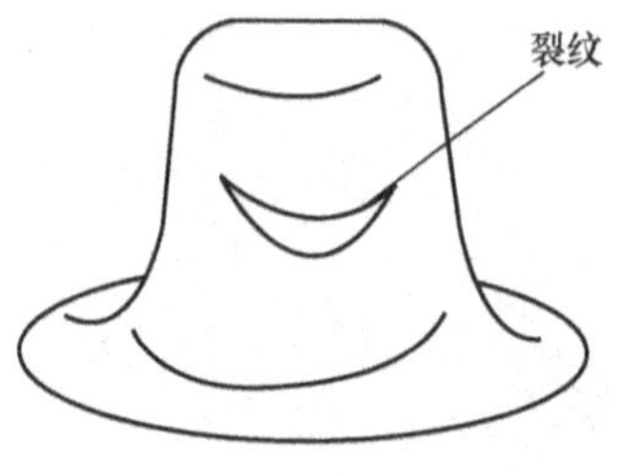

图 4.35　拉裂

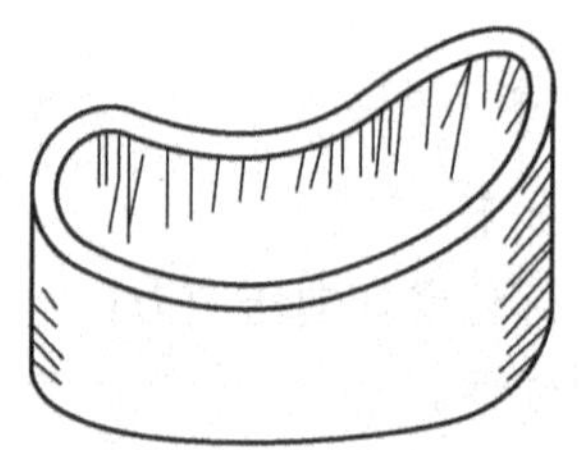

图 4.36　边缘不一致

1）边缘高低不一致的原因

（1）毛坯与凸、凹模中心不合。

（2）材料厚度不均。

（3）凹模圆角半径和凹模间隙不均。

2）边缘有折皱的原因

凹模圆角半径太大，压边圈压不到最后流进凹模且起皱的材料。解决办法如下。

（1）减小凹模圆角半径。

（2）采用弧形压边圈。

4.5.2　拉深工艺的辅助工序

拉深的辅助工序很多，主要分为拉深前的辅助工序（材料的软化热处理、清洗、润滑）；拉深中间的辅助工序（软化热处理、涂漆、润滑）；拉深后的辅助工序（如去应力退火、清洗、去毛刺、表面处理、检验等）。它们的作用是利于拉深，提高模具寿命、工件尺寸精度和表面质量。下面主要就润滑和热处理作简单的介绍

1. 润滑

一般在凹模和材料之间加润滑剂的主要目的如下。

（1）降低材料与模具间的摩擦系数。

（2）提高材料的变形程度。

（3）方便从冲模中取出工件。

（4）保证工件表面质量。

2. 热处理

热处理的目的是恢复材料的塑性，消除冷作造成的内应力。

普通硬化金属（如08钢、10钢、15钢，黄铜和退火过的铝等），若工艺过程正确，模具设计合理，在拉深次数较少的情况下，可不必进行中间热处理。

对高度硬化金属（如不锈钢、耐热钢、退火紫铜等），一般经1～2道工序后就要进行中间热处理。

4.6　实训项目

零件名称：支座。

生产批量：大批量。

材料：10钢。

材料厚度：0.5mm。

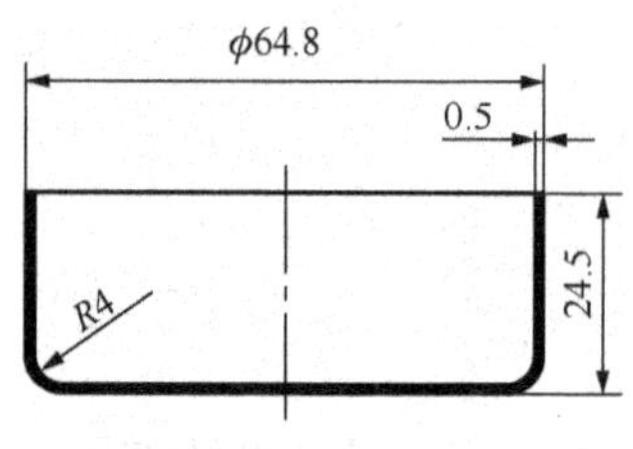

图 4.37　支座零件图

支座零件图：如图 4.37 所示。

4.6.1　分析拉深件工艺

制件为无凸缘圆筒形零件，对厚度变化没有要求。制件的形状要能满足拉深工艺要求。底部圆角半径 $r=$ 4mm，大于拉深凸模圆角半径 r_t[$r_t=(2\sim3)t=(2\sim3)\times 0.5=1\sim1.5$mm]($t$ 为板料厚度)，满足首次拉深对圆角半径的要求，尺寸为 64.8mm，按 IT13 级精度要求，可以满足拉深工序对制件公差等级的要求。

4.6.2　拉深工艺计算

1. 拉深件毛坯尺寸的计算

在计算拉深毛坯尺寸时，应首先确定修边余量，并把修边余量加到拉深件高度上，这时拉深件的高度（H）为原拉深件（h）与修边余量（Δh）之和，即

$$H=h+\Delta h$$

确定修边余量 Δh。

$h=24.5$mm，$d=64.8$mm，所以 $\Delta h=h/d=24.6/64.8=0.38$

因为 $\Delta h<$材料厚度（0.5mm），故该件在拉深时不需要修边余量。

因为板料厚度小于 1mm，故可直接用零件图所注尺寸，不必用中线尺寸计算。

$$\begin{aligned}D&=\sqrt{d^2+4Hd1.72dr0.57r^2}\\&=\sqrt{64.8^2+4\times64.8\times24.5-1.72\times64.8\times4-0.57\times4^2}\text{mm}\\&=100.5\text{mm}\end{aligned}$$

式中，D——拉深件毛坯尺寸，mm；

r——拉深件底部圆角半径，mm。

实际生产中针对无需修边的拉深件，在毛坯尺寸确定的方法上，一般根据理论计算的结果，备制拉深件的毛坯，待拉深试模合格后，再制作拉深件的毛坯落料模。此工件要求的是外形尺寸，设计凸、凹模时应以凹模尺寸为基准进行计算，凹模尺寸为

$$D_a=(D0.75\Delta)_0^{+\Delta4}=(64.8\ 0.75\times0.5)_0^{+0.12}\text{mm}=64.125_0^{+0.12}\text{mm}$$

式中，D——拉深件的基本尺寸，mm；

Δ——拉深件的尺寸公差。

间隙取在凸模上，则凹模尺寸可标注凹模基本尺寸，不标注公差，但在技术要求中要注明按单面拉深间隙配作。

拉深凸、凹模采用分开加工时，要严格控制凸、凹模的制造公差，保证拉深间隙在允许的范围内。

2. 拉深模具其他零件的设计和选用

1）压边圈的设计

压边圈外形尺寸与凹模外形尺寸相同，压边圈材料与凸、凹模一致，热处理硬度稍低于凸、凹模的硬度。

2）压边装置的设计

该拉深模具选在单边压力机上进行拉深加工，所以必须借助弹性元件在受压时所产生的压力。故选用具有通用性的弹性压边装置作为弹性元件，这样可避免每副模具都设计一套专用的压边装置。模具只需配备压边圈和顶杆，并采用倒装式结构。压边装置如图4.38所示。

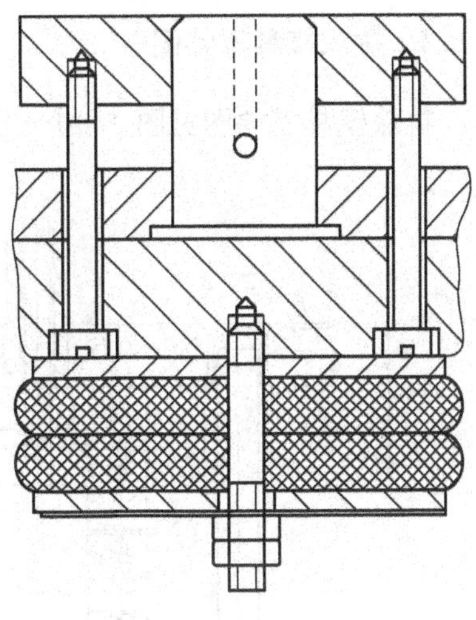

图4.38　压边装置

3. 拉深模具的闭合高度的计算

拉深模具的闭合高度（H）是指滑块在下止点位置时，上模座上下平面与下模座下平面之间的距离，即

$$H = H_s + H_{ag} + H_a + H_y + H_{tg} + H_x + s + t$$
$$= [40 + 25 + 65.5 + 30 + 30 + 45 + (20 - 25) + 0.5]\text{mm}$$
$$= 257 \sim 261\text{mm}$$

取257mm。

式中，H_s——上模座厚度，mm；

H_x——下模座厚度，mm；

H_{ag}——凹模固定板厚度，mm；

H_a——凹模厚度，mm；

H_y——压边圈厚度，mm；

H_{tg}——凸模固定板厚度，mm；

t——拉深件厚度，mm，一般取0.5mm；

s——安全距离，mm，一般取20～25mm。

4. 压力机的选择

根据已初选的压力机公称压力值160kN，其最大闭合高度为220mm，不符合设计要求，应选压力机型号为J23-25，最大闭合高度为270mm，满足模具设计要求。

4.6.3　拉深模具装配图的设计绘制

支架拉深装配图见图4.39。

4.6.4 拉深模具零件图

拉深模具零件图见图 4.40～图 4.46。

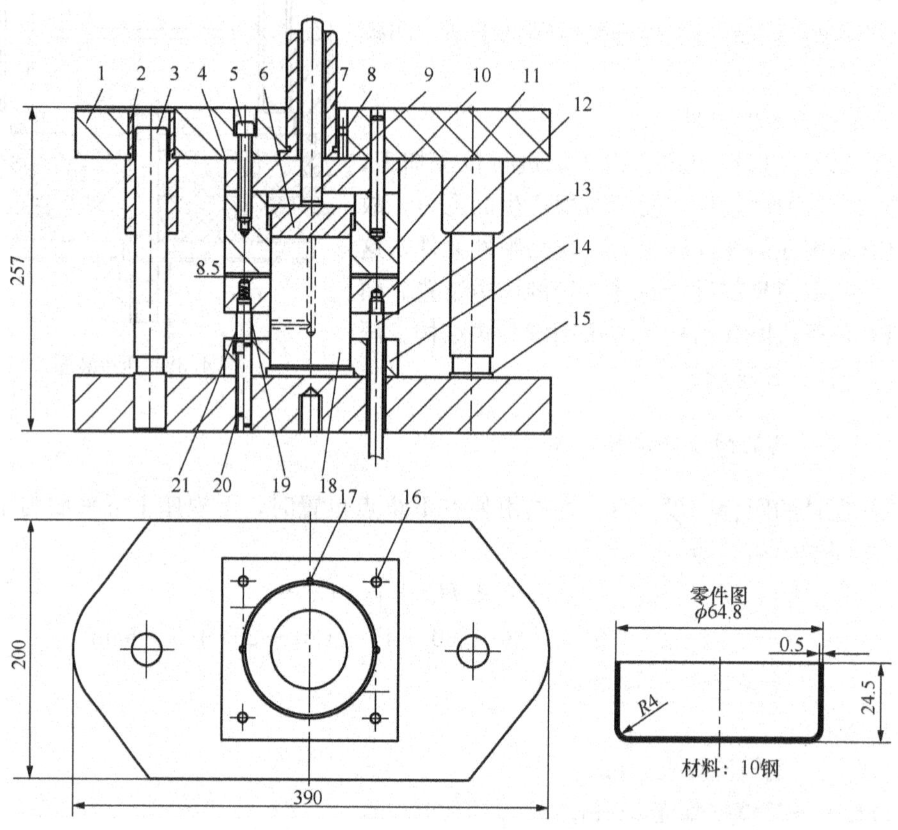

图 4.39　支架拉深装配图

1. 上模座；2. 导套；3. 导柱；4. 凹模垫板；5. 螺钉；6. 推件板；7. 模柄；8. 防转销；9. 推杆；10、20. 销钉；11. 拉深凹模；12. 压边圈；13. 卸料螺钉；14. 凸模固定板；15. 下模座；16. 限位柱；17. 定位销；18. 拉深凸模；19. 弹簧；21. 螺塞

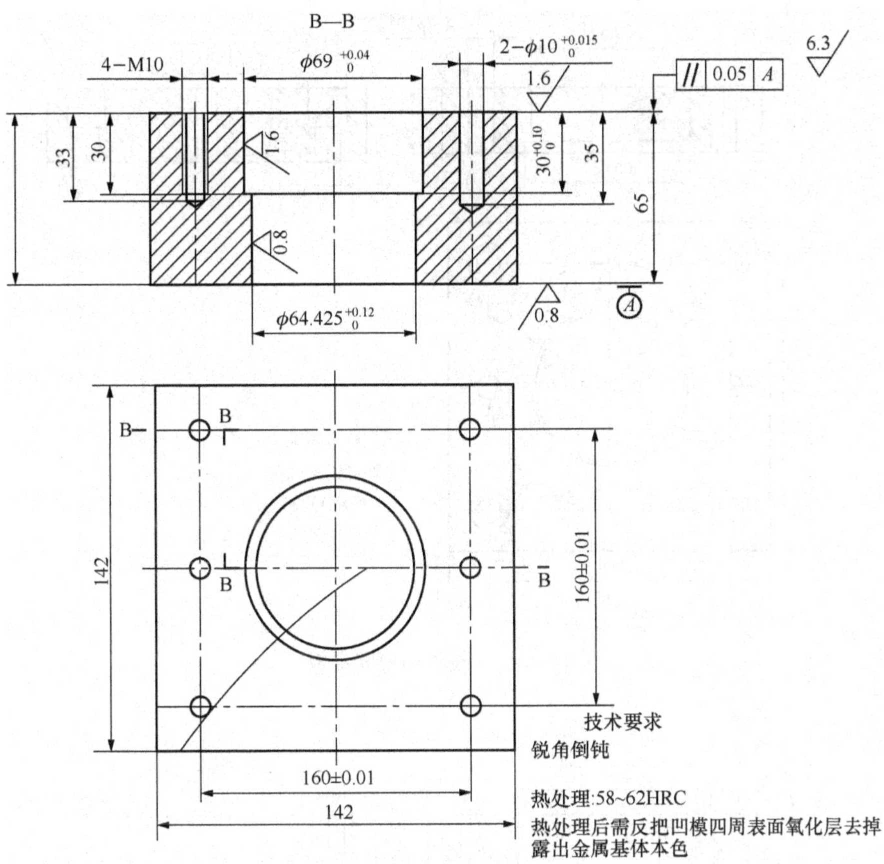

图 4.40　拉深凹模

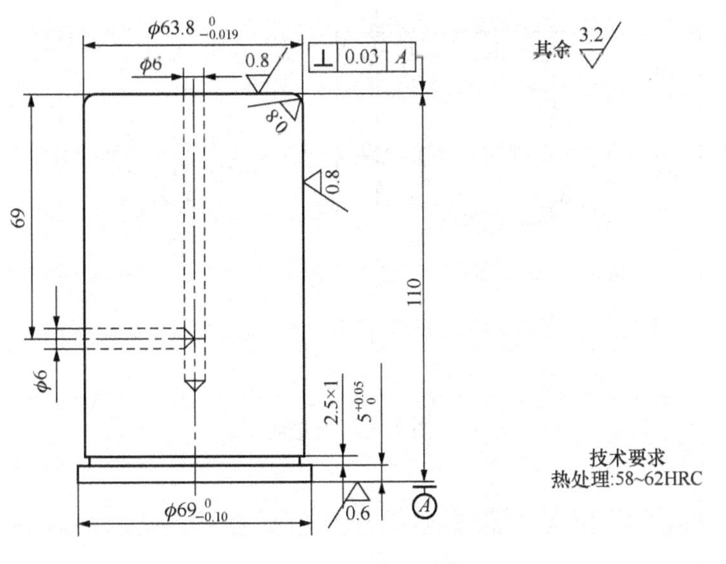

图 4.41　拉深凸模

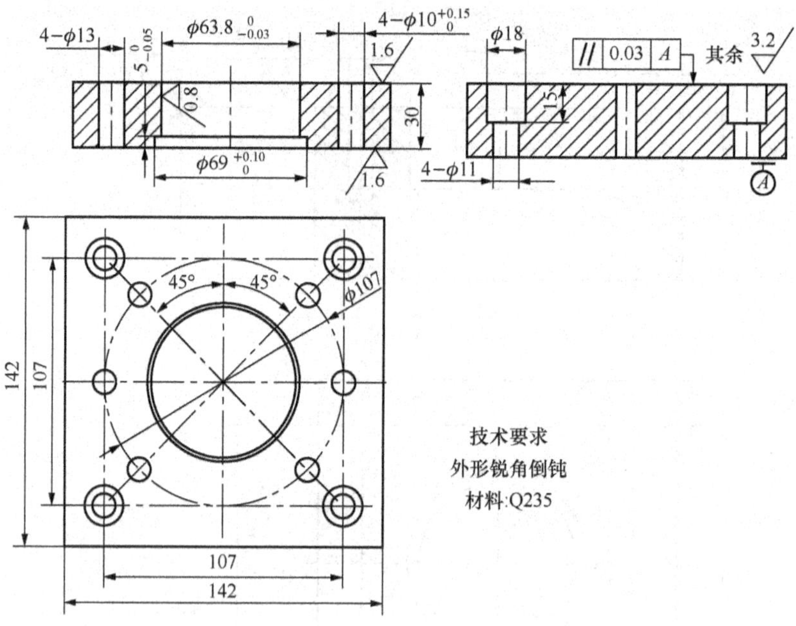

图 4.42　拉深凸模固定板

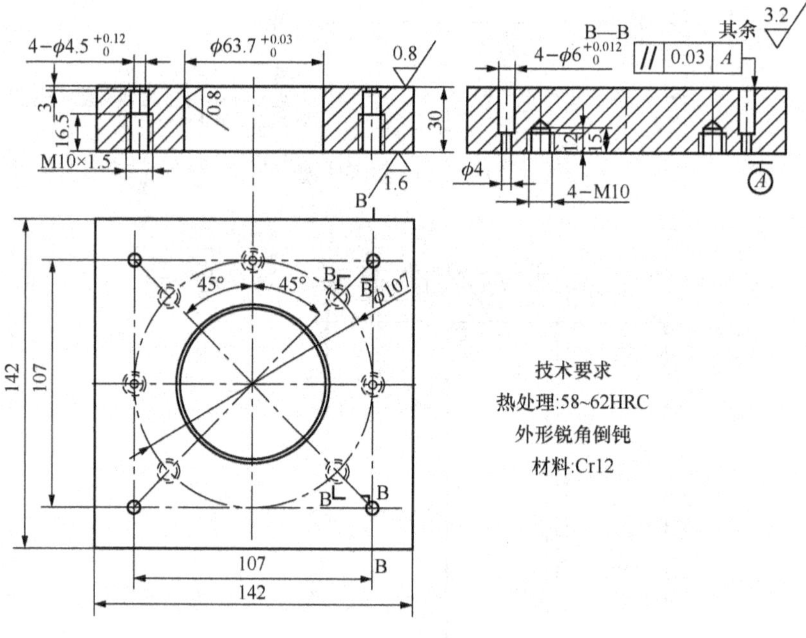

图 4.43　压边圈

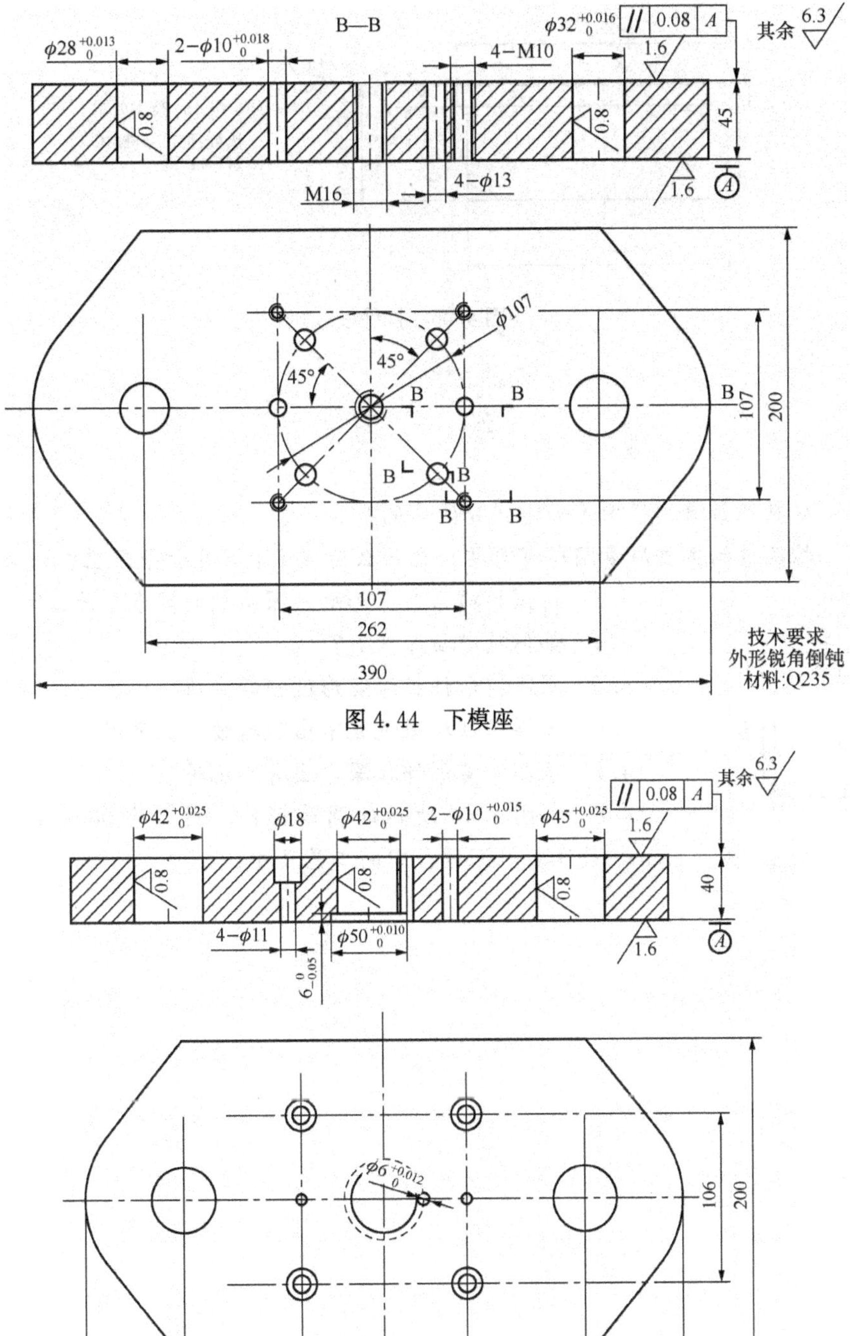

图 4.44　下模座

图 4.45　上模座

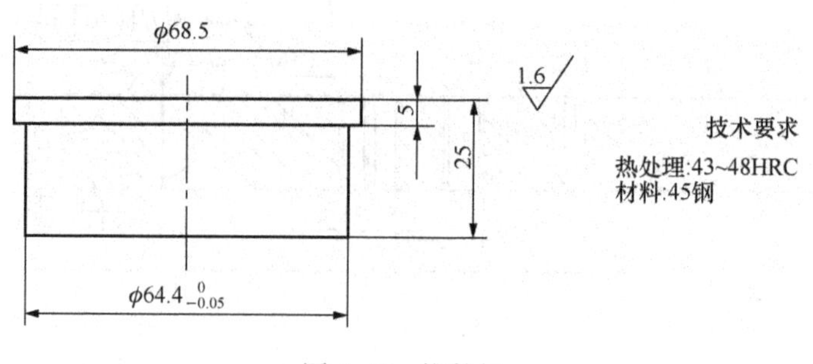

图 4.46　推件板

练　　习

4.1　坯料在拉深过程中是如何划分区域的?

4.2　拉深件的主要质量问题有哪些?在什么情况下会产生拉裂现象?

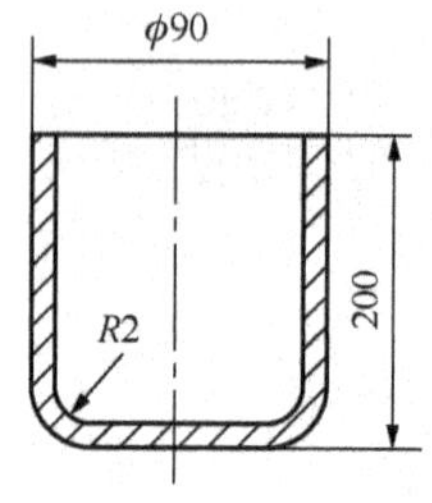

图 4.47　题 4.8 图

4.3　何谓拉深系数?影响拉深系数的因素是什么?

4.4　如何确定拉深次数?

4.5　简述筒形件拉深变形过程的实质。

4.6　怎样保证拉深过程不出现起皱、拉裂现象?

4.7　带凸缘筒形件拉深方法有哪几种?

4.8　如图 4.47 所示的圆筒形件,材料为 08 号钢,料厚为 2mm,计算其拉深过程中的工艺尺寸。

单元 5

多工位级进模具的设计

❖ 知识目标

1. 熟悉多工位级进模具的特点与分类
2. 掌握多工位级进冲压的排样方法
3. 掌握多工位级进模具冲切刃口的设计
4. 熟悉多工位级进模具的典型结构
5. 掌握多工位级进模具工作零件的设计
6. 熟悉多工位级进模具定位机构的设计
7. 熟悉多工位级进模具卸料装置的设计

❖ 能力目标

能够进行简单的多工位级进模具的设计

5.1 概述

连续冲压是在压力机滑块的一次行程中，在模具的不同工位完成两个或两个以上冲压工序的方法，该模具称为级进模具、边续模具或跳步模具。对孔边距较小的工件，采用复合模具有困难，往往采取落料和冲孔分两副模具来完成。如果采用级进冲模具则可用一副模具来完成。连续冲压可以是冲孔、切口、落料等冲裁工序的组合，也可以是冲裁与弯曲或拉深、成形等工序的组合，完成比如连续冲裁、连续弯曲、连续拉深等多道冲压工序，如图 5.1 所示。

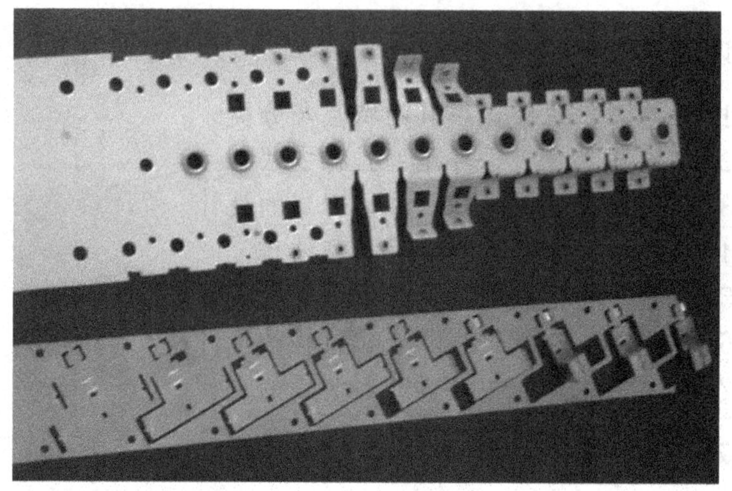

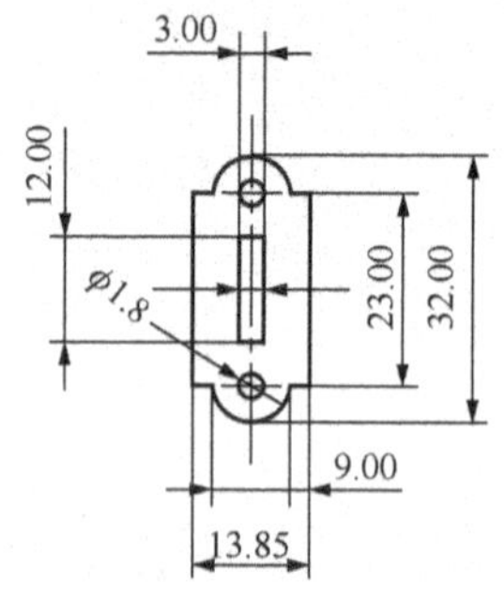

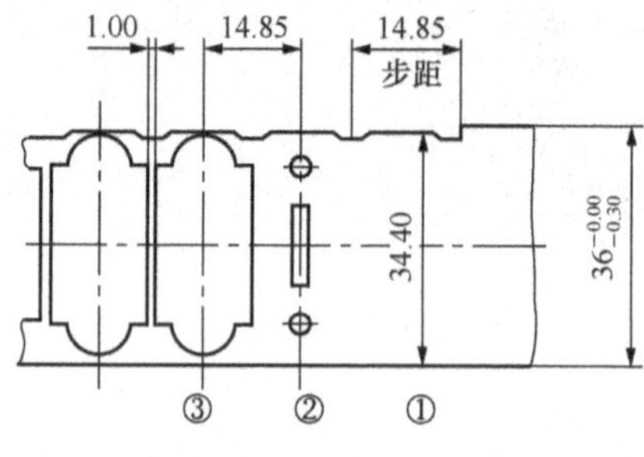

图 5.1　连续多工位图

冲压工件应根据工艺的设计原则将工件按工序分布在几个工步上完成，不同的冲压工序分别按一定的次序排列，坯料按步距间隙移动，在等距离的不同的工位上完成不同的冲压工序，经逐个工位冲制后，便得到一个完整的零件（或半成品）。如从模具强度考虑将邻近的扎、槽分在不向工步上；按拉深工艺计算结果将拉深件分多次拉深而不需中间退火等。

5.2　材料的定位方法

5.2.1　基本定位方法

级进模具中材料送进有两种基本定位方法，即挡料销＋导头定距如图 5.2 所示和侧刃定距如图 5.3 所示。

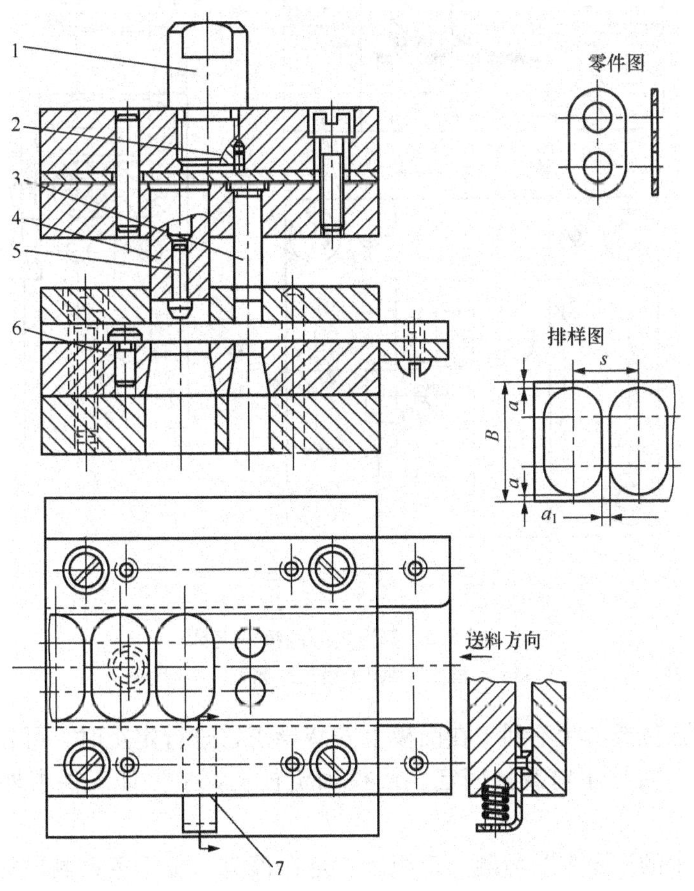

图 5.2　挡料销＋导头定距的级进模具

1. 模柄；2. 销钉；3. 凸模；4. 落料凸模；5. 导头；6. 切始挡料销

导正钉定距是一般级进块常用的一种定距方法，模具上往往还装有始用挡料销和固定挡料，如图 5.2 所示。冲裁时第一步送料用手推出，始用挡料销抵住条料端头，定位后进行第一次冲制，冲孔凸模在条料上仅冲下所需的两孔。第一次冲裁后缩进始用挡料销，以后备次不再使用。第二步把条料向前送至模具上落料的位置，条料的端头抵住固定挡相钉初步定位，此时在第一步所冲的孔已位于落料的位置上。当第二次冲裁时，落料凸模下降，装于落料凸模上的导正钉首先插进原先冲好的孔内，将条料导正到准确的位置，然后冲下一个带孔的工件，同时冲孔凸模又在条料上预冲好孔。以后各次动作均与第二次同。由此始用挡料钉只在第一步冲裁时起作用，以后不再使用；固定挡料钉起粗定位作用；导正钉是导正落料时工件位置，保证工件孔与外缘位置精度的定位零件。

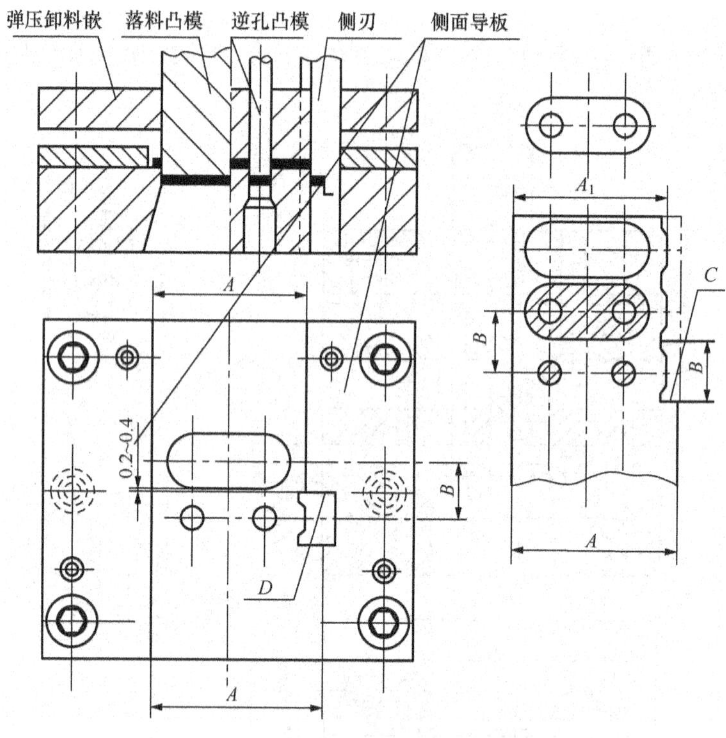

图 5.3　侧刃定距的级进模具

1. 落料凸模；2. 冲孔凸模；3. 侧刃；4. 侧导板

当工件的孔位或形状不利于在凸模上安装导正钉进行定距时，可在条料的废料部分预冲辅助孔，将导正钉直接固定在凸模固定板上，来保证工件内外形的相对位置精度。

图 5.3 所示的定距方法为侧刃定距。它是在模具上位于条料侧边的位置附加一种与成形工件无关的狭长凸模，专作为定距使用，称为定距侧刃。它的横截面的长度等于步距，故以此作为送料进给定距。

图 5.3 所示为一种单侧刃模具，侧刀刃口位于凹模上冲孔的区域，它的前端边缘与落料凹模洞口保持 0.2～0.4mm 的边距。如果侧刃与落料凸模的位置安放有困难时，可将落料凹模洞口向后移动一个步距。当第一步送料时，条料前端抵住侧面导板的 D 面，此时即进行第一次冲裁。冲裁时冲孔凸模在条料上冲成所需的孔。而条料的边缘

同时被侧刃切去一个狭条。第二步送料时，把条料的 C 面抵住侧面导板的 D 面，条料正好进级一个步距，此时第一步所冲的孔便精确地位于落料凹模位置上。当第二次冲裁时落料凸模切下带孔的完整工件，同时冲孔凸模及侧刀也进行冲裁。以后各次送料时就重复地利用被侧刃切成的缺口作为定距。

用导头定距比用侧刃定距可获得较高的送料精度，但在用导头定距时同时采用初始挡料销和挡料销，给操作带来很大不便，难以使用带料并与自动送料装置连用，不适用于大批量生产。而采用侧刃定距时，虽然送料精度不高，但使用却很方便，因而得到较广泛的应用。

5.2.2　步距

级进模具每一工序送料进给量称为步距，如图 5.2、图 5.3 所示的 B 步距的计算如图 5.4 所示。

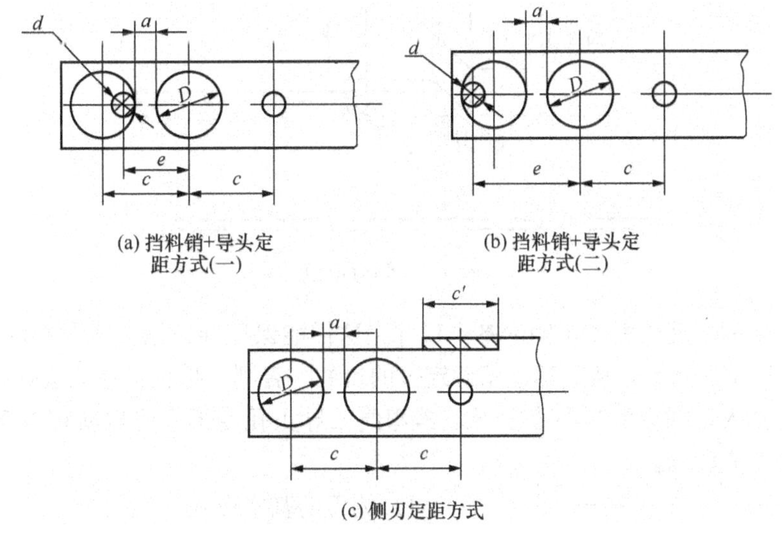

(a) 挡料销+导头定距方式(一)

(b) 挡料销+导头定距方式(二)

(c) 侧刃定距方式

图 5.4　步距计算方法图

(1) 在挡料销＋导头定距方式中，挡料销前置时，如图 5.4 (a) 所示，有

$$c = D + a \tag{5-1}$$

$$e = 1/2(d + D) + a + 0.1\text{mm} \tag{5-2}$$

(2) 在挡料销＋导头定距方式中，挡料销后置时，图 5.4 (b) 所示，有

$$c = D + a \tag{5-3}$$

$$e = 1/2(D - d) + c - 0.1\text{mm} \tag{5-4}$$

(3) 在使用侧刃定距方式时，如图 5.4 (c) 所示。有

$$c = D + d \tag{5-5}$$

$$c' = c + (0.05 \sim 0.1) \tag{5-6}$$

式中，c——步距，mm；

D——工件直径，mm；

a——搭边，mm；

e——型孔与挡料销中心距，mm；

c'——侧刃长度，mm。

侧刃长度c'比步距c大0.05～0.1mm，是为保证级进模具在组装后调试时有修复的余地。

5.2.3 侧刃

侧刃常用于级进模具条料定距中的粗定位，它是通过侧刃在条料的一侧或两侧冲切长度进行定位的，通过缺口台阶抵住侧刃挡块对条料送进进行定位的。如图5.5所示。

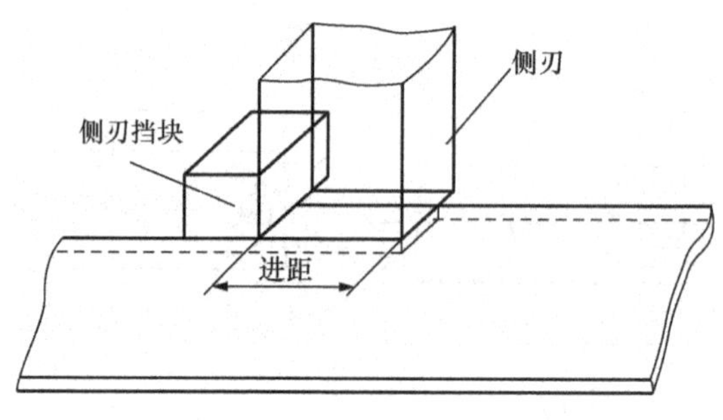

图5.5 侧刃定距

侧刃冲切的长度略大于步距的基本尺寸，这样能保证导正销插入条料的导正孔后，能后退0.03～0.15mm，从而达到精确定位的目的。否则，导正销将无法顺利导入导正孔，若强行插入，则会引起小直径导正销弯曲或导正孔变形，难以实现对条料的精确定位。如图5.6所示。

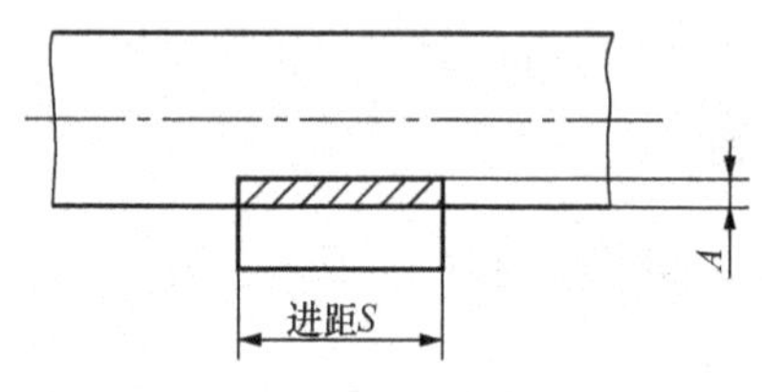

t/mm²	A_{min}/mm²
<0.3	1.0
0.3~0.8	1.5
0.8~1.2	2.0
1.2~2.0	3.0
2.0~2.6	4.0

图5.6 侧刃冲切口尺寸

1）侧刃的基本形式

侧刃工作部分分平侧刃和凹形侧刃，这种形式的工作端一般做成平的，如图5.7所示，如在冲制材料厚度为1.5mm以上时，工作端面可做成如图示带台的，这样可使侧刃在冲裁前导向部分先进入侧刃孔中，避免产生侧向力而损坏侧刃孔。

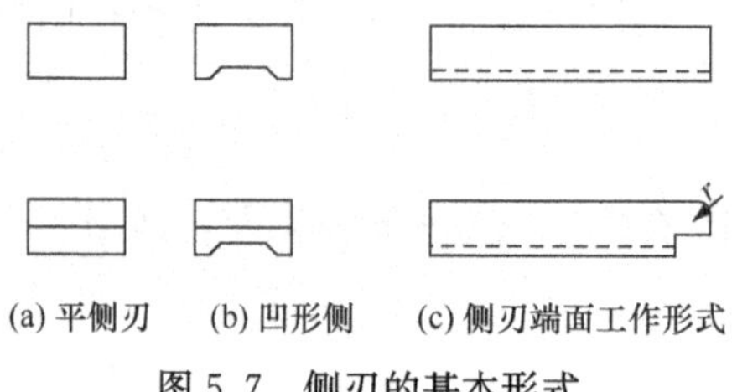

图5.7 侧刃的基本形式

使用平侧刃时，由于制造误差和侧刃变钝的影响，会在冲料接缝处产生毛刺，影响正常送料和送料定距的准确性，如图 5.8（a）所示。而在使用凹形侧刃时，在冲料接缝处产生的毛刺不在导向面上，如图 5.8（b）所示，因而不会影响正常送料和送料定距的准确。当生产批量大或工件要高时，应选用凹形侧刃，这样即使增加模具制造难度和成本也是可取的。

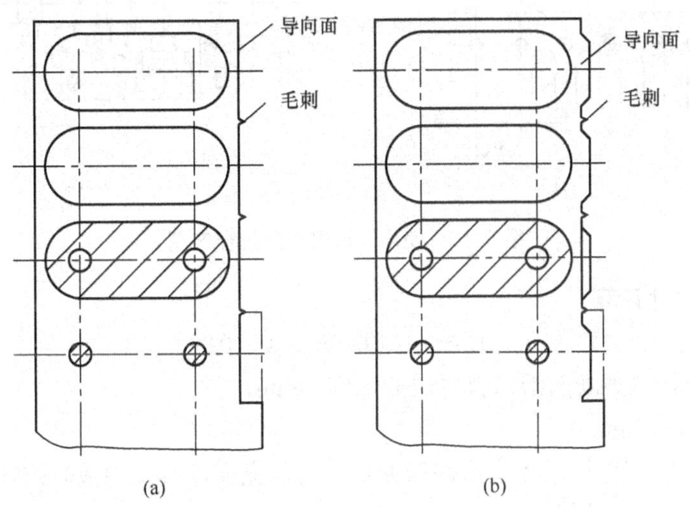

图 5.8　侧刃

2）双侧刃

在级进模具设计中常选用双侧刃，如图 5.9 所示，双侧刃可适用于下列场合：工步数在 3～5 步以上；工件尺寸较大时；斜排样时总送料距离较长，可充分利用材料；无废料排样，如图 5.9 所示。

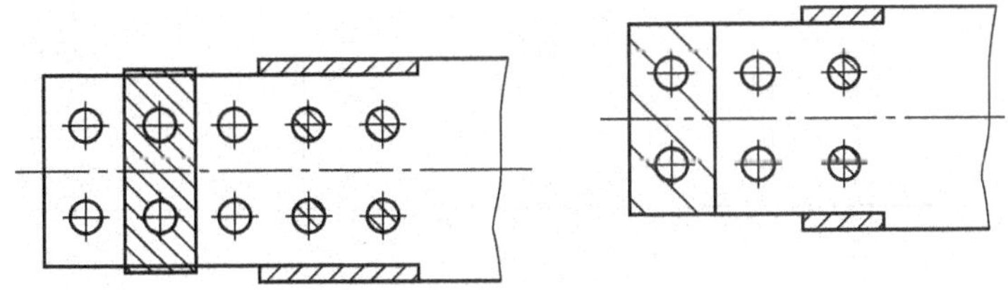

图 5.9　连接片排样图

从图 5.9 可以看出，双侧刃的排列应根据工件尺寸、排样方式等选用前后排列或在起始工步并列排样的方式。当选用前后排列方式时，两侧刃的前后距离应尽可能拉开，以充分利用材料，这在使用条料冲压时尤为重要。

5.2.4　成形侧刃

成形侧刃冲压是将拟选用的侧刃与工件某一部分的冲裁结合，利用冲切出条（带）料的缺口代替普通侧刃的切边缺口实现送料限位定距，省去普通侧刃冲切后仍需留出落料冲切的搭边，实现少、无废料排样的冲裁，如图 5.10 所示。

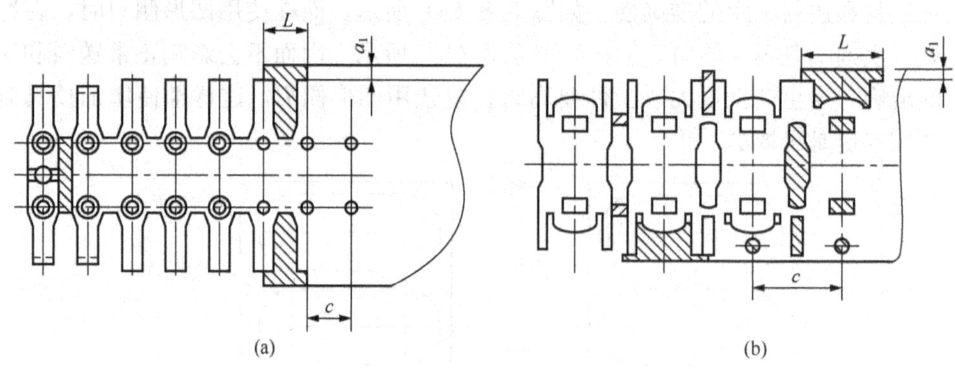

图 5.10 使用成形侧刃的排样实例

成形侧刃尺寸计算

$$L = c + (0.05 \sim 0.10) \tag{5-7}$$

式中，L——成形侧刃断面沿送料方向的长度，mm；

c——步距，mm。

在图 5.10 中，尺寸 a_1 为成形侧刃冲切沿边的宽度，可按冲裁时排样所需搭边数值选用，表 5.1 给出 a_1 数值。

表 5.1 成形侧刃冲切沿边宽度 a_1 （单位：mm）

材料厚度 t	工件长度 $L \leqslant 50$	工作长度 $L > 50$
≤0.5	2.0	2.0~3.0
>0.5~1	1.8	1.8~2.8
>1~1.5	1.8	1.8~2.8
>1.5~2	2.0	2.0~3.0
>2~2.5	2.2	2.2~3.2
>2.5~3	2.5	2.5~3.5

5.2.5 导头

在挡料销＋导头定距的方式中，挡料销是粗定位，送料精度取决于导头的导向精度。一般应采用两个导头，导头导入孔可选用工件上相应孔，也可预先冲制辅助上艺孔，在多工位级进模具中多采用在起始工步冲制辅助工艺孔，导头形状和固定方式如图 5.11 所示，导正销的工作原理示意如图 5.12 所示。

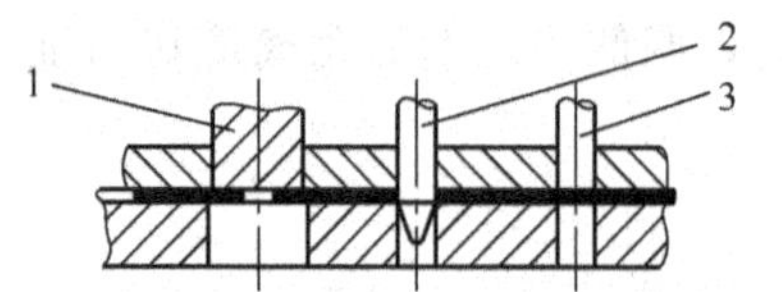

图 5.11 导正销导正原理示意图

1. 落料凸模；2. 导正销；3. 冲导正孔凸模

图 5.13 (a) 所示为 A 型压入式导头，用于 4~

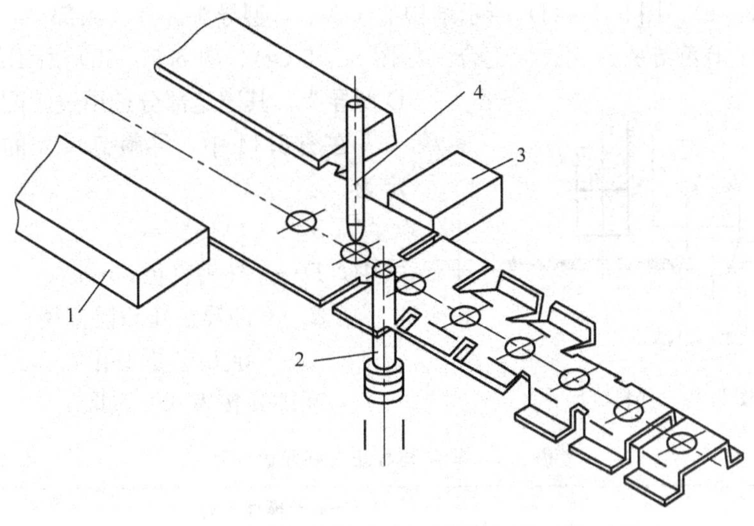

图 5.12 导正销工作示意图

1. 导尺；2. 浮顶器；3. 侧刃挡块；4. 导正销

18mm 的情况；如图 5.13（b）所示为 B 型压入式导头用于 17～40mm 的情况；如图 5.13（c）所示的 C 型图案式导头用于 4～7mm 的情况；如图 5.13（d）所示为 D 型固紧式导头，用于 7～20mm 的情况。C、D 型导头便于更换，可用于多工位级进模具。

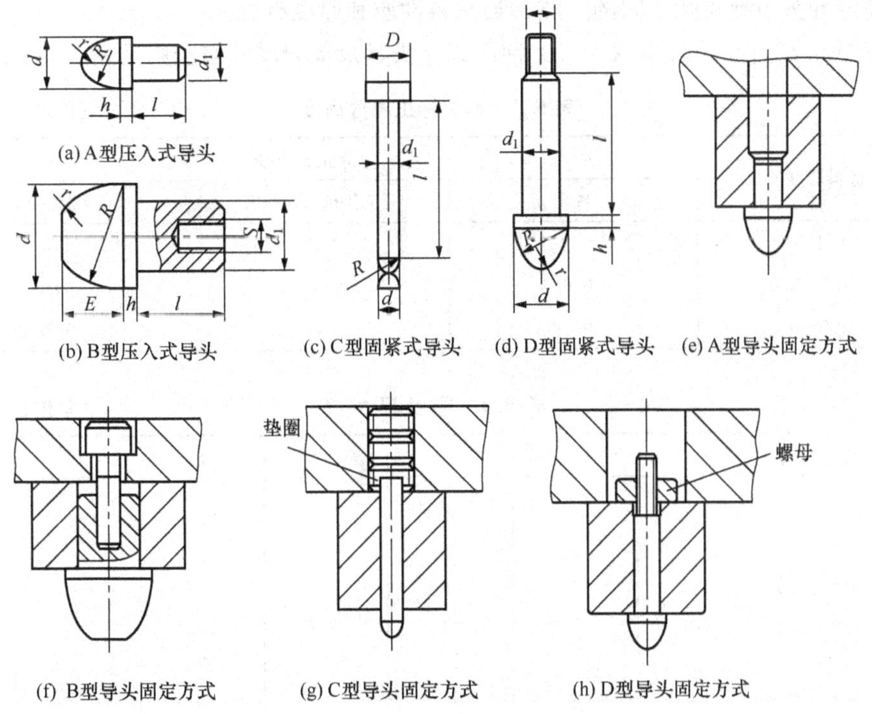

图 5.13 导头形状与固定方式

图 5.13（e）、图 5.13（f）所示结构适于 A、B 型导头。其压入部分，A 型导头选用过盈配合；B 型导头选用过渡配合。如图 5.13（g）、图 5.13（h）所示结构适于 C、D 型导头，其固定部分选用过渡配合。

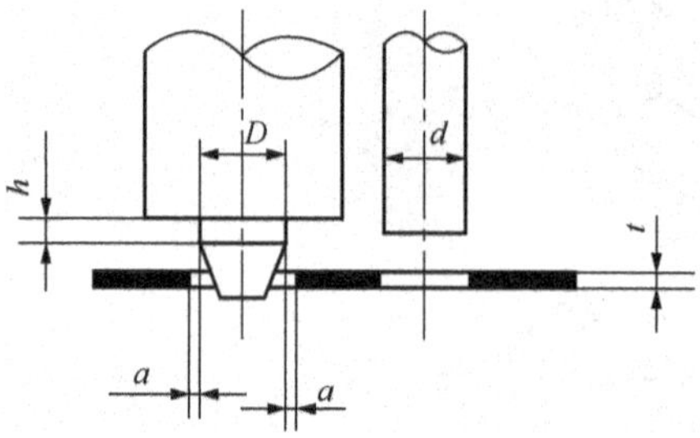

图 5.14　导料钉尺寸

在图 5.14 中，导料钉尺寸的计算公式确定为

$$D=d-a \tag{5-8}$$

式中，D——导头直径，mm；

d——冲导正孔凸模直径，mm；

a——导头与导正孔间双边间隙，mm，间隙 a 按表 5.2 选取。

表 5.2　导头与导正孔间双边间隙 a　　（单位：mm）

材料厚度 t	冲导正孔凸模直径 $d_凸$					
	≤6	>6～10	>10～16	>16～24	>24～32	>32～40
≤1.5	0.04	0.06	0.06	0.08	0.09	0.10
>1.5～3.0	0.05	0.07	0.08	0.10	0.12	0.14
>3.0～5.0	0.06	0.08	0.10	0.12	0.16	0.18

确定导头与导正孔之间的间隙，与材料性质和厚度有关。

在图 5.13 中，A、B、C、D 4 种形式导头其余部分尺寸的选用见表 5.3 和表 5.4。

表 5.3　导头导正部分高度 h　　（单位：mm）

材料厚度 t	导正孔直径		
	≤6	>6～25	>25～40
≤1.5	1	1.2	1.5
>1.5～3.0	0.6t	0.8t	t
>3.0～5.0	0.5t	0.6t	0.8t

表 5.4　导头尺寸表　　（单位：mm）

类型	d	d_1	t	R	r	E	S
A	4～5.5	3	6	$=d$	0.8	—	—
	5.5～7	4	8		1	—	—
	7～8.5	5	10		1.5	—	—
	8～10	6	11		1.8	—	—
	9～12	7	12		2	—	—
	12～15	9	14		3	—	—
	15～18	10	16		3.5	—	—

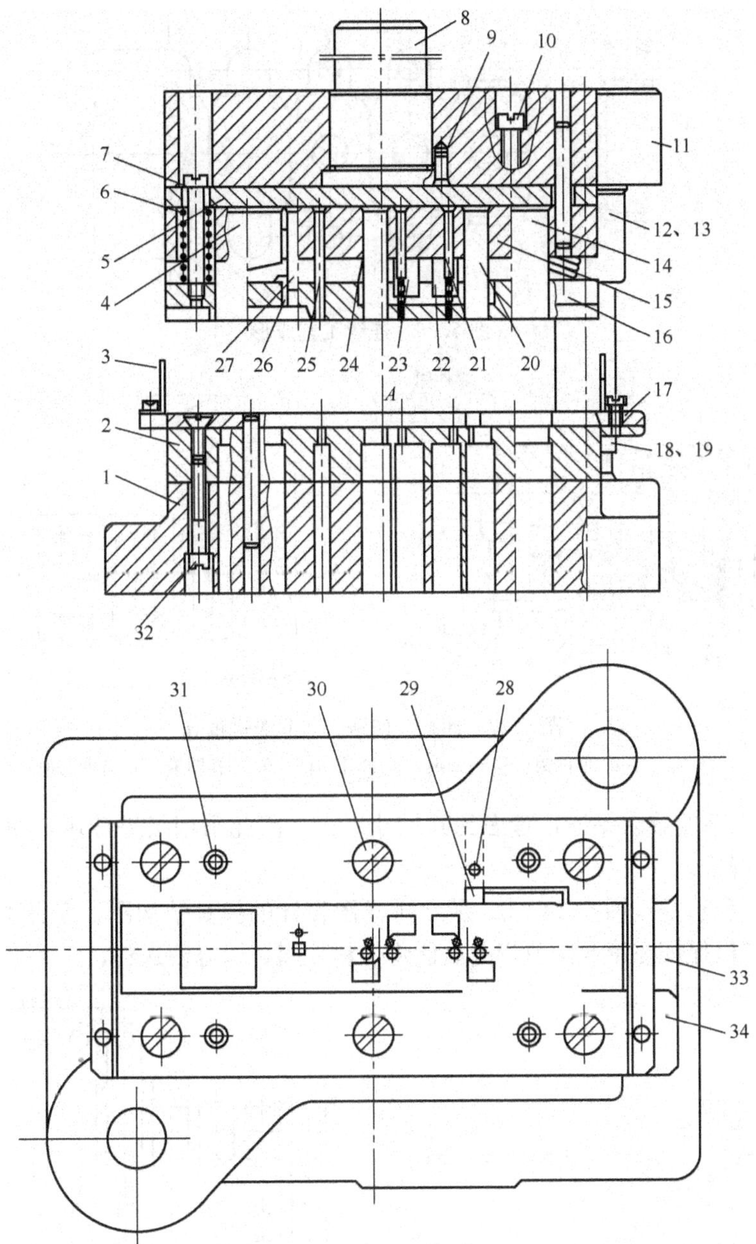

图 5.35 引线片模具图

1. 下模座；2. 凹模；3. 安全挡板；4. 落料凸模；5. 垫板；6. 弹簧；7. 卸料螺钉；8. 模柄；9、31. 圆柱销；10、30、32. 螺钉；11. 上模座；12、13. 导套；14. 侧刃；15. 凸模固定板；16. 卸料板；17. 导料板；18、19. 导柱；20～25. 凸模；26. 小导柱；27. 小导套；28. 圆销；29. 侧刃挡块；33. 托板；34. 侧面导板

图 5.38 (a) 所示是料厚为 1.4mm 的嵌入式插销零件，需要冲孔、切舌、弯曲多道工序才能成形，当采用单工序模生产时，需要多副模具，需要多次重复定位，不仅生产

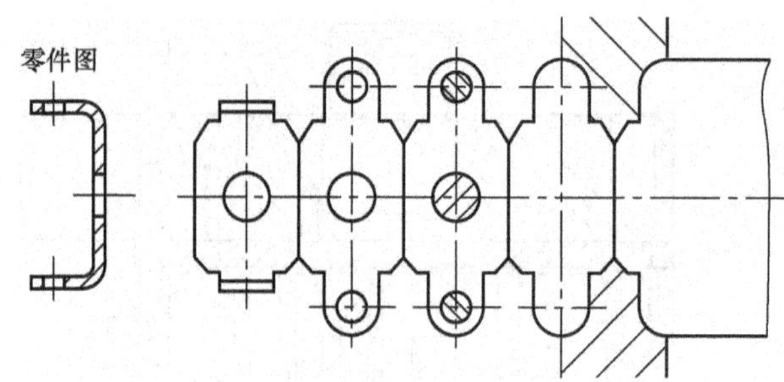

图 5.36　连续工艺成形

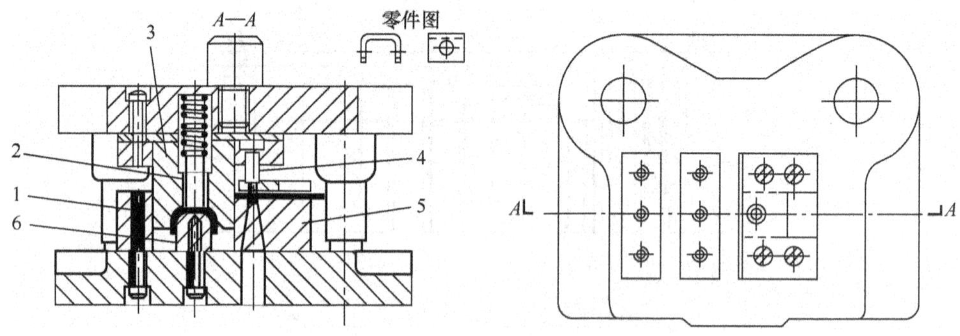

图 5.37　冲孔、切断、弯曲级进模具

1. 挡块；2. 顶件销；3. 凸凹模；4. 冲孔凸模；5. 冲孔凹模；6. 弯曲凸模

效率低，而且精度难以保证，考虑到其尺寸不大，因此采用级进冲压，如图 5.38（b）所示是其排样图。

图 5.39 所示是按图 5.38（b）所示排样图设计的模具结构图。模具中采用了浮顶装置 16、17 以保证在第 5 工位弯曲后能将带料托起，以方便送料。

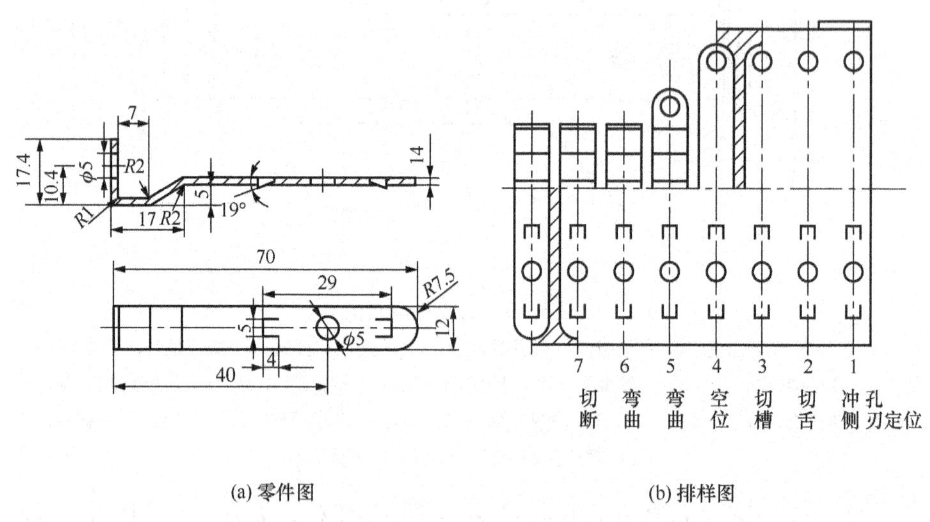

图 5.38　插销零件图及排样图

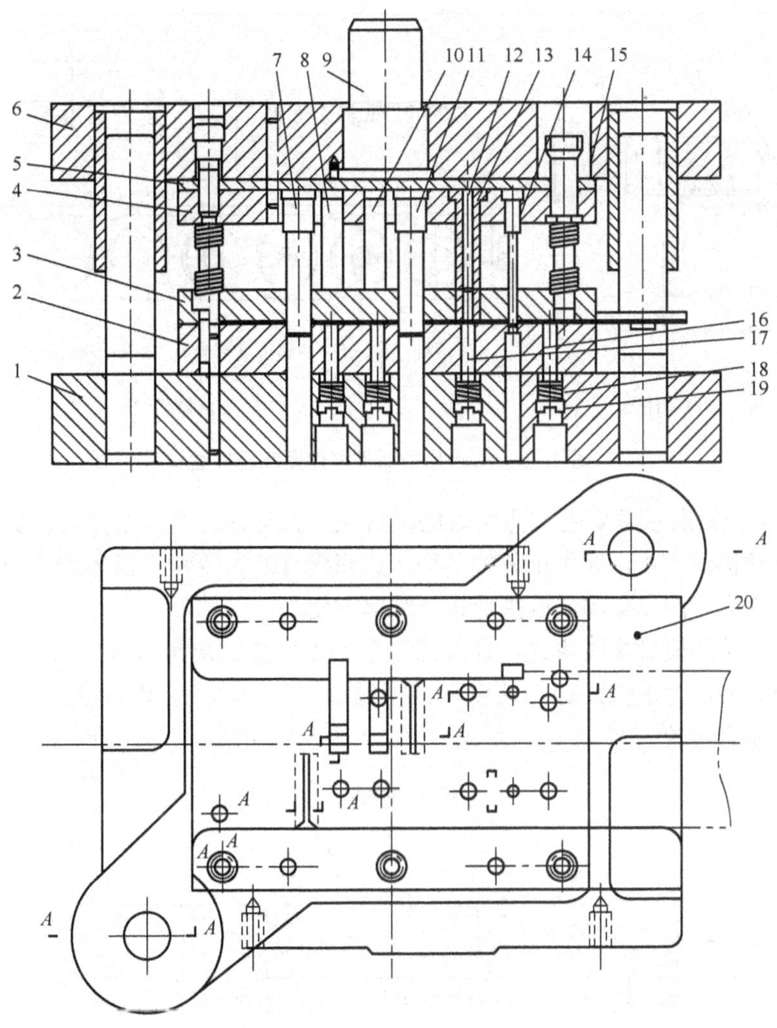

图 5.39　插销级进模具

1. 下模座；2. 凹模；3. 卸料板；4. 凸模固定板；5. 垫板；6. 上模座；7. 裁搭边凸模；8. 弯曲凸模；9. 模柄；10. 弯曲凸模；11. 裁搭边凸模；12. 顶杆；13. 衬套；14. 冲孔凸模；15、18. 弹簧；16、17. 浮顶器；19. 螺塞；20. 导料

5.5.3　冲裁拉深级进模具

冲裁拉深是级进成形工艺应用最早的一种。在成批或大量生产中，外形尺寸在60mm以内，材料厚度在2mm以下的以拉深成形为主的冲压件均可用带料的级进拉深成形。带料级进拉深是在带料上直接（不截成单个毛坯）进行拉深。零件拉深后才从带料上冲裁下来。因此，这种拉深生产率很高，但模具结构复杂，只有大批量生产且零件外形不大的情况下才采用。如果零件特别小，手工操作很不安全，虽不是大批生产，也可考虑采用。如图 5.40（a）所示为六角形拉深件，材料为08A-ZF，料厚

为 0.8mm。

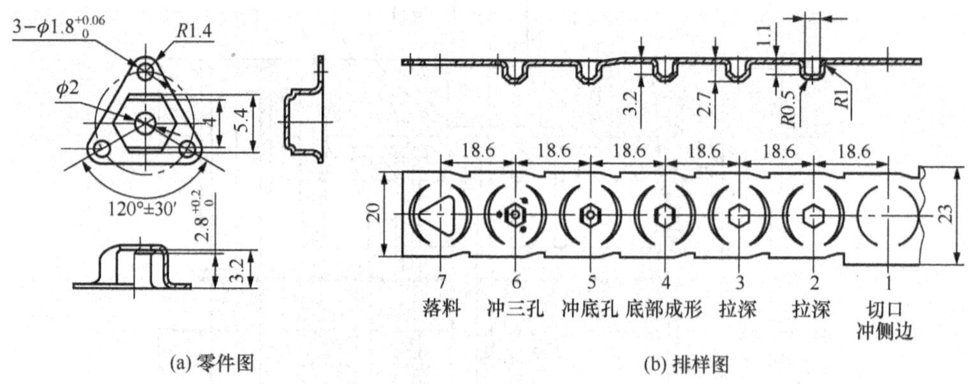

(a) 零件图　　(b) 排样图

图 5.40　六角形拉深件零件图和排样图

图 5.40（b）所示是采用工艺切口的级进拉深排样图，共 7 个工位。如图 5.41 所示是其模具结构示意图，采用正装式结构。这副模具的主要特点是采用了双侧刃定距，避免了料尾损失，凹模全部是镶拼形式，维修方便。

模具特点是凹模做成嵌块式，各拉深工序凹模嵌块的肩角 R 均不相同，但在拉深过程中又很重要，为了保证加工精度和试模过程中便于修正，以及互换要求，采用嵌块凹模结构是合理的。

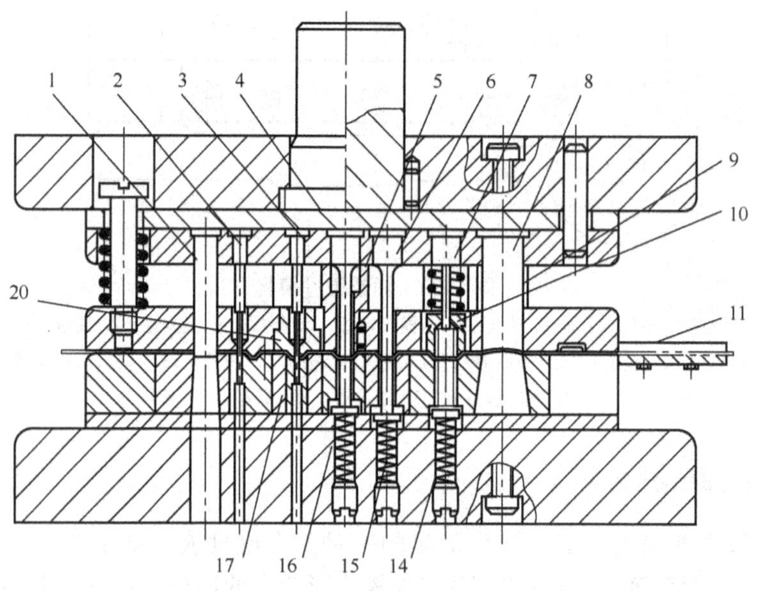

图 5.41　六角形拉深件级进模具

1. 落料凸模；2. 冲孔凸模；3. 冲底孔凸模；4. 底部成型凸模；5. 保护套；6. 二次拉伸凸模；7. 拉伸凸模；8. 切口凸模；9. 限位块；10. 保护套；11. 承料板；12. 导料块；13. 挡料块；14. 弹簧；15. 螺塞；16. 顶料块；17. 垫板；18. 凹模镶件；19. 镶块；20. 凸模护套

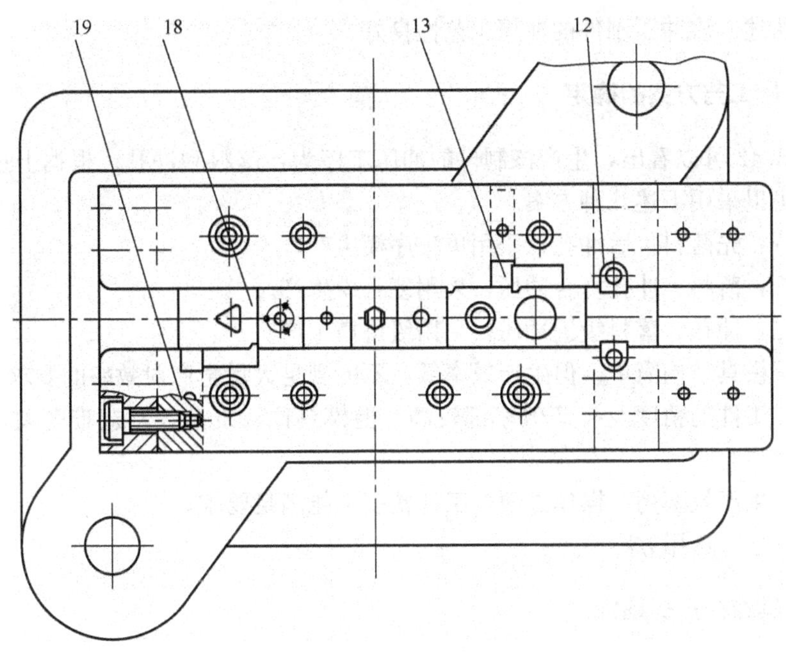

图 5.41　六角形拉深件级进模具（续）

1. 落料凸模；2. 冲孔凸模；3. 冲底孔凸模；4. 底部成型凸模；5. 保护套；6. 二次拉伸凸模；7. 拉伸凸模；8. 切口凸模；9. 限位块；10. 保护套；11. 承料板；12. 导料块；13. 挡料块；14. 弹簧；15. 螺塞；16. 顶料块；17. 垫板；18. 凹模镶件；19. 镶块；20. 凸模护套

5.6　实训项目

零件名称：垫片。

生产批量：大批量。

材料：10 号钢。

材料厚度：0.5mm。

垫片零件图：如图 5.42 所示。

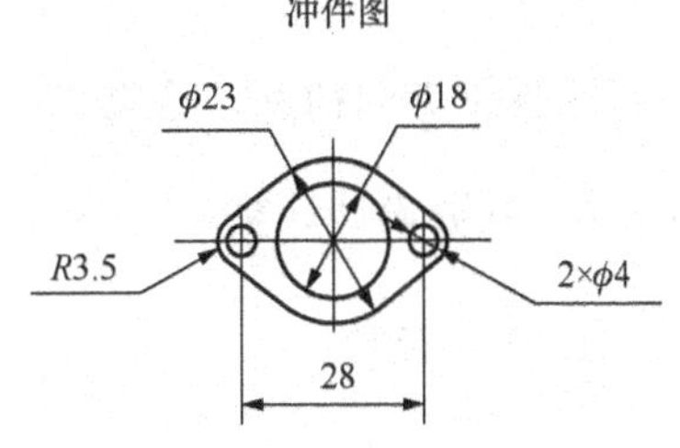

图 5.42　垫片零件图

5.6.1　冲压件工艺性分析

该冲压件材料为 10 号钢，具有良好的冲压性能，适合冲裁。

该冲压件结构相对简单，最小孔径为 4mm，满足最小孔径的要求；孔与孔之间的最小距离为 3mm，满足最小孔距的要求，因此可以同时冲出；孔与边缘之间的最小距离也为 1.5mm，也满足要求。

精度全部为未注公差，可看做是 IT14 级，满足普通冲裁的经济性精度要求。

综上所述，该冲压制件的冲压工艺性良好。

5.6.2 冲压工艺方案的确定

由图 5.42 可以看出，生产该制件的冲压工序为：落料和冲孔。根据上述工艺分析的结果，可以采用下述几种方案。

方案一：先落料，后冲孔，采用单工序模生产。

方案二：落料、冲孔复合冲压，采用复合模生产。

方案三：冲孔、落料级进冲压，采用级进模生产。

方案一模具结构简单，但生产效率低，不能满足大量生产对效率的要求。

方案二工件的精度及生产效率都较高，但模具比较复杂，制造难度大，而且操作不便。

方案三生产效率高，操作方便，工件精度也能满足要求。

综上所述，选用方案三。

5.6.3 模具结构形式确定

1. 模具类型的选择

根据上述方案，这里选用级进模具。

2. 定位方式的选择

利用无侧压装置的导料板导料，侧刃定距，导正销精定距。

3. 卸料、出件方式的选择

采用刚性卸料和下出件方式。

4. 导向方式的选择

为保证导向精度，这里选用中间导柱的导向方式

5.6.4 主要设计计算

1. 排样设计

由于该工件为冲裁件，且外形和孔形结构都比较简单，因此可直接进行工序排样设计，如图 5.43 所示。

根据工件的结构，选用斜排，查表得搭边值为 1.5mm，侧搭边值为 2.5mm，则条料宽度计算为

$$B=(26.8+4+1.5\times 2)\text{mm}=33.8\text{mm}$$

取料宽度为 $43_{-0.3}^{\ 0}$。

由于采用侧刃定位，侧刃冲裁的材料宽度取 2mm，所以条料总宽度为（34＋2×2)mm＝38mm。

步距确定为

$$L = 26\text{mm}$$

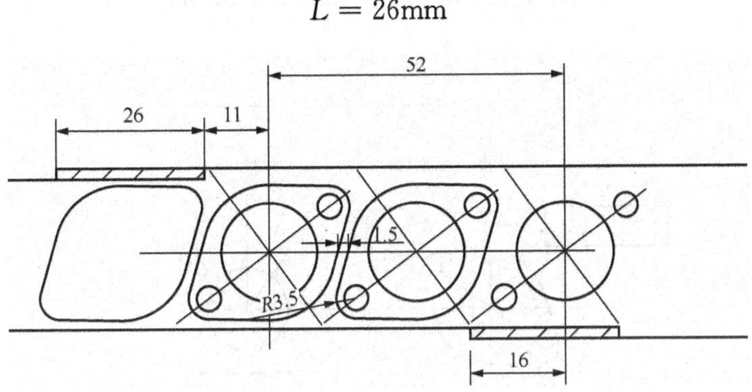

图 5.43　排样图

此工件只需落料和冲孔两道工序，因此排样时，第一工位冲孔，同时为定位，在冲孔的同时利用侧刃冲去等于进距的料边，第二工位空位，第三工位落料，落料时可以用第一工位冲出的孔进行定位，这里空位的目的是增大冲 ϕ4mm 孔凹模和落外形凹模之间的壁厚，以保证凹模强度。

设计的排样图见图 5.42。

2. 冲压力计算

该工件在冲压过程中需要的冲压工艺力有：冲 5 个 ϕ5mm 孔及一个 ϕ8mm 孔需要的冲孔力，侧刃冲料边需要的力，落外形需要的落料力及卸料力。

由式（2-1）得

$$F = K \cdot L \cdot t \cdot \tau = 1.3 \times 320 \times 0.5 \times 273\text{N} = 56.78\text{kN}$$

式中，τ 为 320MPa；L 是 6 个孔的总周长、侧边的冲切长度与外形轮廓长度之和，经计算约为 273mm。

卸料力＋推料力

$$F = 0.06 \times F \times n = 0.06 \times 56.78 \times 5\text{kN} = 17.04\text{kN}$$

$$F_{总} = (56.78 + 17.04)\text{kN} = 73.8\text{kN}$$

根据上述计算结果，冲压设备拟选用 J23—16 型。

3. 压力中心的确定

压力中心即冲裁合力的作用点，计算压力中心的目的是在模具设计时保证模具的压力中心与模柄的中心线重合。压力中心可按下述步骤进行。

（1）按比例绘制出各凹模形孔图，如图 5.44 所示。

（2）分别求出每一形孔的压力中心位置。这里的各孔为圆形，其压力中心位置在其圆心上，因此这里只需求出落外形的压力中心和定距用侧边的压力中心，对于外形，可建立如图 5.44 所示的 xOy 坐标系，计算出压力中心的位置。

$$x=\frac{56.54\times52+12.56\times63.47+12.56\times40.53+68\times49+68\times24}{56.54+12.56\times2+68\times2+87.41}=19.5$$

取整 $x=20$

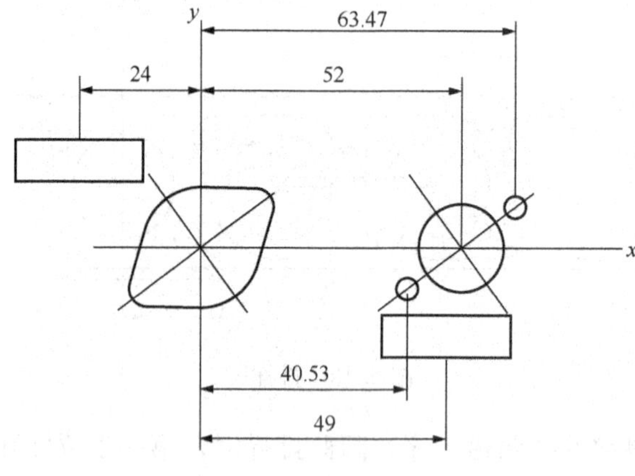

图 5.44　压力中心图

4. 工作零件刃口尺寸计算

因工作零件的形状相对比较简单，适宜采用线切割机床分别加工落料凸模、凹模、凸模固定板以及卸料板，这种加工方法可以保证这些零件各个孔的同轴度，使装配工作简化。具体计算结果见表 5.5。

表 5.5　凸凹模刃口尺寸　（单位：mm）

序号	尺寸	公差	凹模	凸模
1	$\phi4$	0.3	配加工	$\phi4.2_{-0.01}^{0}$
2	$\phi18$	0.43	配加工	$\phi18.2_{-0.02}^{0}$
3	$\phi23$	0.52	$\phi22.7_{0}^{+0.05}$	配加工
4	$\phi28$	0.52	28 ± 0.025	28 ± 0.025

5. 模具总体设计

模具总装如图 5.45 所示。这是一套横向单件斜排双侧刃加挡板定距，弹压卸料带承料板的级进模具。冲件是外形以圆弧为主的菱形形状，只有采用斜排方式，让其一组对边与送料方向平行，才是材料利用率最高的排样方式，可用做图的方式画出排样图。模具采用双侧刃 3 加挡板 19 定距，操作方便，效率高，定距精度好，材料长度方向能得到充分利用，但要多费双侧刃冲切的工艺用料。弹压卸料压料好，小凸模 8 能得到较好的保护。使用带承料板操作更加方便。

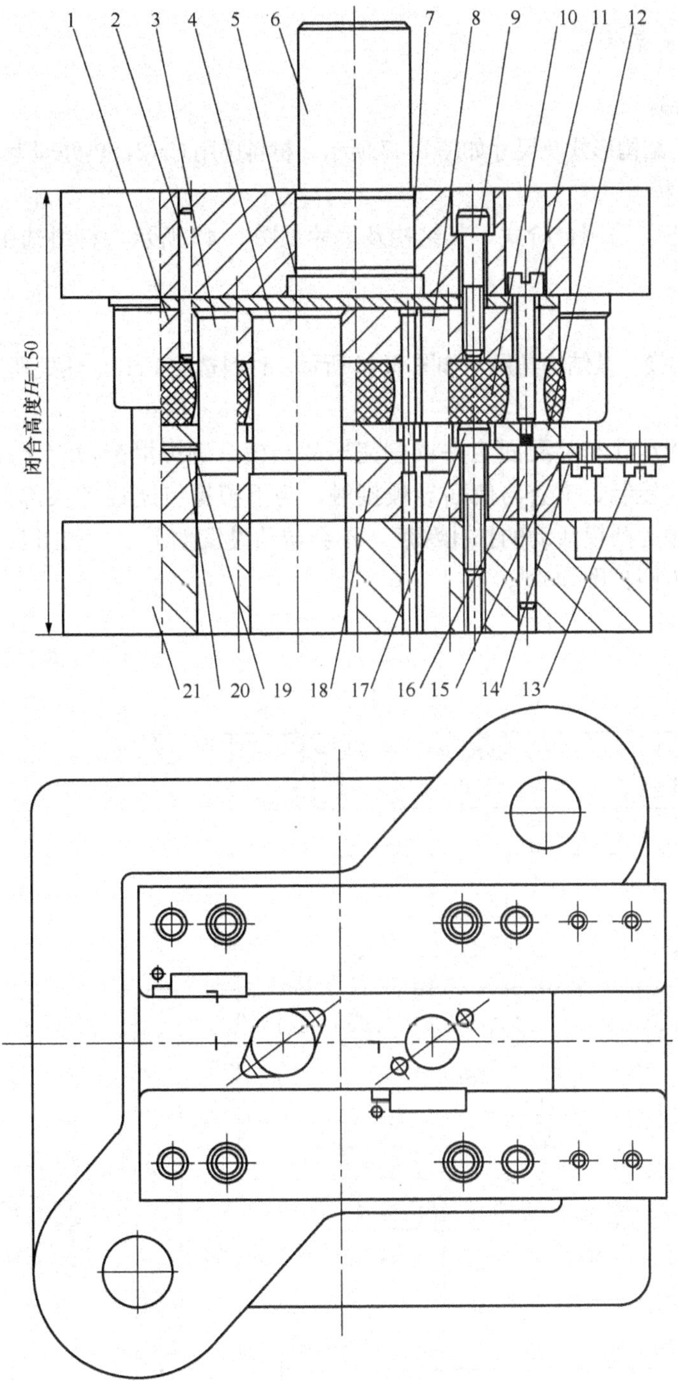

图 5.45　垫片模具图

1. 固定板；2、16、20. 圆柱销；3. 侧刃；4. 落料凸模；5. 垫板；6. 模柄；7. 冲孔；8. 凸模；9、13、17. 螺钉；10. 弹顶器；11. 卸料螺钉；12. 弹压卸料板；14. 承料板；15. 导板；18. 凹模；19. 挡板；21. 模座

6. 模具主要零件设计

1）落料凸模

落料凸模的结构形式及尺寸如图 5.47 所示，材料选用 Cr12，热处理为 58～60HRC。

2）冲孔凸模

由于是圆形，采用台阶式，其结构及尺寸见图 5.47 所示，材料选用 Cr12，热处理为 58～60HRC。

3）凹模

采用整体凹模，其结构与尺寸如图 5.46 所示，材料选用 Cr12，热处理为 60～64HRC。

4）卸料板

弹压卸料板形孔与装配固定并调整完毕的凸模、侧刃滑配没有干涉，其中凸起的压料宽度、高度控制，不会与侧面导板接触，为下模螺钉所设的头部让位孔不发生摩擦或干涉。其中为凸模活动的扩孔深度，不会与凸模发生干涉。如图 5.49 所示。

固定板零件图见图 5.48。

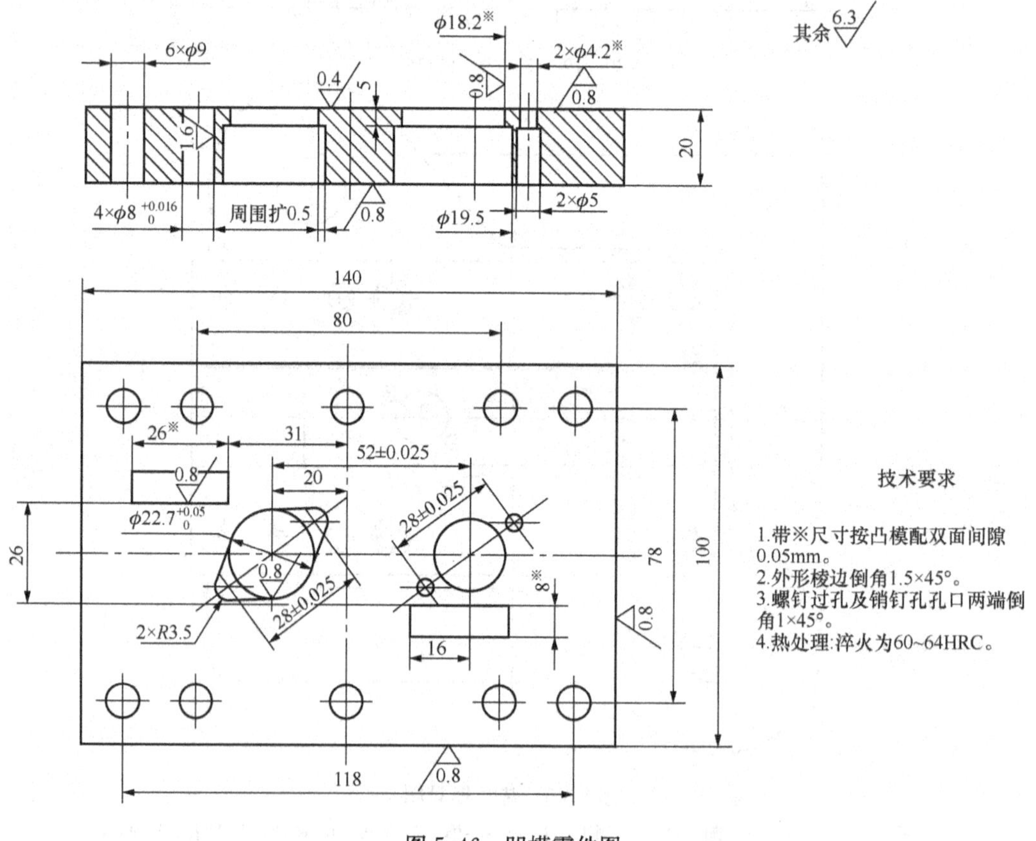

图 5.46　凹模零件图

侧压导板是由两块组成的，形状简单，易于加工，主要问题调整装配饰的方向、

1×45°
铆后磨平
全部 0.8
淬硬长度30
52
技术要求
1.带※尺寸按凹模型孔配双面间隙0.05mm。
2.热处理:淬火58~ 62HRC。
名称:落料凸模
材料:T10A
2×R3.5※
φ22.7※
28
φ20
铆后磨平
1×45°
全部 0.8
技术要求
1.φ20按固定板孔配双面过盈0.02mm。
2.热处理:淬火58~62HRC。
名称:冲孔凸模II
材料:I10A
52
12
淬硬长度30
φ18.2 0 −0.02
1×45°
铆后磨平
全部 0.8
技术要求
热处理:淬火58~67HRC。
名称:侧刃
材料:T10A
淬硬长度30
52
76±0.03
8±0.01
φ6
铆后磨平
1×45°
全部 0.8
52
12
淬硬长度30
φ4.2 0 −0.01
技术要求
1.φ6按固定板孔配双面过盈0.01mm。
2.热处理:淬火58~62HRC。
名称:冲孔凸模I
材料:I10A
图 5.47　凸模
6×φ9
φ70 +0.071 0
2×φ8 +0.016 0
其余 6.3
0.8
1×45°
1.6
18
6×M8
0.8
2×φ6 +0.011 0
1.6
140
70
8※
26※
11
20
52±0.025
28±0.025
φ22.7※
26
20
78
100
2×R3.5
28※
16
0.8
118
技术要求
1.带※符号尺寸,按凸模、刨刃紧配,双面过盈0.07mm。
2.外形棱边及螺销孔口倒角。

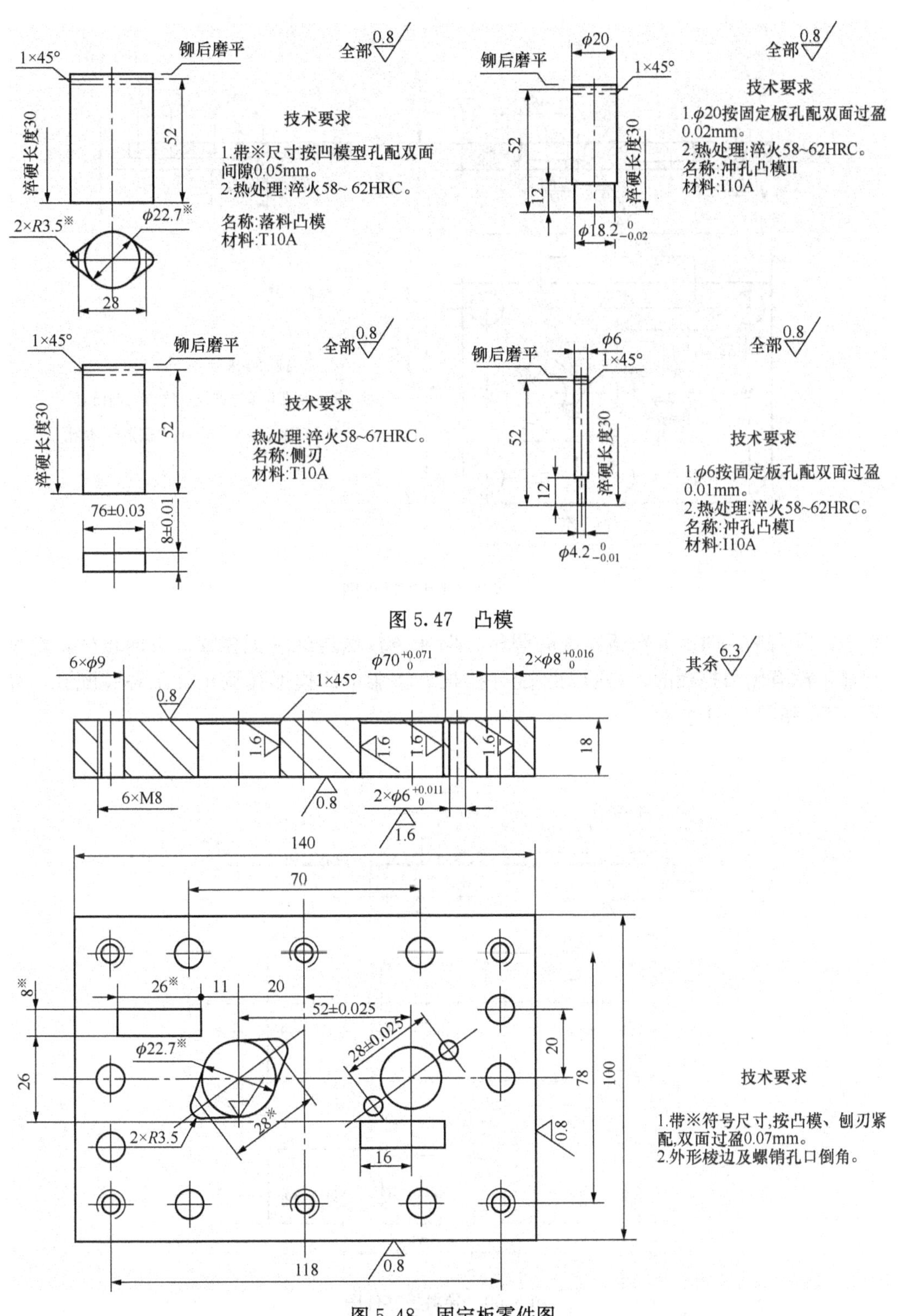

图 5.48　固定板零件图

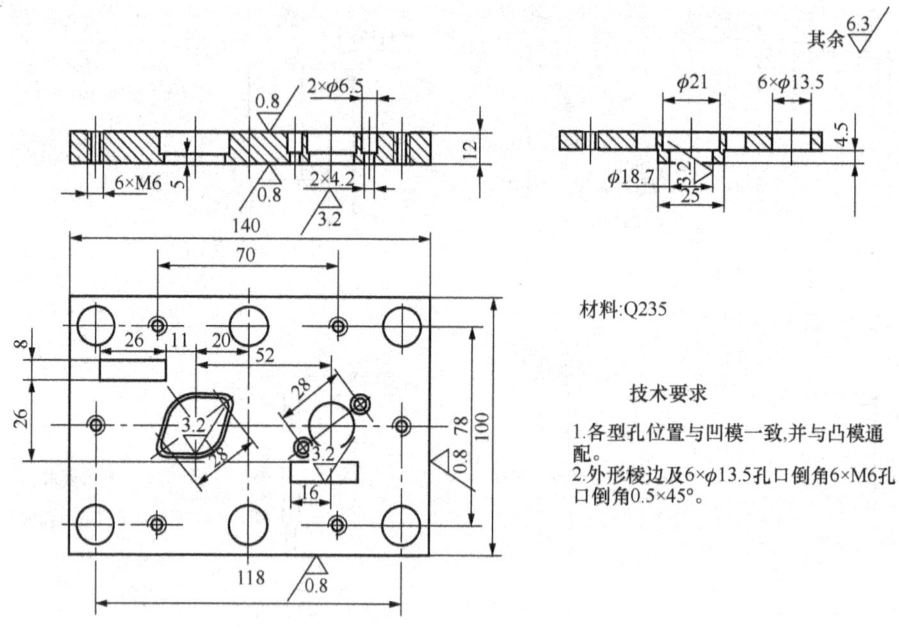

图 5.49　卸料板零件图

位置，及右侧入时的导料板宽度的调整。保证条料送进顺利无摇摆，方向正确，定位可靠，没有侧刃挡板的，必须先装配好挡板，才能按凹模形孔调正加工各装配孔。如图 5.50 和图 5.51 所示。

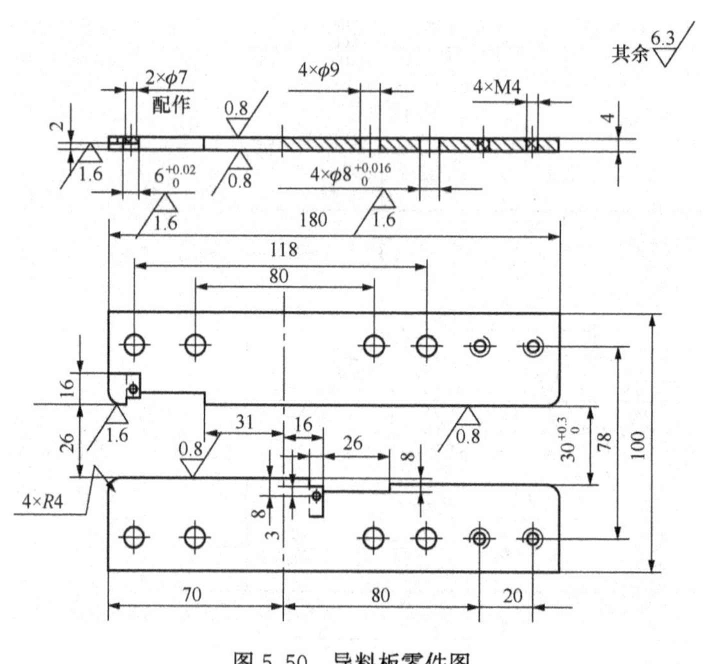

图 5.50　导料板零件图

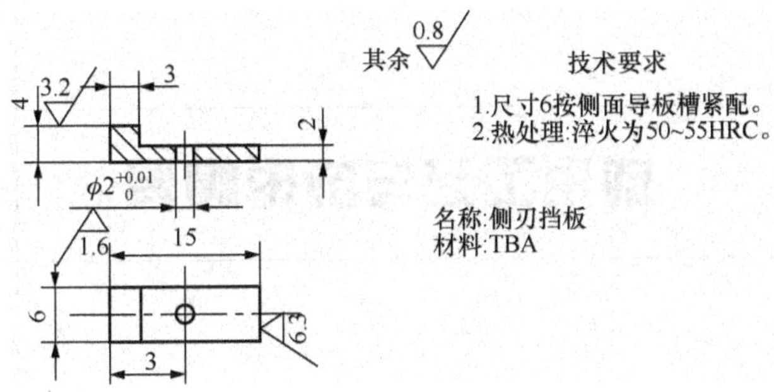

图 5.51　侧刃挡块

侧刃挡板主要用于承受条料冲击，减少变形，提高定距精度的稳定性和耐久性，要注意装配应保证牢固无松动。

练　　习

5.1　什么是多工位级进冲压？多工位级进冲压模具的特点有哪些？

5.2　什么是级进冲压的排样设计？排样设计的作用有哪些？怎样画排样图？

5.3　级进模刃口的分解与重组是怎样进行的？

5.4　什么是载体？载体有哪几类？

5.5　定位元件有哪些？模具设计时如何应用？

5.6　级进模具的结构组成是怎样的？

5.7　与普通模具相比，级进模具的工作零件设计有哪些特点？

5.8　根据右图所示的产品，设计相应的模具。

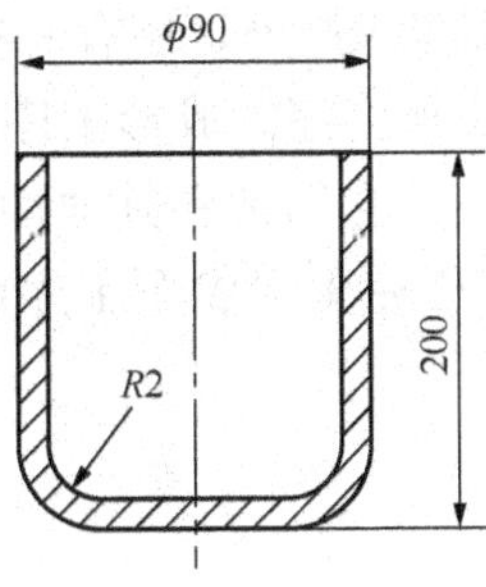

图 5.52　5.8 题图

单元 6

成形工艺与成形模具

❖ 知识目标

1. 熟悉校形的目的与方法
2. 掌握圆孔翻边的计算方法
3. 掌握圆孔翻边的模具结构
4. 了解胀形的工艺方法
5. 熟悉缩口的工艺计算与模具结构
6. 熟悉多工位级进模的用途与结构

❖ 能力目标

能够进行一般复杂程度的成形模具的设计

生产中，除冲裁、弯曲、拉深等工序外，还有一些工序，包括胀形、翻边、缩口、整形、旋压等，通常称为成形工序。成形工序是指用各种局部变形的方法来改变坯料或工序制件形状的加工方法，它们常和其他冲压工序组合在一起，加工某些复杂形状的零件。本单元主要介绍几种典型成形工序的特点、应用、工艺计算及模具结构。

6.1　胀形

在冲压生产中，一般将空心件或管状件沿径向向外扩张的成形工序称为胀形，这种成形工序和平板坯料的局部凸起变形，在变形性质上基本相同，因此，可以把在坯料的平面或曲面上使之凸起或凹进的成形统称为胀形，如图6.1所示为各种胀形件。

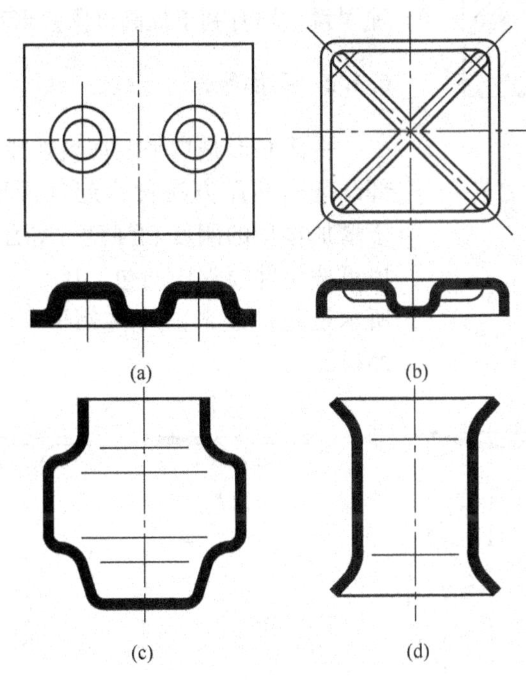

图6.1　各种胀形件

6.1.1　变形特点

图6.2所示的球形凸模对平板坯料进行胀形可说明胀形的基本特点。由于坯料被有压料筋的压边圈压住，变形区限制在凹模口以内。在凸模的作用下，变形区大部分材料受双向拉应力作用而变形，其厚度变薄，表面积增大，形成一个凸起。在一般情况下，胀形变形区内金属不会产生失稳起皱，表面光滑，质量好。由于坯料的厚度相对于坯料的外形尺寸极小，胀形时双向拉应力在板厚方向上的变化很小，从坯料的内表面到外表面分布较均匀，因此当胀形力去除后，零件内、外回弹方向一致，这样回弹就小，零件形状容易保持，精度也容易保证。

胀形工艺与拉深工艺不同，毛坯的塑性变形区局限于变形区范围，材料不向变形区外转移也不从外部进入变形区内，是靠毛坯的局部变薄来实现的。

一般情况下，胀形变形区内金属不会产生失稳起皱，表面光滑。由于拉应力在毛

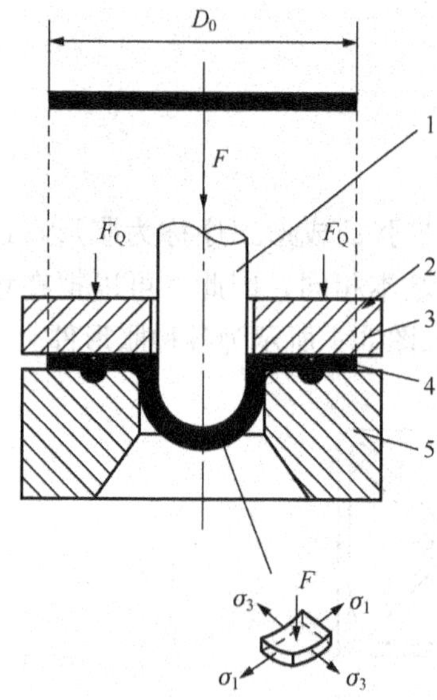

图 6.2 胀形变形特点
1. 凸模；2. 压料筋；3. 压边圈；
4. 坯料；5. 凹模

坯的内外表面分布均匀，因为弹复较小，工件形状容易冻结，尺寸精度容易保证。

由于胀形属于伸长类变形，其成形极限受到拉裂的限制。材料的塑性越好，硬化指数 n 值越大，可能达到的极限变形程度越大。此外，模具结构、零件形状、润滑条件及材料厚度等均影响胀形区金属的变形。因此凡是能使变形均匀、降低危险部位拉应变值的各种因素，均有利于提高极限变形程度。

6.1.2 平面胀形

平面胀形是指平板坯料在模具的作用下，产生局部凸起的冲压方法称为起伏成形。起伏成形主要用于增加零件的刚度和强度，如压加强筋、压加强窝，也可按零件要求压凸包、压字、压花纹等。如图 6.3 所示是起伏成形的一些例子，起伏成形常采用金属冲模。

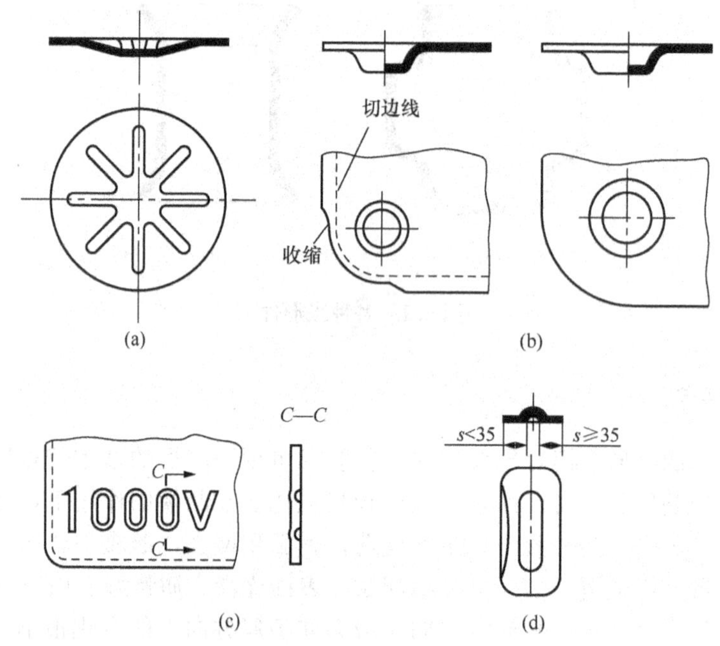

图 6.3 起伏成形示例

1. 压加强筋

常见的加强筋和凸包的形式和尺寸见表 6.1。

表 6.1　加强筋和凸包的形式与尺寸

名称	图　　例	R	h	D或B	r	α/(°)
压筋	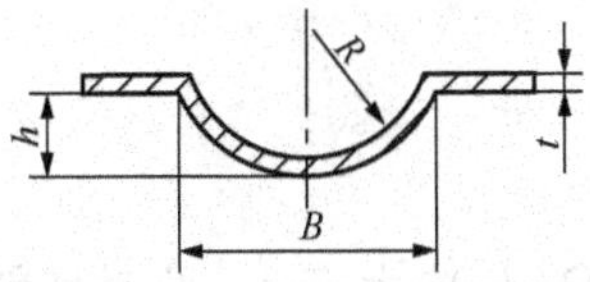	(3～4) t	(2～3)t	(7～10)t	(1～2) t	—
压凸	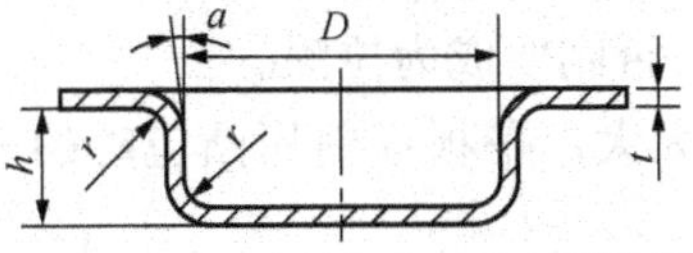	—	(1.5～2)t	3h	(0.5～1.5)t	15～30

由于压筋后零件惯性矩的改变和材料加工后的硬化，能够有效地提高零件的刚度和强度，压加强筋的工艺在生产中的应用对于一般的压其形状比较简单的加强筋的零件，如图 6.4 所示，按下式可近似地确定其极限变形程度

$$\varepsilon = \frac{l \quad l_0}{l_0} \leqslant (0.7 \sim 0.75)\delta \tag{6-1}$$

式中，l_0、l——分别为起伏成形前后的材料长度，mm。

δ——材料的伸长率。

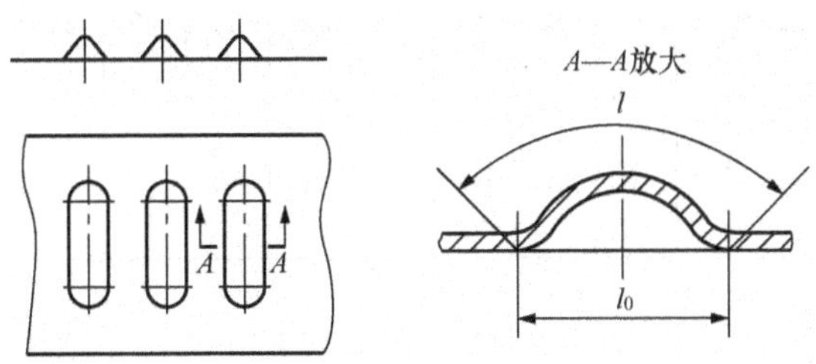

图 6.4　压凸包

系数为 0.7～0.75，可视筋的形状而定，一般弧形筋取大值，梯形筋取小值。如果计算结果符合上述条件，则可一次成形。否则，第一道工序用大直径的球形凸模胀形，达到在较大范围内聚料和均匀变形的目的，用第二道工序最后成形得到所要求的尺寸，如图 6.5 所示。

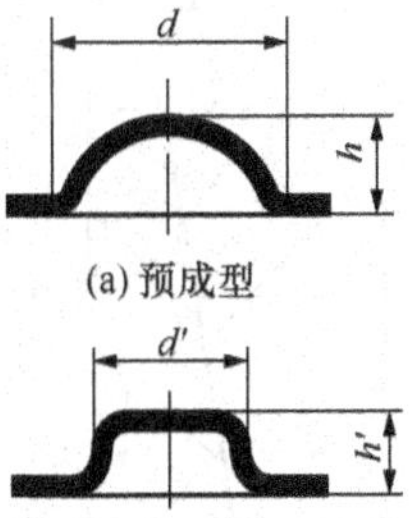

(a) 预成型

(b) 最后成形

图 6.5　深度较大的局部胀形法

当加强筋与边缘距离小于 (3～3.5)δ 时，由于在成形过程中，边缘材料要向内收缩，成形后需增加切边工序，因此预先应留切边余量。

冲压加强筋的变形力的计算公式为

$$F = K \cdot L \cdot t \cdot \sigma_1 \cdot b \tag{6-2}$$

式中　F——变形力，N；

K——系数，K=0.7～1 (加强筋形状窄而深时取大值，宽而浅时取小值)；

L——加强筋的周长，mm；

t——材料厚度，mm；

σ_b——材料的抗拉强度，MPa。

2. 压凸包

压凸包时，有效坯料直径与凸模直径的比值 D/d_p 应大于 4。此时坯料外区是相对的强区，不会向里收缩。变形也属于局部胀形，否则便成为拉深。

冲压凸包的高度因受材料塑性的限制不能太大，平板坯料压凸包时的许用成形高度见表 6.2。

表 6.2　平板毛坯局部压凸包时的许用成形高度和尺寸

	材料			软钢			铝			黄铜			
	许用凸包成形高度 h_p/mm			≤(0.15～0.2)d			≤(0.1～0.15)d			≤(0.15～0.22)d			
	D	6.5	8.5	10.5	13	15	18	24	31	36	43	48	55
	L	10	13	15	18	22	26	34	44	51	60	68	78
	I	6	7.5	9	11	13	16	20	26	30	35	40	45

6.1.3　空心坯料的胀形

空心坯料胀形是迫使材料沿径向伸展，胀出所需的凸起曲面，可用于制造许多形状较为复杂的零件，如壶嘴、带轮、波纹管、各种接头等。如图 6.6 所示是自行车中接头胀形的示意图。

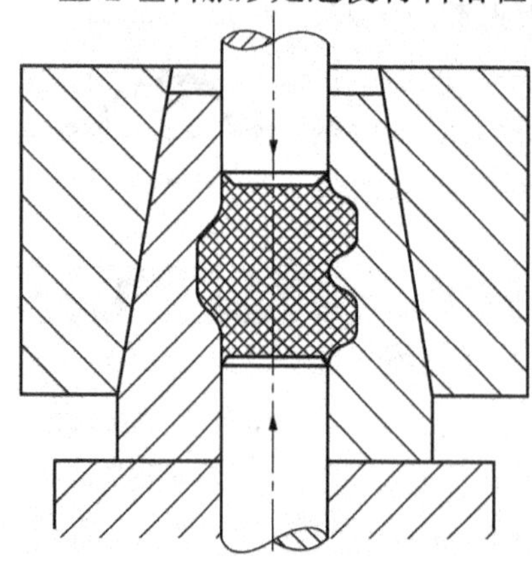

图 6.6　自行车中接头的胀形示意图

1. 胀形分类

空心坯料胀形根据模具的不同分成两类：一类是刚性凸模胀形，如图 6.7 所示。利用锥形心块将分块凸模向四周顶开，使坯料形成所需的形状，分块凸模个数越多，越有助于提高零件精度。但模具结构复杂，成本较高，且难以得到精度较高的旋转体零件。另一类是软模胀形，其原理是利用橡胶、液体、气体或钢丸等代替刚性凸模。橡胶胀形如图 6.8 所示，以橡胶作为凸模，在压力作用下使橡胶变形，把坯料沿凹模内壁胀开成所需的形状。橡胶胀形的模具结构简单，坯料变形均匀，能形成复杂形状的零件。近年来广泛采用聚氨脂橡胶胀形，它与一般橡胶相比具有强度高、弹性好、耐油性好和使用寿命长的优点。

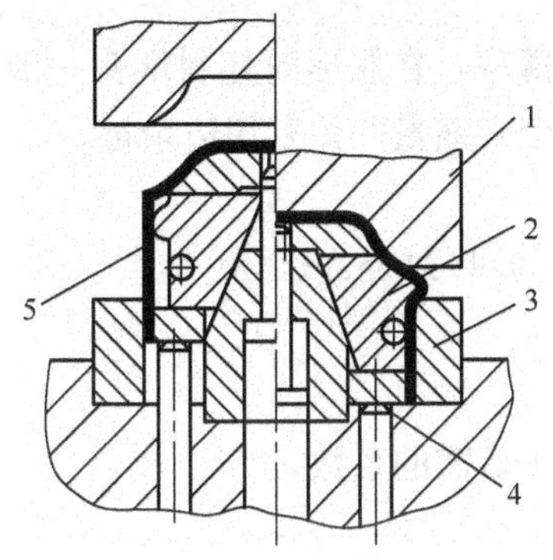

图 6.7　刚性凸模的胀形

1. 凹模；2. 分瓣凸模；3. 拉簧；4. 锥形芯块；5. 零件

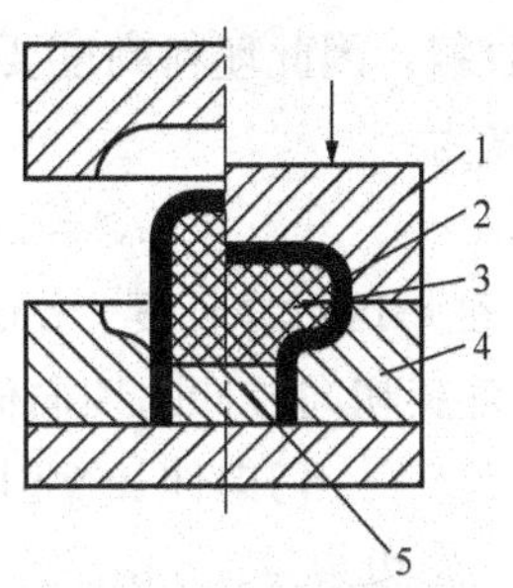

图 6.8　橡胶胀形

1. 凹模；2. 零件；3. 橡胶凸模；4. 下凹模；5. 软垫块

图 6.9 所示为液压胀形。液压胀形时，凹模内的坯料在高压液体作用下直径胀大，最终贴靠凹模内壁成形。液体胀形可加工大型零件，且液体的传力均匀，零件表面质量好。

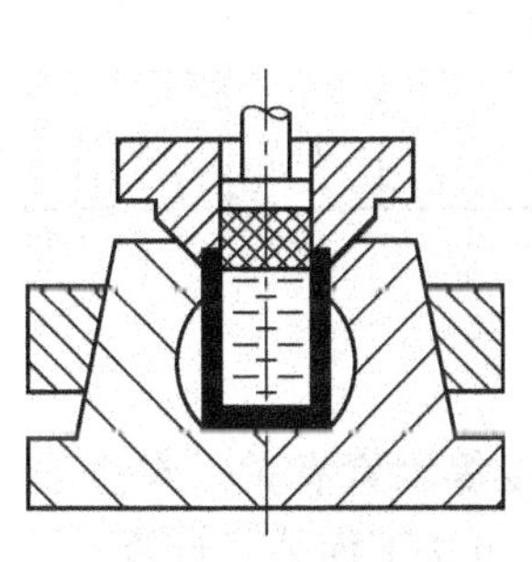

图 6.9　液压胀形

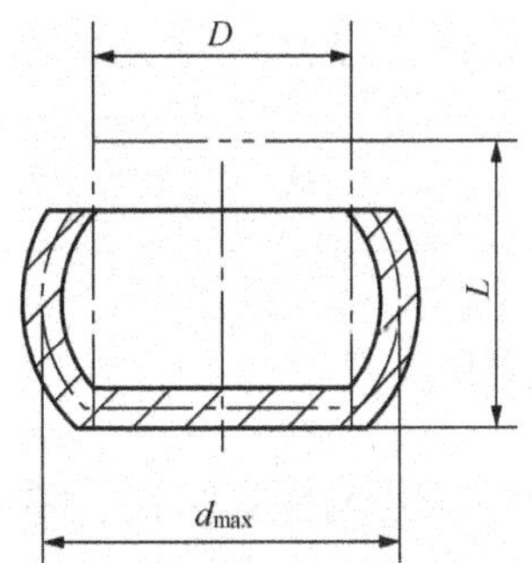

图 6.10　胀形后制件最大尺寸

2. 胀形的变形程度

胀形时，材料切向受拉伸作用，其极限变形程度受最大变形处材料许用伸长率的限制，生产中常用胀形系数 K 表示空心坯料变形程度，胀形系数的表达式为

$$K = \frac{d_{max}}{d_0} \tag{6-3}$$

式中，d_{max}——胀形处最大直径，mm；

d_0——空心坯料原来的直径，mm。

胀形系数 K 和材料伸长率的关系为

$$\delta = \frac{d_{max} - D}{D} = K - 1 \text{ 或 } K = \delta + 1$$

3. 胀形坯料的计算

为便于材料的流动，减少变形区材料的变薄率，在胀形时坯料端头一般不予固定，使其能自由收缩，因此坯料高度要考虑增加一个必缩量并留有切边余量。

坯料长度为

$$L_0 = L[1 + (0.3 \sim 0.4)\delta] + \Delta h \tag{6-4}$$

式中，L——变形区母线长度，mm；

δ——坯料切向拉伸的切向伸长率，%；

0.3～0.4——切向伸长而引起的高度减小所需的系数；

Δh——修边余量，mm，约10～20mm。

表 6.3 胀形系数 K 的近似数值

材料	铝合金 2A21M	纯铝			黄铜				不锈钢	1Cr18 Ni9Ti
		1070、1060A (L1、L2)	1050A、1035 (L3、L4)	1200、8A06 (L5、L6)	H62	H68	08F	10、20		
厚度/mm	0.5	1.0	1.5	2.0	0.5～1	1.5～2.0	0.5	1.0	0.5	1.0
极限胀形系数 K_p	1.25	1.28	1.32	1.32	1.35	1.40	1.2	1.24	1.26	1.28
切向许用拉深率 δ	25	25	32	32	35	40	20	24	26	28

4. 胀形压力

胀形压力的大小与胀形方法、零件的复杂程度等因素有关。在生产中，胀形压力的大小往往通过试压才能准确确定，空心坯料胀形可按下面公式计算

$$F = P \cdot A \tag{6-5}$$

式中，P——胀形时所需的单位面积压力，MPa；

A——胀形面积，mm。

胀形时所需的单位面积压力可按下式计算

$$P = 1.15\delta_b \frac{2t}{d_{max}} \tag{6-6}$$

式中，P——单位面积压力，MPa；

δ_b——材料抗拉强度，MPa；

d_{max}——胀形最大直径，mm；

t——材料原始厚度，mm。

5. 胀形模的结构

胀形模的凹模一般采用钢、铸铁、锌基合金、环氧树脂等材料制造，其结构可分为整体式和分块式两大类。整体式凹模必须有足够的强度，因为工作压力都由它承受。受力较大的胀形凹模，可带有铸造加强筋；也可以在凹模外面套上一个或几个加强环箍，凹模和环箍间采用过盈配合，组成预应力组合凹模，这比单纯增加凹模壁厚更有效。

分块式胀形凹模必须根据零件合理选择分模面，分块数应尽量减少。在闭合状态下，分模面应紧密贴合，形成完整的凹模形腔，在对缝处不应有间隙和不平。分模块用整体模套固紧。一般取 $a=10°\sim15°$为宜，太大不易自锁，太小不便于使用。为了防止模块错位，模块之间应有定位销连接，如图 6.11 所示。

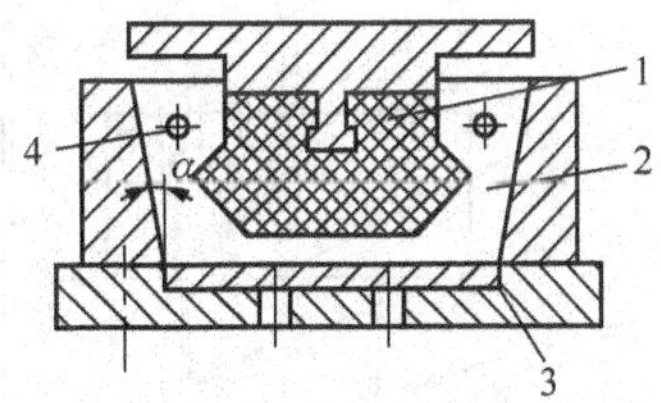

图 6.11　橡胶胀形模

1. 橡胶凸模；2. 组合凹模；3. 推板；4. 定位销

橡胶胀形凸模的结构尺寸需设计合理。由于橡胶凸模是主要的承力和传力件，所以必须采用具有一定强度、硬度和弹性的橡胶。橡胶凸模一般在封闭状态下工作，其形状和尺寸应根据零件而定，不仅要保证能顺利进入空心坯料，还要有利于压力的合理分布，使零件的各部位都能很好地紧靠凹模腔。为了制作方便，橡胶凸模最好简化成柱形、锥形和环形等简单的几何形状，橡胶凸模的直径应略小于坯料的内径。橡胶凸模的直径和高度的计算公式为

$$d = 0.895D$$

$$h = \frac{LD^2}{d^2}$$

式中，d——橡胶凸模直径，mm；

D——空心坯料内径，mm；

h——橡胶凸模高度，mm；

L——空心坯料长度，mm。

考虑橡胶棒受压体积缩小及两端承力面上因摩擦作用，影响局部变形力的发挥，橡胶凸模还应适当增加高度，其总的高度应为

$$H = h_1 + h_2 + h_3 \tag{6-7}$$

式中，h_1——橡胶凸模的高度，mm；

h_2——压缩后体积减小的高度，mm；

h_3——为提高零件两端变形力而增加的高度，mm。

通常有：

$$h_2 + h_3 = (0.1 \sim 0.2)h_1$$

图 6.12 所示为罩盖胀形模具。该模具采用聚氨脂橡胶进行软模胀形，为使零件胀

形后便于取出，将凹模分上下两个部分，胀形上、下模间以止口定位，单边间隙为0.05mm。零件侧壁靠橡胶的胀开成形，底部靠压包凸、凹模成形。当模具闭合时，先由弹簧压紧上、下凹模，然后胀形。模具的闭合高度为202mm，所需压力为67kN，选用压力为259kN的开式可倾压力机。

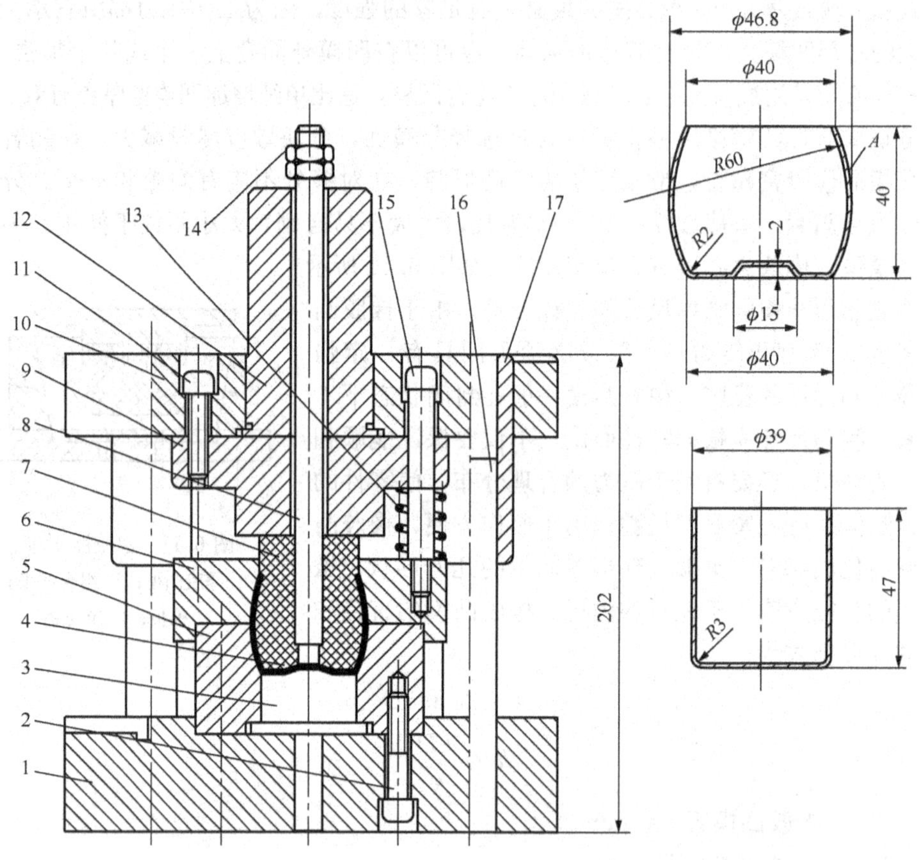

图 6.12　罩盖胀形模具

1. 下模板；2. 螺栓；3. 压包凸模；4. 压包凹模；5. 胀形下模；6. 胀形上模；7. 橡胶；8. 拉杆；9. 上固定板；10. 上模板；11. 螺钉；12. 模柄；13. 弹簧；14. 螺母；15. 拉杆螺钉；16. 导柱；17. 导套

6.2　翻边

翻边是在模具的作用下，将坯料的孔边缘或外边缘翻成竖立直边的成形方法，如图 6.13 所示均为翻边后的零件。利用翻边可以加工各种具有特殊空间形状和良好刚度的立体零件（如汽车门外板、自行车中接头等），还能在冲件上制取与其他零件装配的部位（如铆钉孔、螺纹底孔和轴承座等）。成形大型冲压件时，还可以利用翻边形成强区以免发生破裂或起皱。

翻边是冲压生产中的常用工序之一。根据冲件边缘的形状和应力、应变状态的不同，翻边可以分为内孔翻边和外缘翻边，也可分为伸长类翻边和压缩类翻边等。

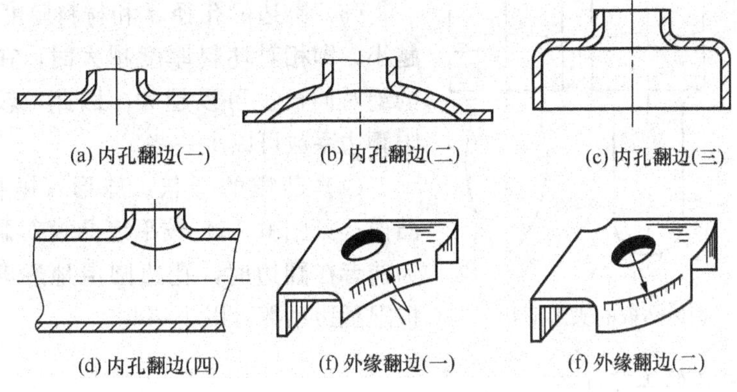

图 6.13　翻边后的零件

6.2.1　内孔翻边

1. 内孔翻边的变形特点与翻边系数

图 6.14 所示，翻边前坯料孔径为 d，翻边变形区是内径为 d、外径为 D 的环形部分。当凸模下行时，d 不断扩大，凸模下面的材料向侧面转移，最后使平面环形变成竖边。

圆孔翻边时的变形情况同样可以通过观察变形前后网格的变化来进行分析，由图 6.14中可见，变形区坐标网格由扇形变成矩形，说明变形区材料沿切向伸长，越靠近孔口伸长越大，接近于线拉伸状态，是三向主应变力中最大的主应变力。同心圆之间的距离变化不明显，即其径向变形很小，径向尺寸略有减小。竖边的壁厚有所减薄，尤其在孔口处，减薄较为严重。图 6.14 中所示的应力、应变状态反映了上述分析的这些变形特点。圆孔翻边的主要危险在于孔口边缘被拉裂，破裂的条件取决于变形程度的大小。

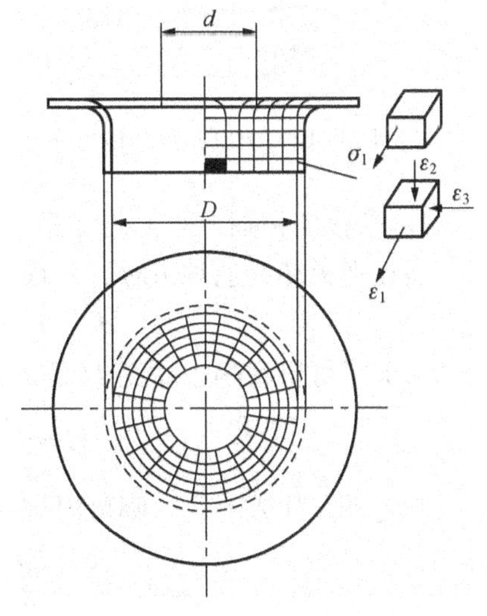

图 6.14　圆孔翻边变形区的应力与应变

圆孔翻边的变形程度以翻边前孔径 d 与翻边后孔径 D 的比值 K 来表示，即 K 称为翻边系数。K 值越小，则变形程度越大。翻边时孔边不破裂所能达到的最小 K 值，称为极限翻边系数，以 $[K]$ 或 K_{min} 表示，有时简写为 K_0 极限翻边系数与许多因素有关，主要有如下几种。

（1）材料的力学性能：塑性好的零件，极限翻边系数可以小一些。

(2) 孔的边缘状况：翻边前孔边表面质量高（无撕裂，无毛刺）时就有利于翻边成形，极限翻边系数可小一些。因此，为了提高变形程度，有时采用先钻孔再翻边或整修冲孔边缘后再翻边的工艺。

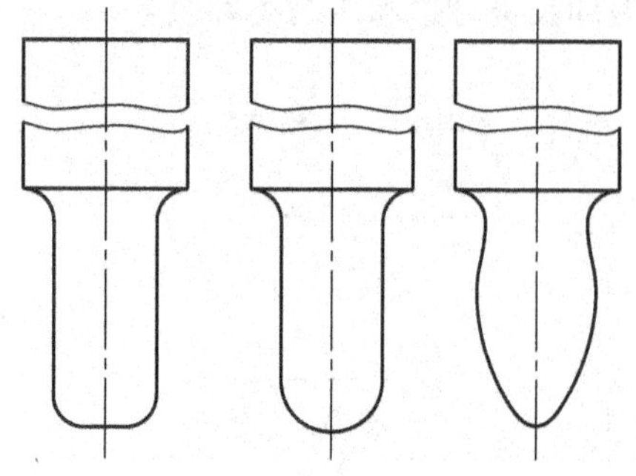

图 6.15　翻边凸模的头部形状

(3) 翻边的孔径 d 和材料厚度 t 的比值 d/t 越小，即相对坯料厚度越大时，在断裂前材料的绝对伸长也可以越大。因此，较厚材料的极限翻边系数可以小一些。

(4) 凸模的形状：球形（抛物线或锥形）凸模（见图 6.15）较平底凸模对翻边有利，因为前者在翻边时，孔边圆滑地逐渐张开，所以极限翻边系数可以小一些。

2. 内孔翻边的工艺计算

进行翻边工艺计算时，需要根据零件的尺寸 D 计算出预冲孔直径 d，并核算其翻边高度 H，如图 6.16 所示。

当采用平板坯料不能直接翻出所要求的高度 H 时，则应预先拉深，然后在此拉深件的底部冲孔再进行翻边，如图 6.17 所示。有时也可以进行多次翻边。由于翻边时材料主要是切向拉伸，厚度变薄，而径向变形不大，因此，在进行工艺计算时可以根据弯曲件中性层长度不变的原则近似地进行预冲孔径大小的计算，现分别讨论如下。

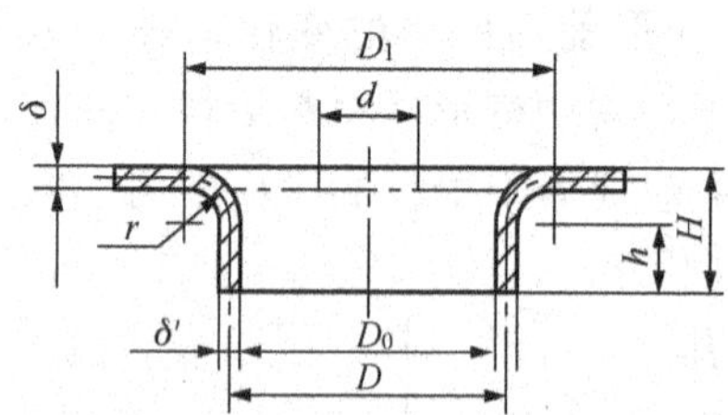

图 6.16　平板坯料翻边尺寸计算

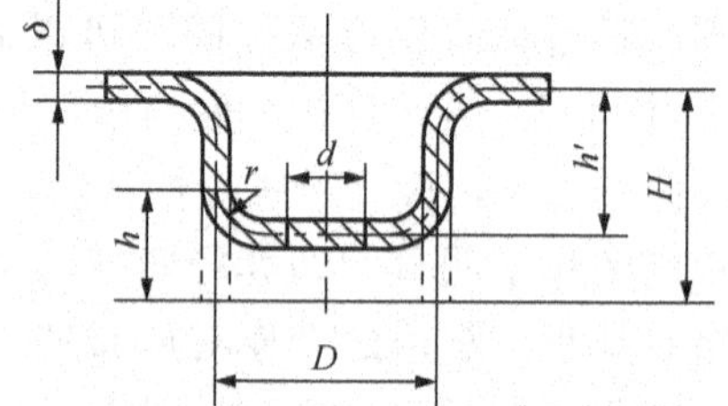

图 6.17　预先拉深的翻边

1) 平板坯料翻边的工艺计算

当在平板坯料上翻边时，其预冲孔的直径 d 按弯曲展开的原则求出

$$d = D - 2(H - 0.43r - 0.72t) \tag{6-8}$$

由上式可得到翻边高度 H 的表达式为

$$H = \frac{D-d}{2} + 0.43r + 0.72t$$

若将 K_{min} 代入上式，则可得到一次翻边可达到的极限高度为

$$H_{max} = \frac{D}{2}(1 - K_{min}) + 0.43r + 0.72t \tag{6-9}$$

当零件要求高度 $H > H_{max}$ 时，就不能直接由平板坯料翻边成形，这时可以采用多

次翻边，或先拉深后冲底孔再翻边的方法。采用多次翻边时，应在每两次工序间进行退火。第一次翻边以后的极限翻边系数 $[K']$ 可取为

$$[K'] = (1.15 \sim 1.20)[K] \tag{6-10}$$

多次翻边所得冲件竖边壁部变薄的情况较严重，若对竖边壁部厚度有要求时，则可采用拉深后再冲孔翻边的方法，如图 6.17 所示。

2）先拉深后冲孔再翻边的工艺计算

在拉深件底部冲孔翻边时，应先决定翻边所能达到的最大高度 h，然后根据翻边高度 h 及工件高度 H 来确定拉深高度 h'。由图 6.17 可知，翻边高度 h 可按板厚中线尺寸计算如下

$$h = \frac{D-d}{2} + 0.57r \tag{6-11}$$

若以 K_{min} 代入式（6-11）中的 $K=d/D$，即可求得极限翻边高度 h_{max} 为

$$h_{max} = \frac{D}{2}(1-K_{min}) + 0.57r \tag{6-12}$$

其预冲孔直径 d 应为

$$d = D - 2h + 1.14r \tag{6-13}$$

其拉深高度 h' 应为

$$h' = H - h + r + \delta \tag{6-14}$$

3）翻边力

翻边力一般不大，可按下式计算：

$$F = 1.1\pi(D-d_0)t\sigma_s \tag{6-15}$$

式中，σ_s——材料的屈服强度，其余均与前面公式相同。

3. 内孔翻边模设计

图 6.18 所示为内孔翻边模，其结构与一般拉伸模相似，不同的是内孔翻边凸模圆角半径一般较大，通常做成球形或抛物面形，以利于变形。

图 6.19 所示是 4 种常用的圆孔翻边凸模形状。其中，如图 6.19（a）所示可用于冲孔和翻边竖边内径 $d<4$mm；如图 6.19（b）所示适于竖边内径 d 小于或等于 10mm 的翻边；如图 6.19（c）所示适于竖边内径 d 大于 10mm 的翻边；如图 6.19（d）所示可用于任意孔翻边。

翻边凸、凹模间隙为

$$Z = \frac{D-d}{2} \tag{6-16}$$

式中，D——凹模直径，mm；

d——凸模直径，mm。

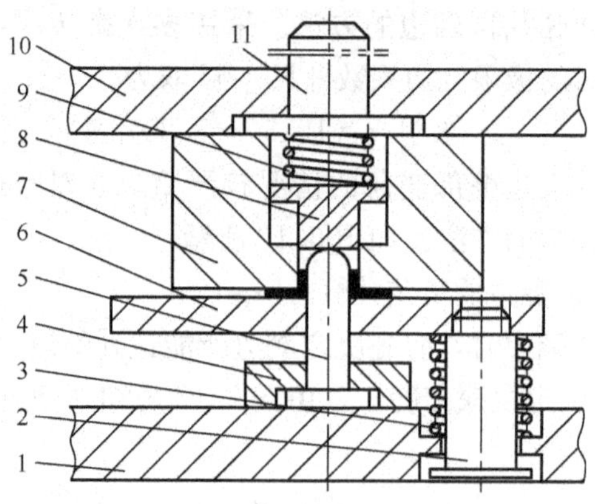

图 6.18　翻边模结构

1. 下模座；2. 螺钉；3、9. 弹簧；4. 凸模固定板；5. 凸模；6. 卸料板；
7. 凹模；8. 顶件器；10. 上模座；11. 模柄

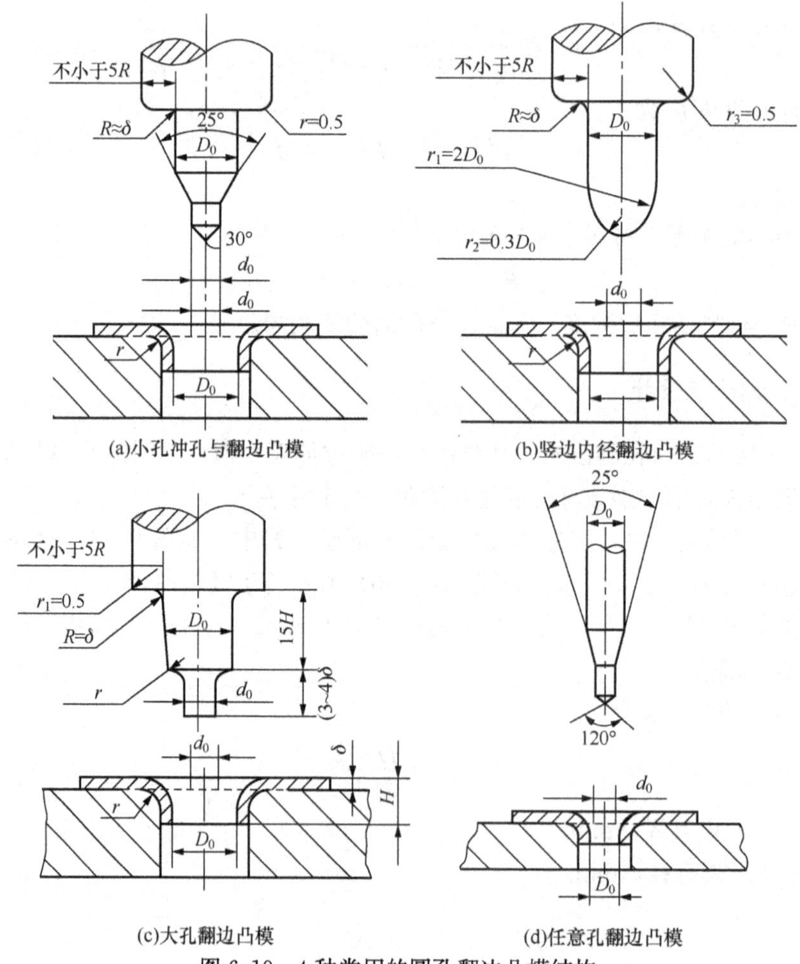

图 6.19　4 种常用的圆孔翻边凸模结构

由于翻边后材料要变薄，所以一般可取单边间隙 Z 为

$$Z = 0.85t$$

6.2.2　翻边模具的结构

图 6.20 所示为内、外缘翻边复合模具。从工件零件图可以看出，工件在内、外缘都需要翻边。毛坯套在件 7 上定位，件 7 装在压料板 5 上。件 7 本身就是内缘的翻边凸模，要保证它的位置准确，压料板需与外缘翻边凹模 3 按间隙配合 $H7/h6$ 装配。这时压料板既起到压料作用又起整形作用，故压至下止点时，应与下模座刚性接触，最后还起顶件作用。内缘翻边后，在弹簧的作用下，顶料板 6 将工件从内缘翻边凸模 7 中顶起。推件板 8 由于弹簧的作用，冲压时始终保持与毛坯接触。到下止点时，与凸模固定板 2 刚性接触，因此推件板 8 也起整形作用，冲出的工件比较平整。上模出件时，考虑到弹簧有可能不足，最终采用刚性推料装置将工件推出。

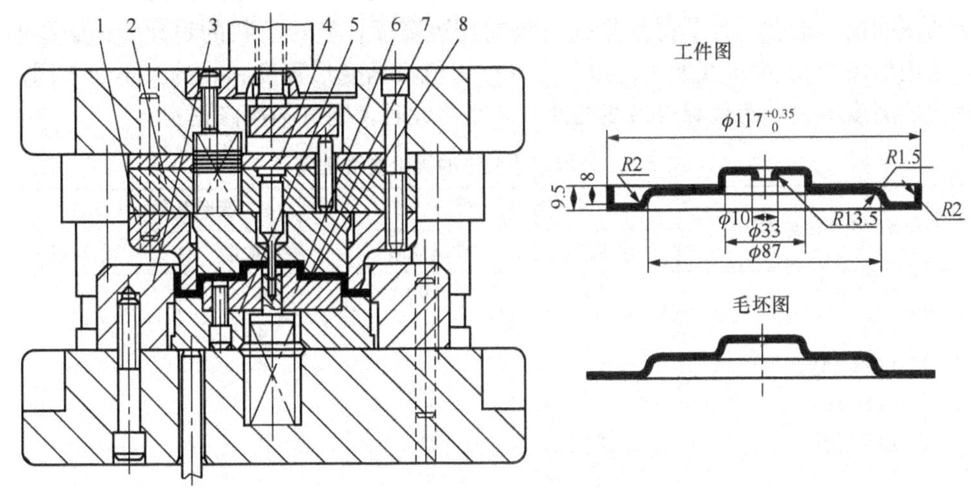

图 6.20　内外翻边复合模具

1. 外缘翻边凸模；2. 凸模固定板；3. 外缘翻边凹模；4. 内圆翻边凸模；5. 压料板；6. 顶料板；7. 内缘翻边凸模；8. 推件板

6.2.3　外缘翻边

1. 变形程度

平面外缘翻边如图 6.21 所示。如图 6.21 (a) 所示为外凸的外缘翻边，其变形情况近似于浅拉深，变形区主要为切向受压；在变形过程中，材料容易起皱。如图 6.21 (b) 所示为内凹的外缘翻边，其变形特点近似于圆孔翻边，变形区主要为切向拉伸，边缘容易拉裂。

外缘翻边的变形程度可用下式表示，外凸的外缘翻边变形程度

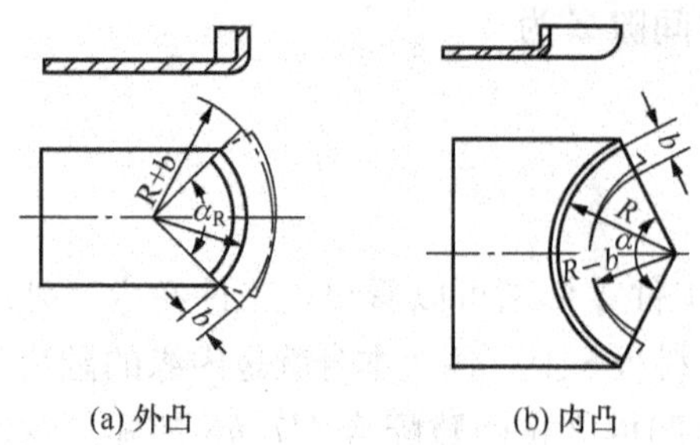

(a) 外凸　　(b) 内凸

图 6.21　外缘翻边

$$\varepsilon_p = \frac{b}{R+b} \tag{6-17}$$

内凹的外缘翻边变形程度

$$\varepsilon_d = \frac{b}{R-b} \tag{6-18}$$

外缘翻边的极限变形程度可由表 6.4 查得。

2. 坯料计算

外缘翻边可根据翻边形式来计算，对于外凸的外缘翻边，坯料形状按浅拉深件坯料的计算方法；对于内凹的外缘翻边，坯料形状按一般孔的翻边方法计算。由于外缘翻边是沿不封闭的曲线翻边，坯料变形时，内应力、应变的分布是不均匀的，中间变形大，两端变形小。若采用宽度 b 一致的坯料形状，则翻边后，零件的高度就不是平齐的，竖边的端线也不垂直。为了得到平齐一致的翻边高度，应对坯料的轮廓线作必要的修正，采用如图 6.21 中虚线所示的形状，其修正值根据变形程度和 a 的大小而不同。如果翻边的高度不大，而且翻边沿线的曲率半径很大时，则可不作修正。

表 6.4　外缘翻边允许的极限变形程度

金属和合金的名称		变形程度 ε_p（%）		变形程度 ε_d（%）	
		橡皮成形	模具成形	橡皮成形	模具成形
铝合金	L4（M）[①]	25	30	6	40
	L4 硬	5	8	3	12
	LF21（M）	23	30	6	40
	LF21 硬	5	8	3	12
	LF2（M）	20	25	6	35
	LF2 硬	5	8	3	12
	LY12（M）	14	20	6	30
	LY12 硬	6	8	0.5	9
	LY11（M）	14	20	4	30
	LY11 硬	5	6	0	0
黄铜	H62 软	30	40	8	45
	H62 半硬	10	14	4	16
	H68 软	35	45	8	55
	H68 半硬	10	14	4	16
铜	10	—	38	—	10
	20	—	22	—	10
	1Cr18Ni9 软	—	15	—	10
	1Cr18Ni9 硬	—	40	—	10
	2Cr18Ni9	—	40	—	10

6.3 缩口

缩口是将先拉深好的圆筒形件或管件坯料通过缩口模具使其口部直径缩小的一种成形工序。它广泛地用于国防工业、机械制造业和日用工业中。如图 6.22 所示。

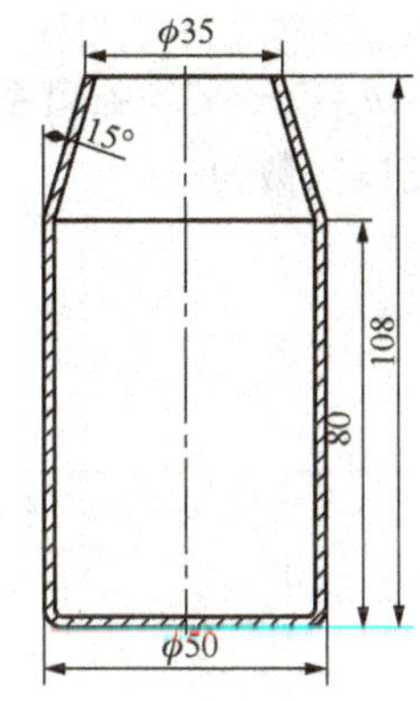

图 6.22　气瓶零件图

6.3.1 变形的特点

缩口是将预先拉深成的圆筒形件或管件坯料通过缩口模将其口部直径缩小的一种成形工序，如图 6.22 所示。

缩口的变形特点如图 6.23 所示，在压力 F 的作用下，模具工作部分压迫坯料的口部，使变形区的材料基本上处于两向受压的平面应力状态和一向压缩、两向伸长的立体应变状态。在切向压缩主应力 σ_3 的作用下，产生了切向压缩主应变 ε_3。由此引起的材料转移导致高度和厚度方向的伸长应变 ε_1 和 ε_2，变形主要是直径因切向受压而缩小，同时高度和厚度有相应的增加。

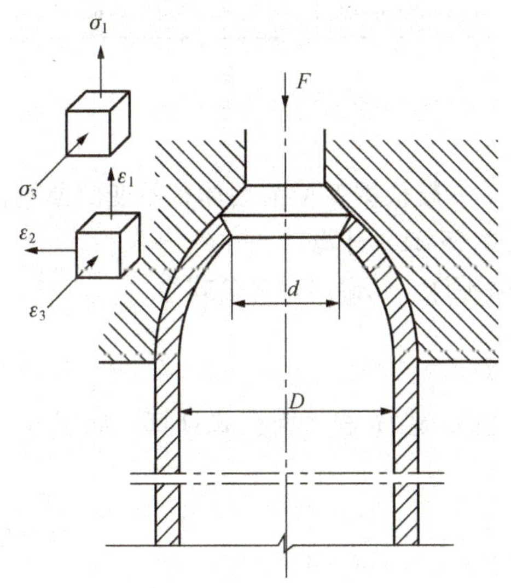

图 6.23　缩口变形应力应变

坯料端部直径在缩口前后不宜相差太大，否则切向压应力值过大，易使变形区失稳起皱。在非变形区的筒壁部分由于承受缩口压力，也有可能失稳而弯曲变形，所以防止失稳起皱和弯曲变形时缩口工艺要解决的主要问题。

6.3.2 缩口系数

缩口变形程度用缩口系数 m 表示为

$$m=\frac{d}{D} \tag{6-19}$$

式中，d——缩口后直径，mm；

D——缩口前直径，mm。

材料的塑性好、厚度大，模具对筒壁的支承刚性就好，极限缩口系数也就小。此外，极限缩口系数还与模具工作部分的表面形状和粗糙度、坯料的表面质量、润滑情况等有关。

缩口工件的 d/D 值大于极限缩口系数时，则一次缩口即成；当 d/D 值小于极限缩口系数时，则需多次缩口，每次缩口工序后最好进行中间退火。各种材料的缩口系数见表 6.5。

当工件需要进行多次缩口时，首次缩口系数为

$$m_1 = 0.9m_{均}$$

以后各次缩口系数为

$$m_n = (1.05 \sim 1.10)m_{均}$$

式中，$m_{均}$——平均缩口系数，为各次缩口系数的平均值。

缩口次数为

$$n = \frac{\lg m}{\lg m_0} = \frac{\lg d - \lg D}{\lg m_0} \tag{6-20}$$

表 6.5 各种材料的缩口系数

材料	平均缩口系数 $m_{均}$			支承形式		
	材料厚度			无支承	外支承	内外支承
	≤0.5	>0.5～1	>1			
铝				0.68～0.72	0.68～0.72	0.68～0.72
硬铝（退火）				0.68～0.72	0.68～0.72	0.68～0.72
硬铝（淬火）				0.68～0.72	0.68～0.72	0.68～0.72
软钢	0.85	0.75	0.7～0.65	0.68～0.72	0.68～0.72	0.68～0.72

6.3.3 缩口坯料尺寸计算

缩口坯料尺寸主要是指缩口前坯料的高度，一般根据变形前后体积不变的原则计算，各种形状工件缩口前高度的计算公式可按式（6-21）计算。

缩口后径口部的厚度略为变厚，一般可忽略不计，精确时计算公式为

$$t' = t\sqrt{\frac{D}{d}} \tag{6-21}$$

对于如图 6.24 所示缩口制件，缩口前毛坯高度 H 按下面公式计算，如图 6.24（a）所示工件为

$$H = 1.05\left[h_1 + \frac{D^2 - d^2}{8D\sin\alpha}\left(1 + \sqrt{\frac{D}{d}}\right)\right] \tag{6-22}$$

如图 6.24（b）所示工件为

$$H = 1.05\left[h_1 + h\sqrt{\frac{d}{D}} + \frac{D^2 - d^2}{8D\sin\alpha}\left(1 + \sqrt{\frac{D}{d}}\right)\right] \tag{6-23}$$

如图 6.24（c）所示工件为

$$H = h_1 + \frac{1}{4}\left(1 + \sqrt{\frac{D}{d}}\right)\sqrt{D^2 - d^2} \tag{6-24}$$

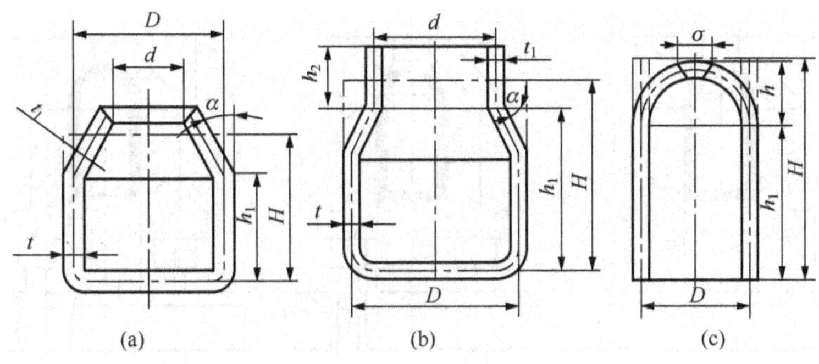

图 6.24 缩口形式

由图 6.22 可知，$h=79\text{mm}$，则毛坯的高度为

$$H=1.05\left[h_1+\frac{D^2-d^2}{8D\sin\alpha}\left(1+\sqrt{\frac{D}{d}}\right)\right]$$

$$=1.05\left[79+\frac{50^2-35^2}{8\times 50\times \sin 15^\circ}\times\left(1+\sqrt{\frac{50}{35}}\right)\right]\text{mm}$$

$$=111.3\text{mm}$$

缩口前毛坯如图 6.25 所示。

6.3.4 缩口模具

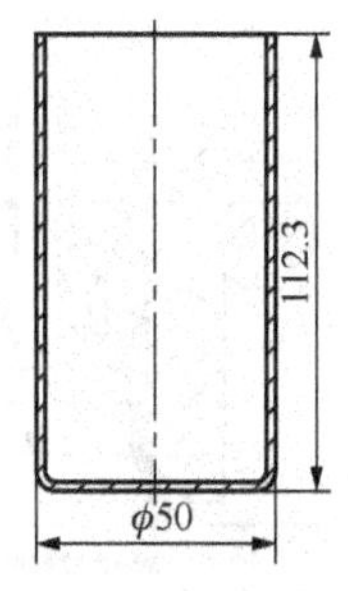

图 6.25 缩口前的毛坯

缩口模具对缩口件筒壁的支承形式有 3 种：如图 6.26 (a) 所示是无支承形式，此类模具结构简单，但坯料筒壁的稳定性差；如图 6.26 (b)所示是外支承形式，此类模具较前者复杂，但对坯料筒壁的支承稳定性好，极限缩口系数可取得小些；如图 6.26 (c) 所示为内外支承形式，此类模具最为复杂，对坯料筒壁的支承稳定性最好，极限缩口系数可取得更小。缩口模具工作部分的尺寸根据缩口部分尺寸来确定，并应考虑缩口件产生的比缩口模具实际尺寸大 0.5%～0.8%的弹性恢复量，以减少试冲后模具的修正量。

缩口凹模具的半锥角对缩口成形很重要，取小些对缩口变形有利，一般半锥角＜45°，最好半锥角＜30°。当半锥角取值合理时，极限缩口系数可比平均缩口系数小10%～15%。

图 6.27 所示为无支承衬套缩口模具，适用于管子高度不大、带底零件的锥形缩口。

图 6.28 所示为倒挤式缩口模具。此模具通用性好，更换不同尺寸的凹模 6 和导正圈 5 以及凸模 3，就可进行不同孔径的缩口。导正圈主要起导向和定位作用，同时起一定的外支承筒壁的作用。凸模加工成台阶形式，下部小直径恰好深入坯料内孔

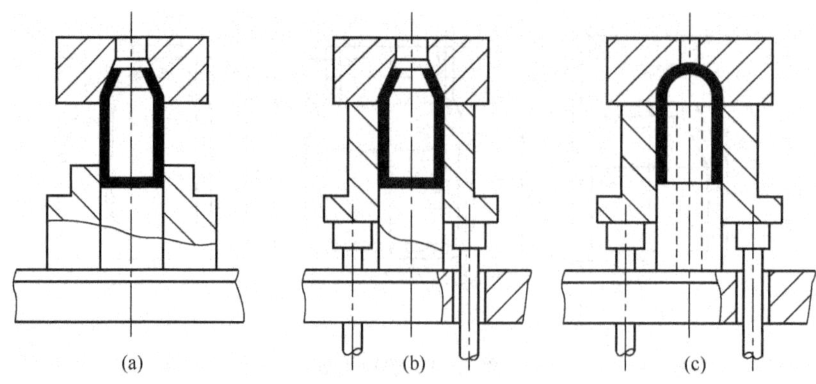

图 6.26　不同支撑方式的缩口

起定位导向及内支承作用。冲压时凸模大台阶对坯料加压，使之进入凹模 6 而压缩成形。凹模 6 内孔的表面粗糙度要小，以防刮伤零件表面，此模具适用于较长零件的缩口。

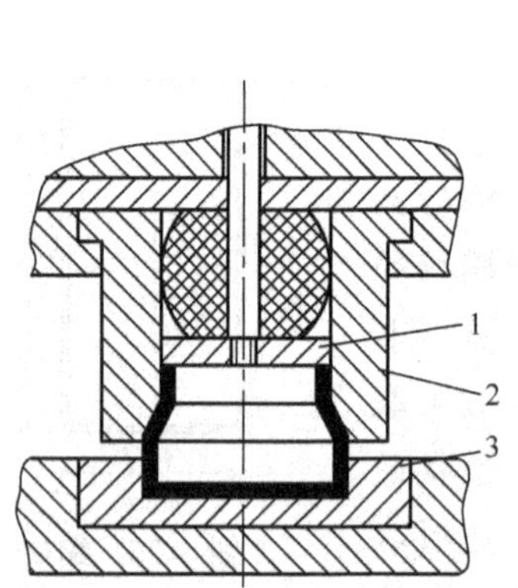

图 6.27　无支撑衬套缩口模具

1. 卸料板；2. 缩口凹模；3. 定位座

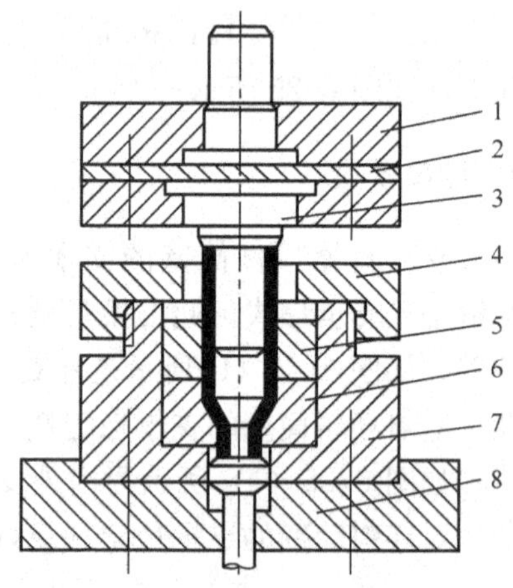

图 6.28　倒挤式缩口模具

1. 上模座；2. 垫板；3. 凸模；4. 紧固套；5. 导正圈；6. 凹模；7. 凹模套；8. 下模座

图 6.29 所示为气瓶缩口模具。缩口前先采用拉深工艺制成圆筒形件，再进行缩口成形，缩口模具采用外支承式一次缩口成形。模具使用标准下弹顶器，采用后侧导柱模架，导柱、导套加长。

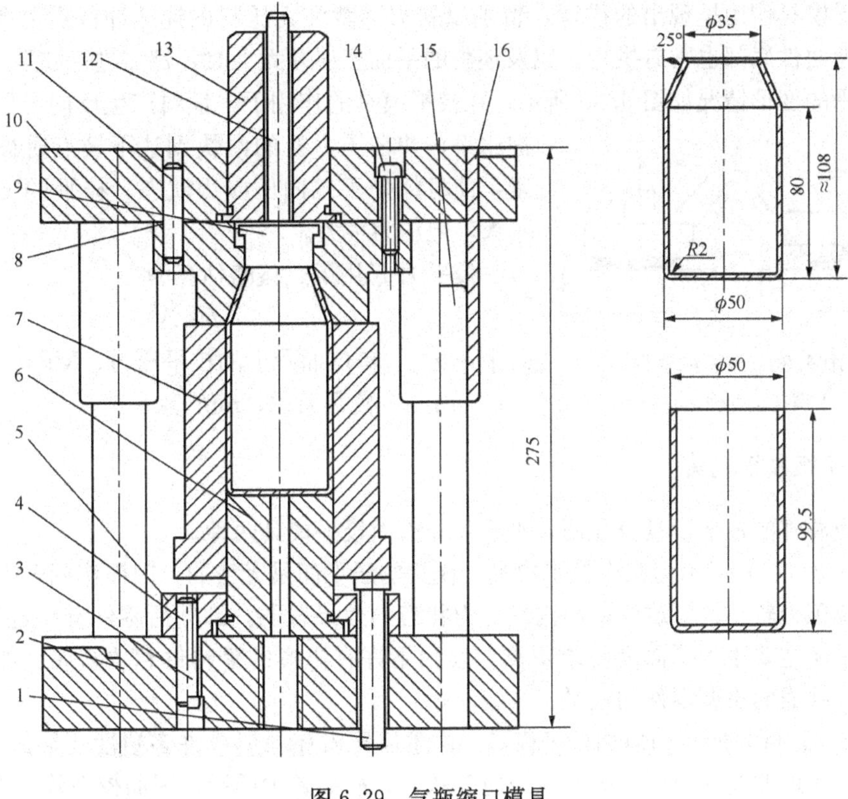

图 6.29　气瓶缩口模具

1. 顶杆；2. 下模座；3、14. 螺钉；4、11. 销钉；5. 下固定板；6. 垫板；7. 外支撑套；8. 缩口凹模；9. 顶出器；10. 上模座；12. 打料杆；13. 模柄；15. 导柱；16. 导套

6.4　校平与整形

校平和整形属于修整性成形工序，大都是在冲裁、弯曲、拉深等冲压工序后进行，主要是为了提高冲件表面的平面度或把冲件的圆角半径及某些形状尺寸修整到符合零件的要求，这类工序关系到产品的质量及其稳定性，因而应用广泛。这类工序的特点如下所述。

(1) 变形量很小，通常是在局部地方成形以达到修整的目的，使冲件符合零件图纸的要求。

(2) 要求校平和整形后，冲件的误差比较小，因而模具的精度要求比较高。

(3) 要求压力机的滑块到达下极点时，对冲件要施加校正力，因此，所用设备要有一定的刚性。这类工序最好使用精压机，若用一般的机械压力机，则必须带有保护装置，以防损坏设备。

6.4.1　校平

把不平整的冲件放入模具内压平的校形称为校平，主要用于提高冲件的平面度。

冲裁件受模具作用呈现出的拱弯，特别以斜刃冲裁和无压料的连续冲裁更为严重，无压料的弯曲件底部也常有拱弯，以及坯料的平面度误差太大时，都需进行校平。

校平的变形情况如图 6.30 所示，在校平模具的作用下，坯料产生反向弯曲变形而被压平，并在压力机的滑快到达下极点时被强制压紧，使材料处于三向压应力状态。校平的工作行程不大，但压力很大。

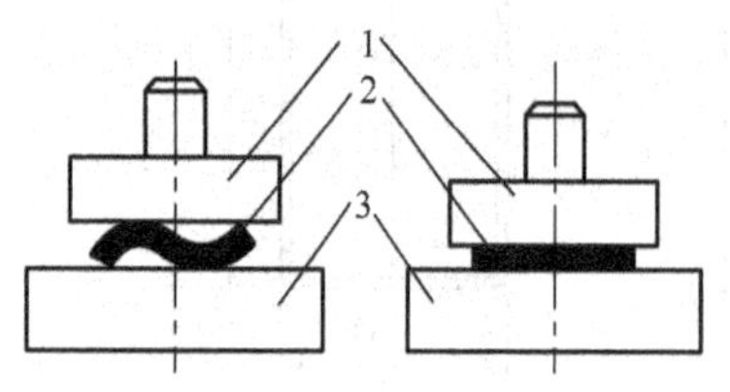

图 6.30　校平的变形
1. 上模；2. 冲件；3. 下模

校平力 F 用下式概略估算为

$$F = p \cdot A \tag{6-25}$$

式中，p——单位面积上的校平压力，MPa；

A——校平面积，mm^2。

6.4.2　平板校平模具

平板冲件的校平模具分光面校平模具和齿面校平模具两种。

图 6.31（a）所示为光面校平模具，模具的压平面是光滑的，因而作用于平板料的有效单位压力较小，对改变材料内部应力状态的效果较弱，卸载后零件有一定的回弹，光面校平模主要用于平面度要求不高，表面不许有压痕的落料件和软金属（如铝、软黄铜等）制成的小型零件的校平。

图 6.31（b）所示为齿面校平模具，由于齿压入坯料形成许多塑性变形的小网点，有助于彻底地改变材料原有的和应力应变状态，故能减少回弹，因而校平效果较好。

根据齿形不同，齿面校平又有尖齿和平齿之分。

尖齿齿形校平模具如图 6.33 所示，有方形和菱形两种，工作时上模齿与下模齿应错开，否则校平作用较差，且易使齿尖过早磨平。尖齿压入零件表面的压痕深，零件易粘在模具上，这种模具主要用于平面度要求较高，强度大而硬的材料，表面允许有压痕或板料厚（δ=3～15mm）的冲件校平。平齿齿形模具如图 6.34 所示，齿尖被削成具有一定面积的平齿顶，因而压入坯料表面的压痕浅，生产中常用此校平模具，尤其是薄材料和软金属的冲件校平。当零件表面单面不许有压痕时，可采用一面平板，一面齿板的校平模具。

平面浮动校平模具又分为上浮动模具和下浮动模具，如图 6.32 所示。

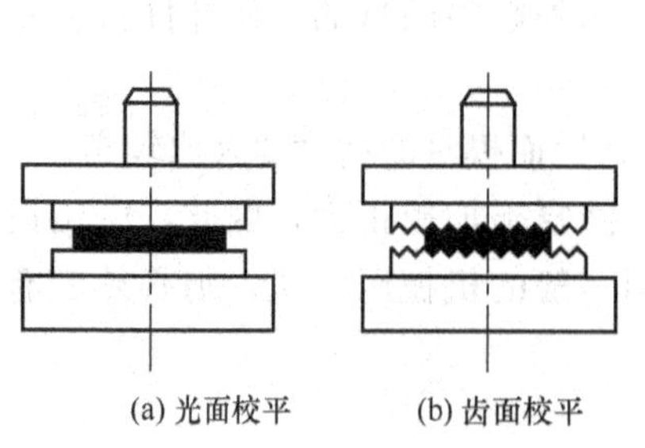
(a) 光面校平　(b) 齿面校平

图 6.31　平板冲件校平模具

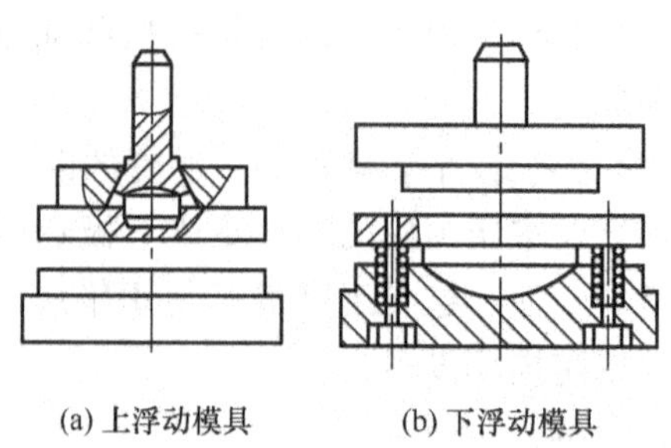
(a) 上浮动模具　(b) 下浮动模具

图 6.32　平面浮动校平模具

6.4.3　整形

整形一般用于拉深、弯曲或其他成形工序之后，用整形的方法可以提高拉深件或弯曲件的尺寸和形状准确度，减小圆角半径。整形模具与一般成形模具相似，前者只是工作部分的精度和表面粗糙度要求更高，圆角半径和凸、凹模之间的间隙取得更小。由于各种冲件的几何形状、精度以及整形内容不同，所用的整形方法也有所不同。

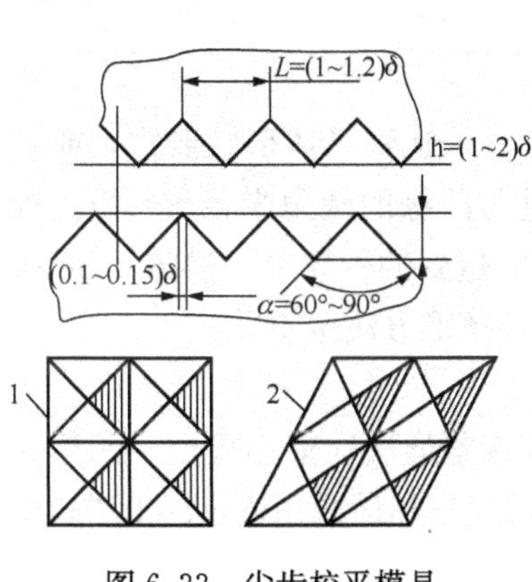

图 6.33　尖齿校平模具

1. 方形尖齿；2. 菱形尖齿

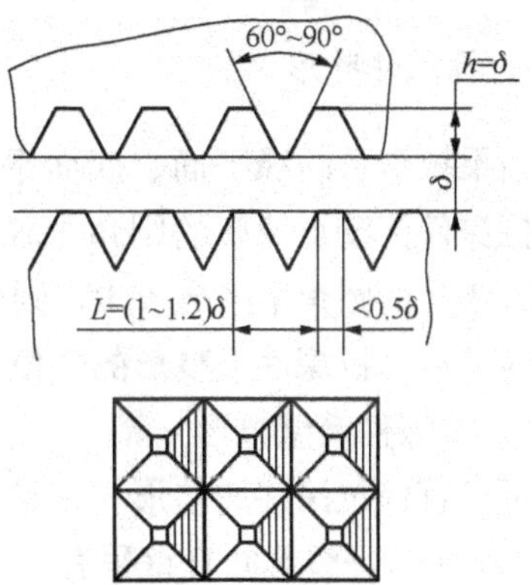

图 6.34　平齿校平模具

1. 弯曲件整形

弯曲件的整形方法主要有压校和镦校两种。

1）压校

图 6.35 所示为压校方法，由于材料沿长度方向无约束，整形区的变形特点与该区弯曲时相似，材料内部应力状态的性质变化不大，因而整形效果一般。压校 V 形件时，应使两个侧面的水平分力大致平衡，压应力分布大致均匀，如图 6.36 所示。这对两侧面积对称的弯曲件是容易做到的，否则应注意合理布置弯曲件在模具中的位置。压校 U 形件时，若单纯整形圆角，应采用两次压校，每次只压一个圆角，才有较好的整形效果。压校特别适用于折弯件和对称弯曲件的整形。

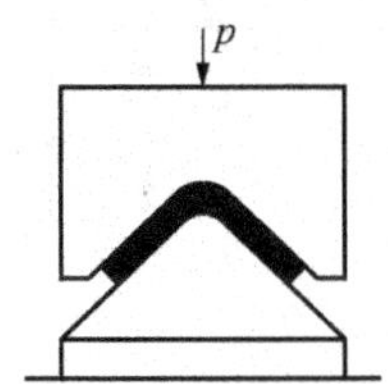

图 6.35　弯曲件压校

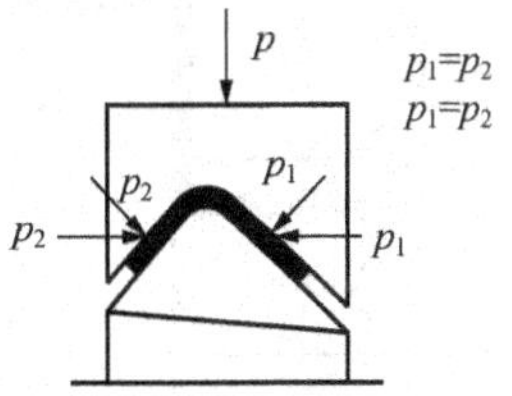

图 6.36　V 形件的布置

2）镦校

图 6.37 所示，镦校前的冲件长度尺寸应稍大于零件的长度，这样变形时长度方向

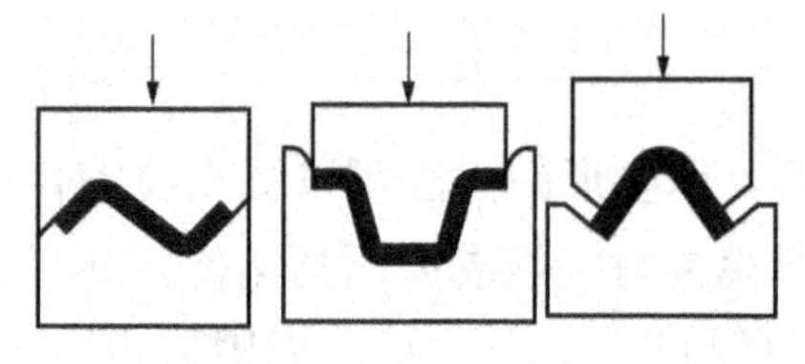

图 6.37　弯曲件的镦校

的材料在补充变形区的同时，仍然受到极大的压应力作用而产生微量的压缩变形，使之处于三向压应力状态中，厚度上压应力分布也较均匀，因而整形效果好。但此法的应用常受零件形状的限制，对带大孔和宽度不等的弯曲件都不用此法，否则造成孔形和宽度不一致的变形。

2. 拉深件整形

如果拉深件凸缘平面、底面平面、侧壁曲面等未达到具体形状要求，或者对于圆筒形拉深件筒壁与筒底的圆角半径 $r<t$，或筒壁与凸缘的圆角半径 $R<2t$，对于矩形件，若壁间的圆角半径 $r_3<3t$，则应进行整形才能达到冲件要求。如图 6.38 所示为拉深件的整形。拉深件上整形的部位不同，所采用的整形方法也不同。

1）拉深件筒壁整形

对于直壁拉深件的整形，一般采用负间隙拉深整形法，整形模凸、凹模间隙 $Z=(0.9\sim0.95)t$，整形时直壁稍有变薄。经常把整形工序和最后一道拉深工序相结合，这时拉深系数应取得大些。

2）拉深件圆角整形

圆角包括凸缘根部和底部的圆角。如果凸缘直径大于筒部直径 2～2.5 倍时，整形中圆角区及其邻近区两向受拉，厚度变薄，以此实现圆角整形。此时，材料内部产生的拉应力均匀，圆角区变形相当于变形不大的胀形，所以整形效果好且稳定。圆角区材料的伸长量以 2%～5%为宜，过小，拉应力状态不足且不均匀；过大，又可能发生破裂。若圆角区变形伸长量超过上述值时，整形前冲件的高度稍微大于零件的高度，如图 6.38（b）所示，以补充材料的流动不足，防止圆角区胀形过大而破裂。冲件的高度也不能过大，否则因冲件面积大于或等于零件面积，使圆角区不产生胀形变形，整形效果不好。更甚者因材料过剩，在筒壁等非变形区形成较大的压应力，使冲件表面失稳起皱，反而使质量恶化。

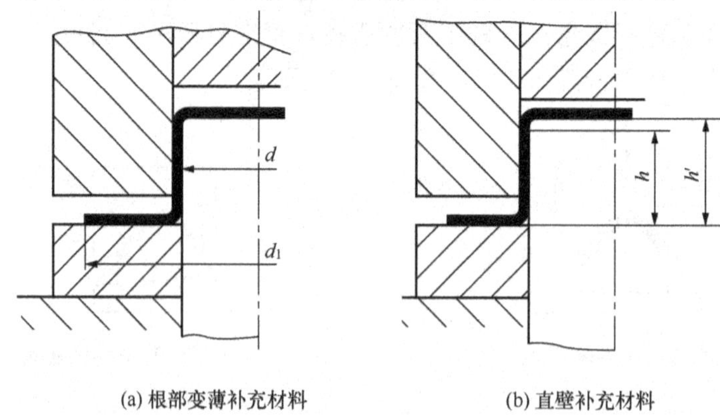

(a) 根部变薄补充材料　　(b) 直壁补充材料

图 6.38　拉深件整形

如果凸缘直径小于 2～2.5 倍的筒部直径时，整形圆角时凸缘可产生微量收缩，以缓解因圆角变化过大而产生的过分伸长，因而整形前冲件的高度尺寸应等于零件的高度尺寸。拉深件的凸缘平面和底部的整平，主要是利用模具的矫平作用。

3. 校平、整形力的计算

影响校平与整形时压力的主要因素是材料的力学性能、板料厚度等。其校平、整形力 F 为

$$F = S \cdot p \tag{6-26}$$

式中，S——校平、整形面积，mm^2；

p——单位压力，MPa 见表 6.6。

表 6.6　校平整形时单位压力　　（单位：MPa）

校平（整形）材料	平板校平	整形、齿形校平
软钢	8～10	25～40
软铝	2～4	2～5
硬铝	5～8	30～40
软黄铜	5～8	10～15
硬黄铜	8～10	50～60

6.5　项目实施

零件名称：金属衬套。

生产批量：中批量。

材料：08 号钢。

材料厚度：1.2mm。

衬套零件图：如图 6.39 所示。

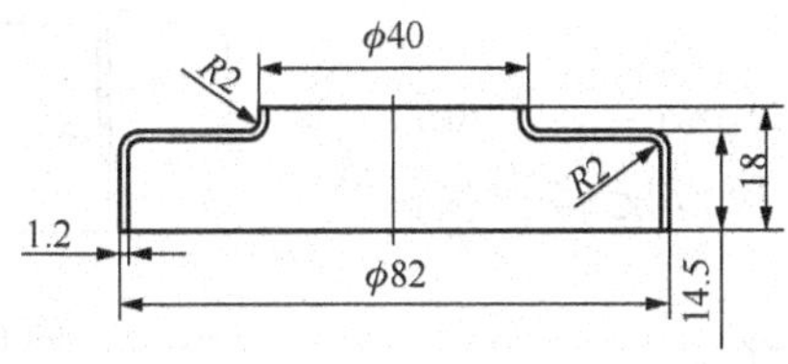

图 6.39　衬套零件图

6.5.1　衬套翻边工艺分析

对对称反边件进行工艺分析可知，40mm 处由内孔翻边成形，翻边前应预冲孔，82mm 是圆筒形拉深件直径，可一次拉深成形。工序安排为落料、拉深、预冲孔、翻边

等。翻边前为 82mm、高为 14.5mm 的无法兰圆筒形制件。

6.5.2 衬套翻边工艺计算

在平板毛坯上冲孔后进行翻边，工艺计算包括两方面的内容：一是确定底孔直径 d_0，二是核算翻边高度 H。

1. 计算毛坯的顶孔直径

翻边工艺参数如图 6.40 所示。

$$d_0 = D - 2(H - 0.43r - 0.72t)$$
$$= [38.8 - 2x(4.7 - 0.43x2 - 0.73x1.2)]\text{mm} = 32.85\text{mm}$$

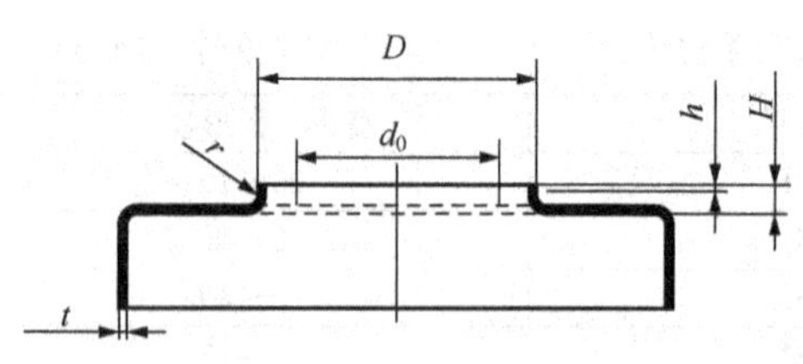

图 6.40　翻边工艺参数示意图

顶孔直径也可按下式计算，为

$$d_0 = Dk_{\text{fmin}}$$

2. 计算翻边高度

计算翻边高度 H 变换式，可得翻边高度 H 的计算公式为

$$H = 0.5D(1 - d_0/D) + 0.43r + 0.72t$$

将翻边系数 $k_f = d/D$ 带入式中可得

$$H = 0.5D(1 - k_f) + 0.43r + 0.72t$$

再将上式中的翻边系数 k_f 用极限翻边系数 k_{fmin} 代替，可得最大翻边高度 $H_{\max}$ 的计算公式为

$$H_{\max} = 0.5D(1 - k_f) + 0.43r + 0.72t$$
$$= [0.5 \times 38.8 \times (1 - 0.5) + 0.43 \times 2 + 0.72 \times 1.2]\text{mm} = 10.066\text{mm}$$

当工件的高度 $H > H_{\max}$ 时，就难于一次翻边成形。需要采用多次翻边或其他工艺方法获取工件高度（如两次翻边之间可增加退火软化工序，对变形区进行加热翻边等工艺方法）衬套的翻边高度为

$$H = (18 - 14.5 + 1.2)\text{mm} = 4.7\text{mm}$$

小于最大翻边高度，所以能够一次翻边成功。

翻边前毛坯如图 6.41 所示。

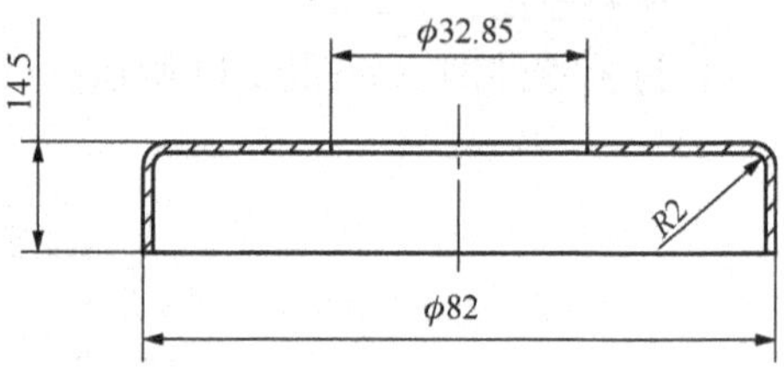

图 6.41　翻边前毛坯

3. 计算翻边

计算翻边力 P 为

$$P = 1.1\pi(D - d_0)t\sigma_b = 1.1 \times 3.14 \times (38.8 - 32.85) \times 1.2 \times 196\text{N} = 4833.67\text{N}$$

在以上各式中，各物理量的含义如下。

k_f——翻边系数；

k_{fmin}——极限翻边系数，由$\frac{d_0}{t}=27.37$，经查 $k_{fmin}=0.57$；

d_0——翻边前毛坯顶孔直径，mm；

D——翻边后孔口的中径，mm；

r——翻边圆角半径，mm；

h——翻边高度，mm；

H——翻边后工件高度，mm；

P——翻边力，N；

t——材料厚度，mm；

σ_s——材料的屈服强度，MPa，这里 $\sigma_s=196$MPa。

6.5.3　衬套翻边模具的装配图

翻边模具采用倒装结构，使用大圆角圆柱形翻边长模具，制件预冲孔套在导正销上定位，使用压力机标准弹顶器压边，制件若留在上模由推件器推出，选用对角滑动导向模架，根据固定板尺寸和闭合高度选用 250kN 双柱可倾压力机。衬套翻边模具的装配如图 6.42 所示。

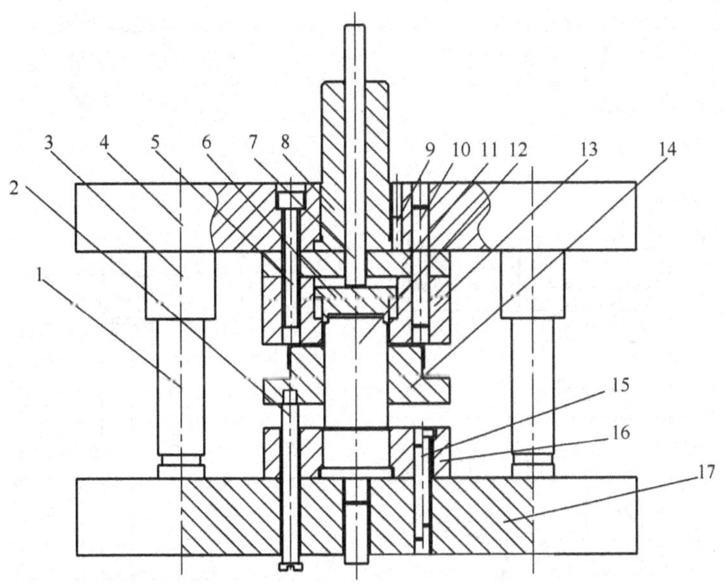

图 6.42　衬套翻边模具的装配图

1. 导柱；2. 顶料杆；3. 导套；4. 上模座；5. 螺钉；6. 推件板；
7. 推杆；8. 模柄；9. 防转销；10. 销钉；11. 凹模垫板；
12. 凸模；13. 凹模；14. 压料板；
15. 螺钉；16. 凸模固定板；17. 下模座

6.5.4 衬套翻边模具的零件图

该衬套翻边模具的零件如图 6.43～图 6.53 所示。

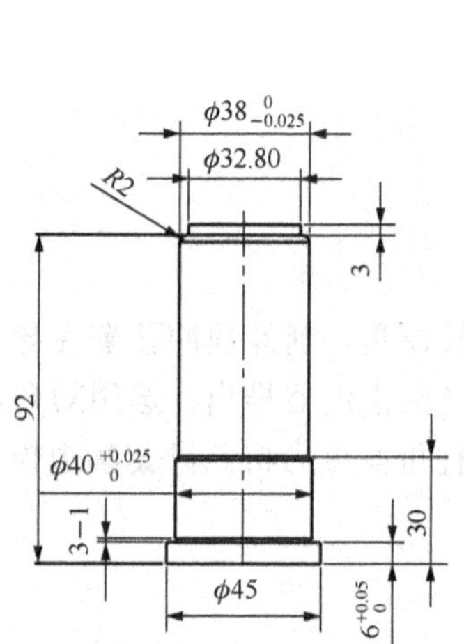

图 6.43 凸模

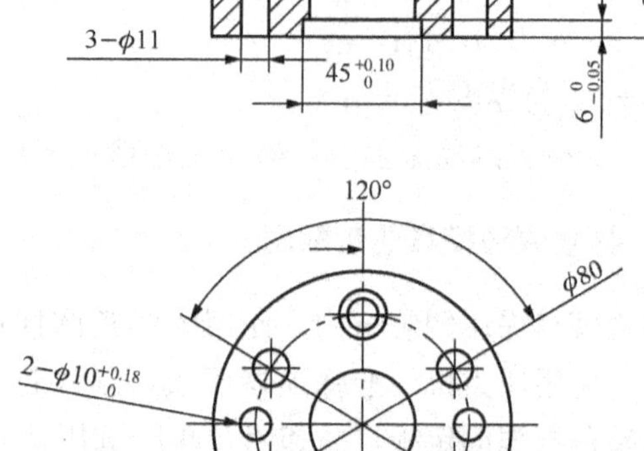

图 6.44 凹模

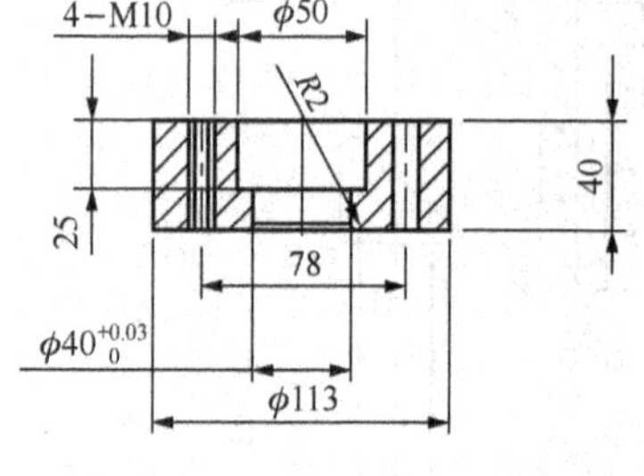

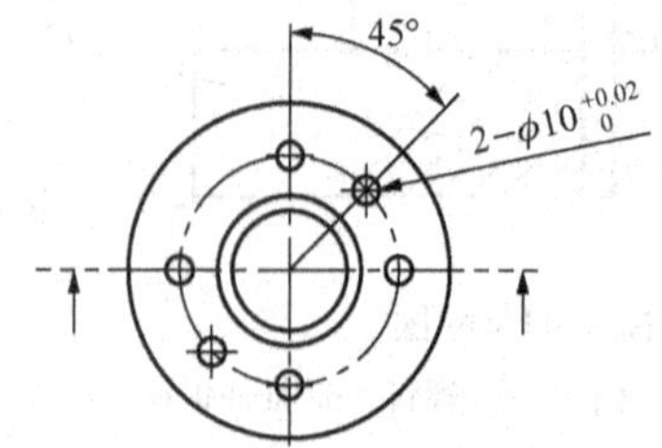

图 6.45 凸模固定板

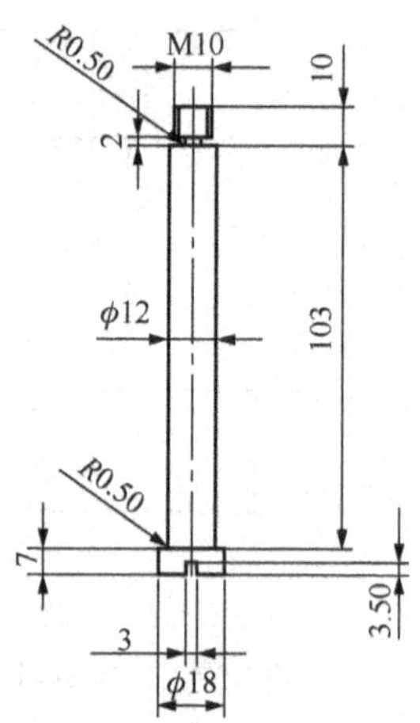

图 6.46 顶料杆

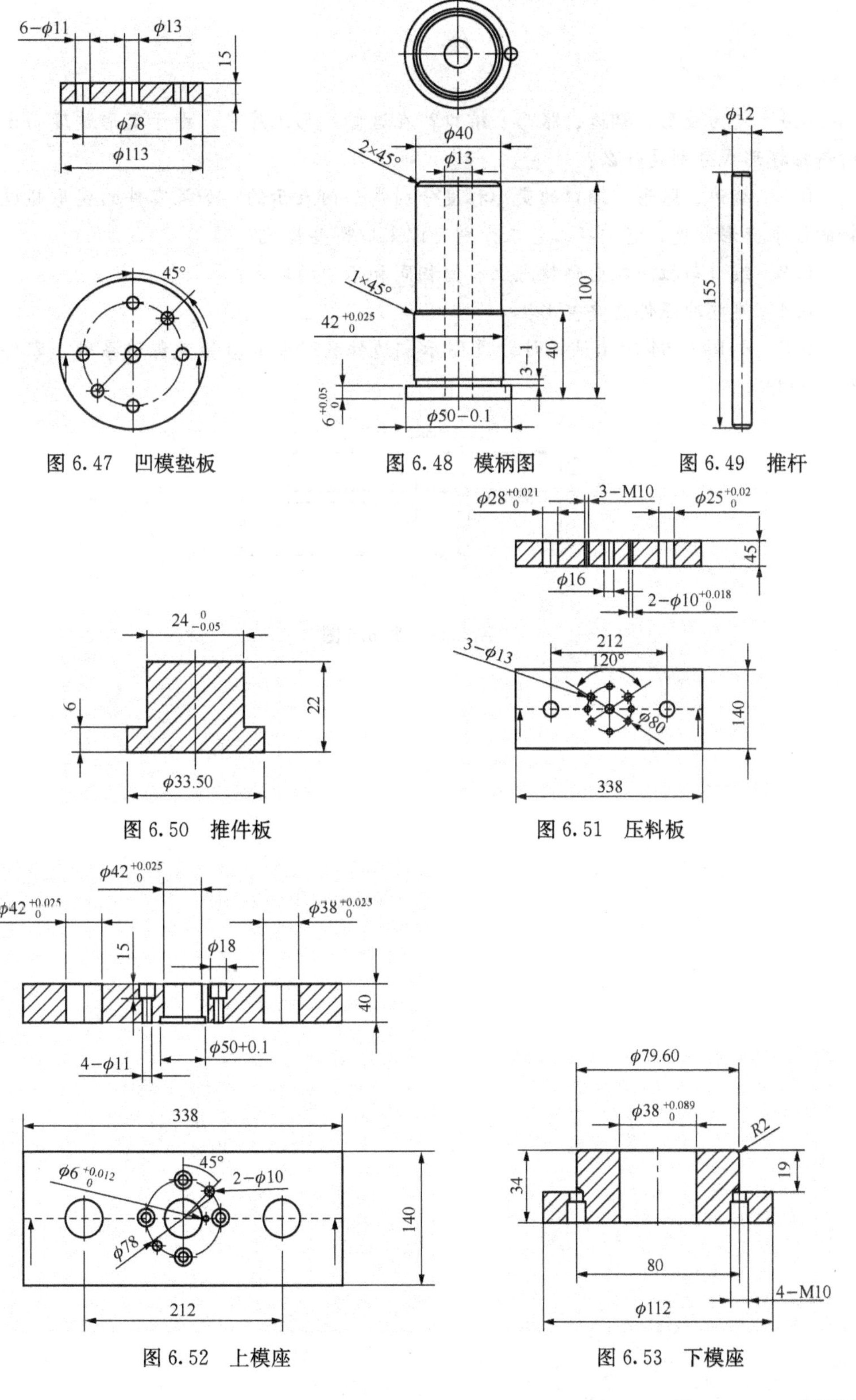

图6.47　凹模垫板

图6.48　模柄图

图6.49　推杆

图6.50　推件板

图6.51　压料板

图6.52　上模座

图6.53　下模座

练　　习

6.1　何为校形、翻边、胀形、缩口？在这些成形工序中，由于变形过度而出现的材料损坏形式分别是什么？

6.2　翻边、胀形、缩口的变形程度分别是如何表示的？如果零件的变形超过了材料的极限变形程度，它们在工艺上分别可以采取哪些措施？

6.3　缩口与拉深在变形特点上有何相同和不同的地方？

6.4　哪些冲压件需要整形？

6.5　如图6.54所示试设计计算图示翻边件的预制孔直径及翻边系数，零件的材料为Q235。

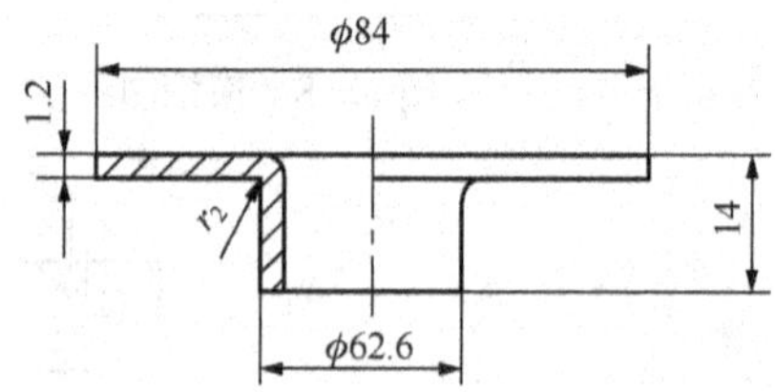

图6.54　题6.5图

附　录

A　部分黑色金属的力学性能

材料名称	牌号	状态	τ/MPa	σ_b/MPa	σ_s/MPa	δ_{10}/%	E/103MPa
电工纯铁	DT1～DT3	已退火	177	225		26	
电硅钢	D11 等	已退火	441				
		未退火	549				
普通碳素结构钢	Q215	未退火	265～333	333～412	216	26～31	
	Q235		304～373	432～461	235	21～25	
	Q255		333～412	481～511	255	19～23	
优质碳素结构钢	08F	已退火	216～304	275～383	177	32	
	08		255～353	324～441	196	32	
	10F		216～333	275～412	186	30	
	10		255～333	294～432	206	29	
	15F		245～363	314～451		28	
	15		265～373	333～471	225	26	
	20F		275～383	333～471	225	26	
	20		275～392	353～500	245	25	
	25		314～432	392～539	275	24	
	30		353～471	441～588	294	22	
	35		392～511	490～637	314	20	
	40		412～530	511～657	333	18	
	45		432～549	539～686	353	16	
	50		432～569	539～716	373	14	
	60	已正火	539	≥686	402	13	204
	70		588	≥745	422	11	206
	10Mn2	已退火	314～451	392～569	225	22	207
	65Mn		588	736	392	12	207
碳素工具钢	T7～T12A	已退火	588	736		≤10	
合金结构钢	25CrMnSiA	已低温退火	392～549	490～686		18	
	30CrMnSiA		432～588	539～736		16	

续表

材料名称	牌号	状态	τ/MPa	σ_b/MPa	σ_s/MPa	δ_{10}/%	E/103MPa
弹簧钢	60Si2Mn 65Si2WA	已低温 退火	706	883		10	196
不锈钢	2Cr13 4Cr13	已退火	314～392 392～471	392～490 490～588	441 490	20 15	206 206
	1Cr18Ni9Ti	经热处理	451～511	569～628	196	35	196

B　深拉深冷轧薄钢板的力学性能（摘自 GB/T 5213—2008 和 GB/T 710—1991）

钢号	钢板厚度/mm	拉深级别	力学性能		
			σ_b/MPa	σ_s/MPa	δ_{10}（%）
08Al	全部	ZF/最复杂 HF/很复杂	255～324 255～333	≤196 ≤206	≥44 ≥42
	＞1.2 1.2 ＜1.2	F/复杂	255～343	≤216 ≤216 ≤235	≥39 ≥42 ≥42
08F	≤4	Z/最深拉深 S/深拉深 P/普通拉深	275～363 275～383 275～383	—	≥34 ≥32 ≥30
08	≤4	Z S P	275～392 275～412 275～412	—	≥32 ≥30 ≥28
10	≤4	Z S P	294～412 294～432 294～432	—	≥30 ≥29 ≥28
15	≤4	Z S P	333～451 333～471 333～471	—	≥27 ≥26 ≥25
20	≤4	Z S P	353～490 353～500 353～500	—	≥26 ≥25 ≥24

C 部分有色金属的力学性能

材料名称	牌号	状态	τ/MPa	σ_b/MPa	σ_s/MPa	δ_{10}（%）	E/103MPa
铝	L2～L7	已退火	78	74～108	49～78	25	71
		冷作硬化	98	118～147		4	
防锈铝	LF21	已退火	69～98	108～142	49	19	70
		半硬化	98～137	152～196	127	13	
	LF2	已退火	127～158	177～225	98		69
		半硬化	158～196	225～275	206		
硬铝（杜拉铝）	LY12	已退火	103～147	147～211		12	
		淬硬＋自然时效	275～304	392～432	361	15	71
		淬硬＋冷作硬化	275～314	392～451	333	10	71
纯铜	T1～T3	软	157	196	69	30	106
		硬	235	294		3	127
黄铜	H62	软	255	294		35	98
		半硬	294	373	196	20	
		硬	412	412		10	
	H68	软	235	294	98	40	108
		半硬	275	343		25	108
		硬	392	392	245	15	113
铅黄铜	HPb59-1	软	294	343	142	25	91
		硬	392	441	412	5	103
铍黄铜	QBe2	软	235～471	294～588	245～343	30	115
		硬	511	647		2	129～138
白铜	B19	软	235	392		35	
		硬	353	784		5	140
钛合金	TA2	退火	353～471	441～588		25～30	102
	TA3		432～588	539～736		20～25	
	TA5		628～667	785～834		15	
黄铜	H62	软	255	294		35	98
		半硬	294	373	196	20	
		硬	412	412		10	
	H68	软	235	294	98	40	108
		半硬	275	343	245	25	108
		硬	392	392		15	113

D 部分 J31 系列闭式单点压力机主要技术参数

技术参数	数值							
公称压力/kN	1000	1250	1600	2000	2500	3150	4000	5000
公称压力行程/mm	6.5	10	8.0	10	10	10.5	13	13
滑块行程长度/mm	130	150	160	200	200	300	250	550
滑块行程次数/spm	35	40	32	32	28	25	25	12
最大装模高度/mm	380	360	385	450	460	500	530	1000
装模高度调节量/mm	100	150	140	180	160	200	160	200
主电机功率/kW	11	11	11	18.5	22	30	30	55

注：据上海锻压机床厂、山东荣成锻压机床有限公司资料整理。

E 部分 J44 系列下传动双动拉深压力机主要的技术参数

技术参数	数值			
拉深滑块公称压力/kN	400	550	800	1000
压边滑块公称压力/kN	400	550	800	1000
拉深滑块行程长度/mm	410	560	750	740
滑块行程次数/spm	11	9	6	8
最大坯料直径/mm	600	780	1100	1200
最大拉深深度/mm	230	280	450	460
最大拉深直径/mm	400	550	700	700
主电机功率/kW	11	15	30	40

注：据上海锻压机床厂、山东荣成锻压机床有限公司资料整理。

F 基准件标准公差数值 （单位：um）

基本尺寸/mm	公差精度等级															
	IT1	IT2	IT3	IT4	IT5	IT6	IT7	IT8	IT9	IT10	IT11	IT12	IT13	IT14	IT15	IT16
≤3	0.8	1.2	2	3	4	6	10	14	25	40	60	100	140	250	400	600
>3～6	1	1.5	2.5	4	5	8	12	18	30	48	75	120	180	300	480	750
>6～10	1	1.5	5.5	4	6	9	15	22	36	58	90	150	220	360	580	900
>10～18	1.2	2	3	5	8	11	18	27	43	70	110	180	270	430	700	1100
>18～30	1.5	2.5	4	6	9	13	21	33	52	84	130	210	330	520	840	1300
>30～50	1.5	2.5	4	7	11	16	25	39	62	100	160	250	390	620	1000	1600
>50～80	2	3	5	8	13	19	30	46	74	120	190	300	460	740	1200	1900
>80～120	2.5	4	6	10	15	22	35	54	87	140	220	350	540	870	1400	2200
>120～180	3.5	5	8	12	18	25	40	63	100	160	250	400	630	1000	1600	2500
>180～250	4.5	7	10	14	20	29	46	72	115	185	290	460	720	1150	1850	2900
>250～315	6	8	12	16	23	32	52	81	130	210	320	520	810	1300	2100	3200
>315～400	7	9	13	18	25	36	57	89	140	230	360	570	890	1400	2300	3600
>400～500	8	10	15	20	27	40	63	97	155	250	400	630	970	1550	2500	4000

参 考 文 献

陈剑鹤.2009. 冷冲压工艺与模具设计［M］.2版. 北京. 机械工业出版社

杜东福.1985. 冷冲压模具技术［M］. 长沙：. 湖南科学出版社

范玖红.2007. 冲压模具技术［M］. 北京：机械工业出版社

刘朝福.2010. 模具设计实训指导书［M］. 北京. 清华大学出版社

刘庚武.2007. 冷冲压模具设计［M］. 西安. 西安电子科技大学出版社

宛强.2008. 冲压模具设计及实例精解［M］. 北京：化学工业出版社

薛啟翔.2003. 冲压模具设计与制造难点与敲门［M］. 北京. 机械工业出版社

杨占尧.2010. 冲压工艺编制与模具设计制造［M］. 北京. 人民邮电出版社

赵英才.1999. 冲压模具工入门［M］. 杭州：浙江科学技术出版社

中国机械工程学会锻压学会编.2002. 锻压手册（第2卷）——冲压［M］2版. 北京：机械工业出版社

周本凯.2008. 冲压模具设计实践［M］. 北京. 化学工业出版社